单片机原理及应用

——基于 Keil 和 Proteus 的仿真技术

马继伟 伦翠芬 杨　英 主编

燕山大学出版社

·秦皇岛·

图书在版编目(CIP)数据

单片机原理及应用:基于 Keil 和 Proteus 的仿真技术/马继伟,伦翠芬,杨英主编. —秦皇岛:燕山大学出版社,2020.12 (2026.1重印)

ISBN 978-7-81142-189-7

Ⅰ. ①单… Ⅱ. ①马…②伦…③杨… Ⅲ. ①单片微型计算机 Ⅳ. ①TP368.1

中国版本图书馆 CIP 数据核字(2020)第 137319 号

单片机原理及应用——基于 Keil 和 Proteus 的仿真技术

马继伟 伦翠芬 杨 英 主编

出 版 人: 陈 玉
责任编辑: 孙志强
封面设计: 刘韦希
出版发行: 燕山大学出版社 YANSHAN UNIVERSITY PRESS
地 址: 河北省秦皇岛市河北大街西段 438 号
邮政编码: 066004
电 话: 0335-8387555
印 刷: 廊坊市印艺阁数字科技有限公司
经 销: 全国新华书店

开 本: 787 mm×1092 mm 1/16 **印 张:** 20.25 **字 数:** 435 千字
版 次: 2020 年 12 月第 1 版 **印 次:** 2026年 1 月第 2 次印刷
书 号: ISBN 978-7-81142-189-7
定 价: 78.00元

前 言

STC 系列单片机相比传统的 8051 单片机具有强大的优势,它在我国应用市场占有较大的份额。STC 单片机的在线编程功能以及分系列的资源配置,增加了单片机型号的选择性,应用开发可根据单片机应用系统的功能要求选择合适的单片机,从而降低单片机应用系统的开发难度和开发成本,提高了单片机应用系统的性价比。本教材将单片机技术的教学、单片机技术的发展和工程应用进行了无缝对接。针对 51 单片机基本架构、指令系统、开发环境进行了系统介绍;并且针对单片机作为控制核心,对单片机最小测控系统的开发设计,以及外围的功率接口部分都作了详细介绍。

STC 系列单片机的指令系统和标准的 8051 内核完全兼容,而且 STC 系列单片机已发展了 STC89/90 系列、STC10/11 系列、STC12 系列、STC15 系列、STC8 系列,本教材基于 STC89C51 详细介绍了 80C51 的硬件结构、指令系统与应用编程。

本教材根据作者多年单片机教学、电子大赛指导以及开发应用实践,根据学生的学习规律和教学经验总结整理而成。全书内容力求应用性,降低学习难度,以提高学生的工程设计能力与实践动手能力为目标。全书共 12 章,包括微型计算机基础、80C51 单片机的内核、单片机应用的开发工具、80C51 单片机指令系统、80C51 单片机的程序设计、80C51 单片机的中断系统与定时器、80C51 单片机并行人机接口技术、80C51 单片机的串行通信、单片机 A/D 与 D/A 转换接口、功率接口技术及应用、单片机串行接口总线技术及应用、单片机应用系统设计等。具有以下特点:

(1) 采用"双"语编程教学。在加强单片机的硬件结构和工作原理的理解学习环节利用汇编指令系统深入浅出地加以引导,在程序的功能模块化以及可读性方面辅以 C51 项目案例,突出 C51 编程、调试训练。

(2) 理论联系实际。在指令系统学习之前先介绍了单片机的应用开发工具,详细介绍了单片机开发程序的编辑、编译、调试、下载的完整流程。强调单片机的应用性与实践性,并将这一思想贯穿于案例项目教学。

(3) 采用项目教学。针对这门课程实践性强的特点,引入项目教学,将具体的应用案例作为项目教学包引入课堂和实验教学环节,利用开发软件建立单片机实验环节。在教材的第 6～12 章都引入了各种接口的项目教学包。

(4) 强化单片机应用的通信和控制功能。第 8 章介绍了单片机的串行通信,在第 10 章介绍了单片机的功率驱动接口，第 11 章介绍了单片机的常用串行接口，第 12 章介绍了单片机应用系统开发注意事项。这些内容的教学训练将会为单片机测控工程师的培养训练打下坚实基础。

(5) 本书所有示例都有详细说明，并在 Proteus 软件中进行了仿真实验。各章之间既相互关联，又独立成篇。

本教材力求实用性、应用性，降低学习难度，提高学生的工程设计能力与实践动手能力。

目　录

第1章 微型计算机基础

1.1 数制与编码

数制与编码是微型计算机的基本数字逻辑基础,是学习微型计算机的必备知识。数制与编码的知识在数字逻辑或信息技术基础课程中已经学过,为了巩固这部分知识,在微机原理部分能够灵活熟练应用,在这里再简要理一理。

1.1.1 数制及不同数制之间的转换

所谓数制,即计数的方法,通常采用进位计数制。在微型计算机的学习与应用中,主要用到十进制、二进制、十六进制三种计数方法。十进制是日常采用的数制;二进制数是计算机工作的基础,计算机只能使用二进制数,但是为了读写记忆微型计算机的地址和程序代码、运算数字,一般都采用十六进制。

1. 常用进位计数制及表示方法

二进制、十进制、十六进制的计数规则与表示方法如表1.1所示。

表1.1 二进制、十进制、十六进制的计数规则与表示方法

进位制	计数规则	基数	各位的权	数码	权值展开式	表示法	
						后缀字符	下标
二进制	逢二进一	2	2^i	0,1	$(b_{n-1}\cdots b_1 b_0 \cdot b_{-m})_2 = \sum_{i=-m}^{n-1} b_i \times 2^i$	B	$()_2$
十进制	逢十进一	10	10^i	0,1,…,9	$(d_{n-1}\cdots d_1 d_0 \cdot d_{-m})_{10} = \sum_{i=-m}^{n-1} d_i \times 10^i$	D 通常省略	$()_{10}$
十六进制	逢十六进一	16	16^i	0,1,…,9,A,…,F	$(h_{n-1}\cdots h_1 h_0 \cdot h_{-m})_{16} = \sum_{i=-m}^{n-1} h_i \times 16^i$	H	$()_{16}$

2. 数制之间的转换

任意进制之间相互转换,整数部分和小数部分的转换规则不同。各进制的相互转换关系如图1.1所示。

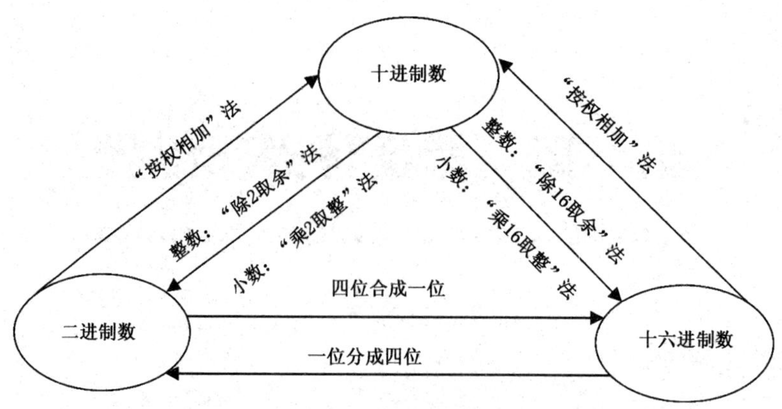

图 1.1　各进制的相互转换关系图

(1) 二进制、十六进制转换为十进制。将二进制、十六进制数按权值展开式展开求和，即为十进制数。

(2)十进制转换成二进制。将十进制数分成整数与小数部分，转换方法不同。

① 整数部分——除 2 取余，倒序排列，如下所示：

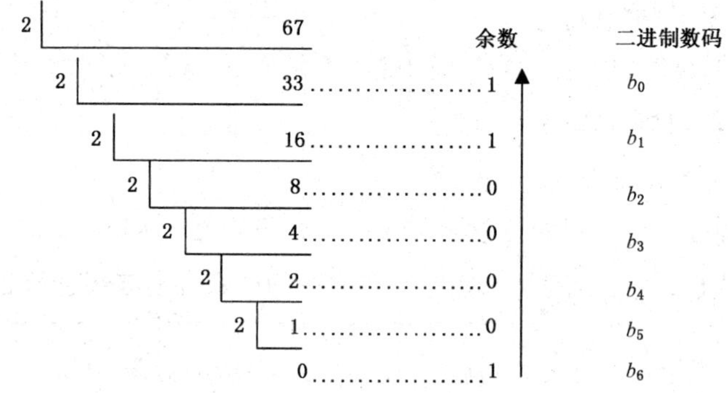

所以$(67)_{10}=(1000011)_2$。

② 小数部分——乘 2 取整，正序排列，如下所示：

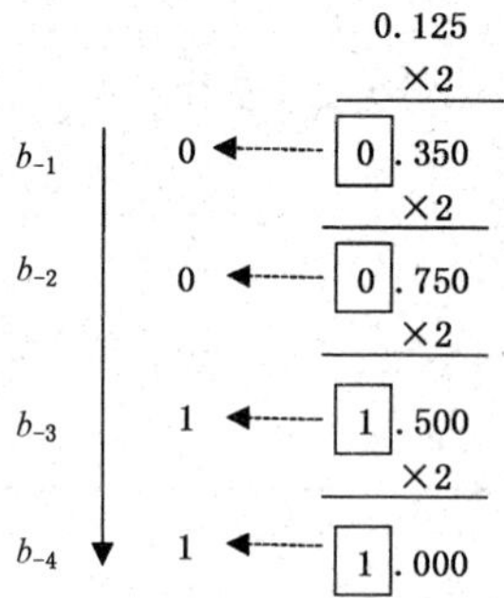

所以$(0.125)_{10}=(0.1100)_2$。

将上述部分合起来，则$(67.125)_{10}=(1000011.1100)_2$。

(3) 二进制与十六进制互转

① 二进制转换为十六进制。以小数点为界，往左、往右 4 位二进制数为一组，每 4 位二进制数用 1 位十六进制表示，往左高位不够用 0 补齐，往右低位不够用 0 补齐，例如：

$(1010011.011111)_2=(0101\ 0011.0111\ 1100)_2=(53.7C)_{16}$

② 十六进制转换为二进制。每位十六进制数用 4 位二进制数表示，再将整数部分最高位的 0 去掉，小数部分最低位的 0 去掉，例如：

$(5E18.26)_{16}=(0101\ 1110\ 0001\ 1000.0010\ 0110)_2=(101111000011000.0010011)_2$

常用的数制转换工具很多，我们最常用的就是 PC 机附件中的计算器(科学型)，可实现各数之间的相互转换。打开计算器工具界面“查看”菜单栏中选择“程序员”。

转换方法：先选择被转换数制的类型，输入转换数字，再选择目标数制转换类型，此时输出显示的就是转换后的数字。如 125 转换为十六进制、二进制，先选择数制类型为十进制，在输入框中输入数字 125，然后再选择数制类型十六进制，此时显示框中的数字即为转换后的十六进制数字 7D，再选择数制类型为二进制，此时显示框中的数字即为转换后的二进制数字 1111101。

3. 二进制的算术运算规则

(1) 加法运算规则

0＋0＝0，0＋1＝1，1＋1＝0(有进位)

(2) 减法运算规则

0－0＝0，1－0＝1，1－1＝0，0－1＝1(有借位)

(3) 乘法运算规则

0×0＝0，1×0＝0，1×1＝1

(4) 除法运算规则

0÷0(无意义)，0÷1＝0，1÷1＝1，1÷0(无意义)

4. 二进制的逻辑运算规则

微型计算机应用经常用到的逻辑运算包括：与、或、异或、非，这些逻辑包括字节运算和位运算，在单片机检测控制系统中经常用到位逻辑运算，两个二进制数的位与位之间进行相应的逻辑运算，没有进位和借位的情况。

(1) 逻辑“与”运算规则

逻辑“与”运算也称为逻辑乘法运算，运算符“×”“∧”或“·”。

0×0＝0，0×1＝0，1×0＝0，1×1＝1

(2) 逻辑“或”运算规则

逻辑“或”运算也称为逻辑加法运算，运算符“＋”“∨”。

0＋0＝0，1＋0＝1，0＋1＝1，1＋1＝1

(3) 逻辑“异或”运算规则

逻辑“异或”运算也称为“半加”运算,两个二进制数异或的结果与加法相同,只是没有进位,运算符“⊕”。简单记忆该逻辑就是相同为0,相异为1。

$0 \oplus 0=0, 1 \oplus 0=0, 0 \oplus 1=1, 1 \oplus 1=0$

(4) 逻辑“非”运算规则

逻辑“非”运算即取反逻辑,运算符“¯”。

1.1.2 微型计算机中数的表示方法

1. 机器数与真值

计算机中使用的二进制数称为机器数。数学中的数有正、负之分,计算机如何表示数的正负呢?在计算机中数据存放在存储单元中,而每个存储单元是由若干个二进制位组成的,其中每一数位或是0或是1,这样,用一位二进制数刚好可以对应数的“+”号和“−”号。在计算机中规定用“0”表示“+”,用“1”表示“−”。用来表示符号的数位被称为“符号位”(通常为最高数位),这样数的正负就被数码化了。

设有两个数 x_1,x_2 分别为+75与−75,其真值分别为:

$x_1=+1001011B$,$x_2=-1001011\text{B}$

它们在计算机里的机器数分别表示为(最高位为符号位,字长是8位):

$x_1=\underline{0}1001011B$,$x_2=\underline{1}1001011\text{B}$

以编码形式表示的数称为机器数,把原来一般书写形式表示的数称为真值。

若一个数的所有数位均为数值位,则该数为无符号数,这一类数据是逻辑数,没有正负的概念。例如,存储器地址就是一串无符号的二进制数,表示字符的ASCII码也是一组无符号的二进制数。

若一个数的最高位为符号位,其他数位为数值位,则该数为有符号数。思考一下对于8位的存储单元,存放无符号数的数值范围是多少,存放有符号数的数值范围又是多少。对于字长为 n 的存储单元,存放无符号数的数值范围是 $0 \sim 2^n-1$;存放有符号数的数值范围是 $-2^{n-1} \sim +2^{n-1}-1$。

2. 原码、反码、补码

机器数有原码、反码、补码3种表示方法。

原码是二进制数符号数值化以后的表示形式,是机器数的原始表示,是对应于反码和补码的称呼,即最高数位表示符号,其余数位表示数值,则称为原码表示法。

反码是为求取补码而定义的,即正数的反码与原码相同。负数的反码由原码转换得到,转换方法:符号位不变,数值位按位取反。

补码的引进。以指针表的时钟校准问题为例说明补码的概念。时钟的计量范围是0~11,模=12(“模”是指一个计量系统的计数范围)。

假如现在是上午7点整，而表却指向了11点，为了校准时间，可以采用倒拨和顺拨两种方法：倒拨就是逆时针减少4个小时(倒拨视为减法，相当于11－4＝7)，时针指向7；也可以顺时针拨8个小时，时针同样指向7，把顺拨视为加法，相当于11＋8＝12(自动丢失)＋7＝7，这自动丢失的12就叫作模(mod)，上述加法就称为“按模12的加法”，用数学式表示为：11＋8＝12＋7＝7(mod12)。

因时钟转一圈会自动丢失12，故11－4与11＋8是等价的，称8与－4对模12互补，8是－4对模12的补码。引进补码概念后，就可以将原来的减法11－4＝7转换为加法11＋8(－4的补码)＝12(自动丢失)＋7＝7(mod12)。

补码的定义。通过上面的例子不难理解计算机中负数的补码表示法。表示n位的计算机计量范围是$0 \sim 2^{n-1}$，模$=2^n$。“模”实质上是计量器产生“溢出”的量，它的值在计量器上表示不出来，计量器上只能表示出模的余数。任何有模的计量器，均可化减法为加法运算。若x为正数，则$[x]_{补}=2^n+x$；若x为负数，则$[x]_{补}=2^n-|x|$，即负数x的补码等于模2^n加上其真值或减去其真值的绝对值。

求补码的方法。因为正数的补码与原码反码一致，所以只有负数的补码需要求解。常用负数求补码的方法有三种。

① 根据定义求补码，即$[x]_{补}=2^n+x$ 或$[x]_{补}=2^n-|x|$。

② 根据反码求补码，(最常用的方法)$[x]_{补}=[x]_{反}+1$。

③ 根据原码求补码，从原码的最低位开始到第一个为1的位之间(包括此位)的各位均不变，此后各位取反，但符号位保持不变。

补码系统的最大优点是可以在加法或减法处理中，不需因为数字的正负而使用不同的计算方式。只要一种加法电路就可以处理各种有符号数加法，而且减法可以用一个数加上另一个数的补码来表示，因此只要有加法电路及补码电路即可完成各种有符号数的加法及减法运算，在电路设计上相当方便。另外，可以让符号位作为数值直接参加运算，而最后仍然可以得到正确的结果符。

补码系统的0只有一个表示方式，因此在判断数字是否为0时，只要比较一次即可。

特别指出，在计算机中凡是带符号的数一律用补码表示且符号位参加运算，其运算结果也是用补码表示，若结果的符号位为“0”，则表示结果为正数，此时可以认为它是以原码形式表示的；若结果的符号位为“1”，则表示结果为负数，它是以补码形式表示的，如果需要用原码来表示该结果，还需要对结果求补，即$[[x]_{补}]_{补}=[x]_{原}$。

1.1.3 微型计算机中常用编码

微型计算机不但要处理数值计算问题，也要处理大量非数值计算问题，因此除了数值需要二进制数表示之外，不论是十进制数还是英文字母、汉字以及某些专用符号和控制命令都必须编成二进制代码，这样它们才能被计算机识别、接收、存储、传送、处理。

1. 十进制数的编码(BCD 码)

在计算机中,十进制数除了转换成二进制数外,还可用二进制数对其进行编码:用 4 位二进制数表示 1 位十进制数,使它既具有二进制数的形式又具有十进制数的特点,即通常所说的二-十进制编码。这种编码又称为 BCD 码(Binary-Coded Decimal),它有 8421 码、5421 码、2421 码以及余 3 码等几种编码形式,其中 8421 码最常用。8421 码与十进制数的对应关系如表 2.1 所示,每位二进制数位都有固定的"权",各数位的权从左到右分别为 2^3、2^2、2^1、2^1,即 8、4、2、1,这与自然二进制数的权完全相同,故 8421 码又称为自然权 BCD 码。其中 1010～1111 这 6 个代码,是不允许出现的,属于非法 8421BCD 码。

表 1.2　8421BCD 编码表

十进制数	8421BCD 码	十进制数	8421BCD 码
0	0000	5	0101
1	0001	6	0110
2	0010	7	0111
3	0011	8	1000
4	0100	9	1001

BCD 码低位与高位之间是"逢十进一",而 4 位二进制数(十六进制数)是"逢十六进一",用二进制加法器进行 BCD 码运算时,如果 BCD 码运算的低、高位的和都在 0～9 之间,则其加法运算规则与二进制加法完全一样;如果相加后某位(BCD 码位,低 4 位或高 4 位)的和大于 9 或有进位,则此位应进行"加 6 调整"。通常在微型计算机中都设置有 BCD 码调整电路,机器执行一条十进制调整指令,机器就会自动根据刚才的二进制加法结果进行修正。BCD 码向高位借位是"借一当十",而 4 位二进制数(1 位十六进制数)是"借一当十六",因此在进行 BCD 码减法运算时,如果某位(BCD 码位)有借位时,必须在该位进行"减 6 调整"。

2. 字符编码

微型计算机需要对非数值进行处理(如指令、数据的输入、文字的输入及处理等),必须对字母、文字及某些专用符号进行编码。微型计算机中的字符编码多采用美国信息交换标准代码,如表 1.3 所示。共 128 个字符,其中 94 个是图形字符,可在字符印刷或显示设备上打印出来,包括数字符号 10 个,英文大小写字母 52 个,其他字符 32 个。还有 34 个控制字符,包括传输字符、格式控制字符、设备控制字符、信息分隔符和其他控制字符,这类字符不打印、不显示,但其编码可以进行存储,在信息交换中起控制作用。其中数字 0～9 对应的 ASCII 码是 30H～39H,英文大写字母 A～Z 对应的 ASCII 码是 41H～5AH,小写字母 a～z 对应的 ASCII 码是 61H～7AH,这些规律对今后码制转换的编程非常有用。

表 1.3　ASCⅡ码表

$b_6b_5b_4$ / $b_3b_2b_1b_0$	000	001	010	011	100	101	110	111
0000	NUL	DEL	SP	0	@	P	`	p
0001	SOH	DC1	!	1	A	Q	a	q
0010	STX	DC2	“	2	B	R	b	r
0011	ETX	DC3	#	3	C	S	c	s
0100	EOT	DC4	$	4	D	T	d	t
0101	ENQ	NAK	%	5	E	U	e	u
0110	ACK	SYN	&	6	F	V	f	v
0111	BEL	ETB	'	7	G	W	g	w
1000	BS	CAN	(	8	H	X	h	x
1001	HT	EM	)	9	I	Y	i	y
1010	LF	SUB	*	:	J	Z	j	z
1011	VT	ESC	+	;	K	[	k	{
1100	FF	FS	,	<	L	\	l	|
1101	CR	GS	—	=	M	]	m	}
1110	SO	RS	.	>	N	^	n	～
1111	SI	US	/	?	O	_	o	DEL

1.2　微型计算机的基本组成

1971 年 1 月，Intel 公司的德·霍夫将计算器、控制器以及一些寄存器集成在一块芯片上，称为微处理器或中央处理单元(简称 CPU)，形成了以微处理器为核心的总线结构框架。

如图 1.2 所示为微型计算机的组成框图，由微处理器、存储器(ROM、RAM)和输入输出接口(I/O 接口)及连接它们的总线组成。微型计算机配上相应的输入输出设备(键盘、显示器)就构成了微型计算机系统。

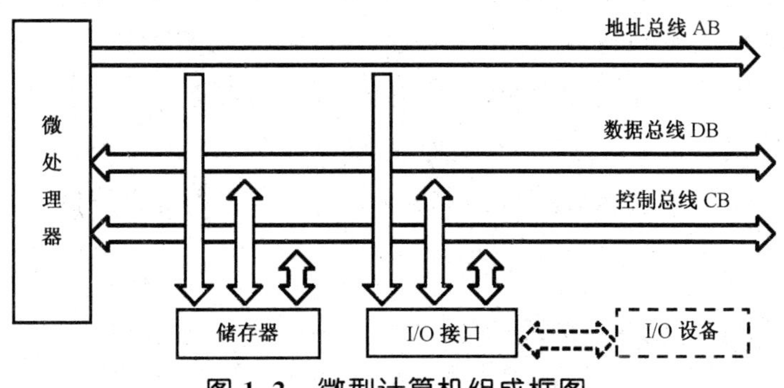

图 1.2　微型计算机组成框图

1. 微处理器

微处理器由运算器和控制器两部分组成，是计算机的控制核心。

(1) 运算器。运算器由算术逻辑单元(ALU)、累加器和寄存器等几部分组成，主要负责数据的算术运算或逻辑运算。

(2) 控制器。控制器是发布命令的决策机构，即协调和指挥整个计算机系统操作。控制器由指令部件、时序部件和微操作控制部件三部分组成。

指令部件是一种能对指令进行分析、处理和产生控制信号的逻辑部件，是控制器的核心。通常指令部件由程序计数器 PC(Program Counter)、指令寄存器 IR(Instruction Register)和指令译码器 ID(Instruction Decode)三部分组成。

时序部件由时钟系统和脉冲发生器组成，用于产生微操作控制部件所需要的定时脉冲信号。

微操作控制部件根据指令译码器判断出指令功能后，形成相应的微操作控制信号，用于完成该指令所规定的功能。

2. 存储器(ROM、RAM)

存储器是微型计算机的仓库，包括程序存储器和数据存储器两部分。程序存储器用于存储程序和一些固定不变的常数和表格数据，一般由只读存储器(ROM)组成；数据存储器用于存储运算中输入、输出的数据或中间变量数据，一般由随机存储器(RAM)组成。

3. 输入/输出接口(I/O 接口)

微型计算机的输入/输出设备(简称外设，如键盘、显示器等)，有高速的也有低速的，有机电结构的，也有全电子式的，由于种类繁多速度各异，因而它们不能直接与高速的 CPU 直接相连。I/O 接口是 CPU 与输入输出设备连接的桥梁，I/O 接口的作用相当于一个转换器，保证 CPU 与外设间协调地工作。不同的外设需要不同的 I/O 接口。

4. 总线

CPU 与存储器和 I/O 接口是通过总线相连的，包括地址总线、数据总线、控制总线。

(1) 地址总线(AB)。地址总线用作 CPU 寻址，是单向的。地址总线的多少标志着 CPU 的最大寻址能力。若地址总线有 16 根，即 CPU 的最大寻址能力为 $2^{16}=64$KB。

(2) 数据总线(DB)。数据总线用于 CPU 与外围器件交换数据，是双向的。数据总线的多少标志着 CPU 一次交换数据的能力，决定 CPU 的运算速度。通常 CPU 按位数分类，指的就是数据总线的宽度，如 8 位机，即计算机的数据总线为 8 根。

(3) 控制总线(CB)。控制总线用于确定 CPU 与外围器件交换数据的类型，主要有读、写两类操作。

1.3 指令、程序、编程语言

一个完整的计算机是由硬件和软件两部分组成的。所谓硬件是指物理上实实在在看得见、摸得着的部分，但是计算机的硬件必须在软件的指挥下，才能发挥其效能。计算机采取“存取程序”的工作方式，即事先把程序加载到计算机的存储器中，计算机启动运行后，便自动地按照程序进行工作。

指令是规定计算机完成特定任务的命令，微处理器指挥与控制计算机各部分协调工作。

程序是指令的集合，是为解决某个具体任务的一组有序的指令集。在用计算机完成某个工作任务之前，人们必须事先将计算方法与步骤编织成由逐条指令组成的程序，并预先将它以二进制代码（机器码）的形式存放到程序存储器中。

编程语言分为机器语言、汇编语言和高级语言。

机器语言使用二进制代码表示，是机器能直接识别的语言，因此机器语言程序又称为目标程序。

汇编语言用英文助记符来描述指令，但不能独立于机器。

高级语言是采用独立于机器的语言，是人们日常习惯使用的语言形式。

1.4　微型计算机的工作过程

微型计算机的工作过程就是执行程序的过程，计算机执行程序是一条指令一条指令执行的，执行一条指令的过程：取指令、指令译码、执行指令。每执行完一条指令，自动转向下一条指令的执行。

1. 取指令

根据程序计数器 PC 的值（要取得指令的地址），到程序计数器取出指令代码，并送到指令寄存器 IR 中。然后 PC 自动加 1，指向下一条指令（或指令字节）地址。

2. 指令译码

指令译码器对指令寄存器中的指令代码进行翻译，判断出当前指令代码的工作任务。

3. 执行指令

判断出当前指令代码任务后，控制器自动发出一系列微指令，指挥计算机协调地动作，完成当前指令制定的任务。

图 1.3 为微型计算机的工作过程示意图。程序存储器从 0000H 起存放了如下所示的指令代码。

```
汇编源程序          对应的机器代码
ORG 0000H          ;伪指令，指定下面的程序代码从 0000H 地址开始存放
MOV A,#05H         7405H
ADD A,20H          2520H
SJMP $             80FEH
```

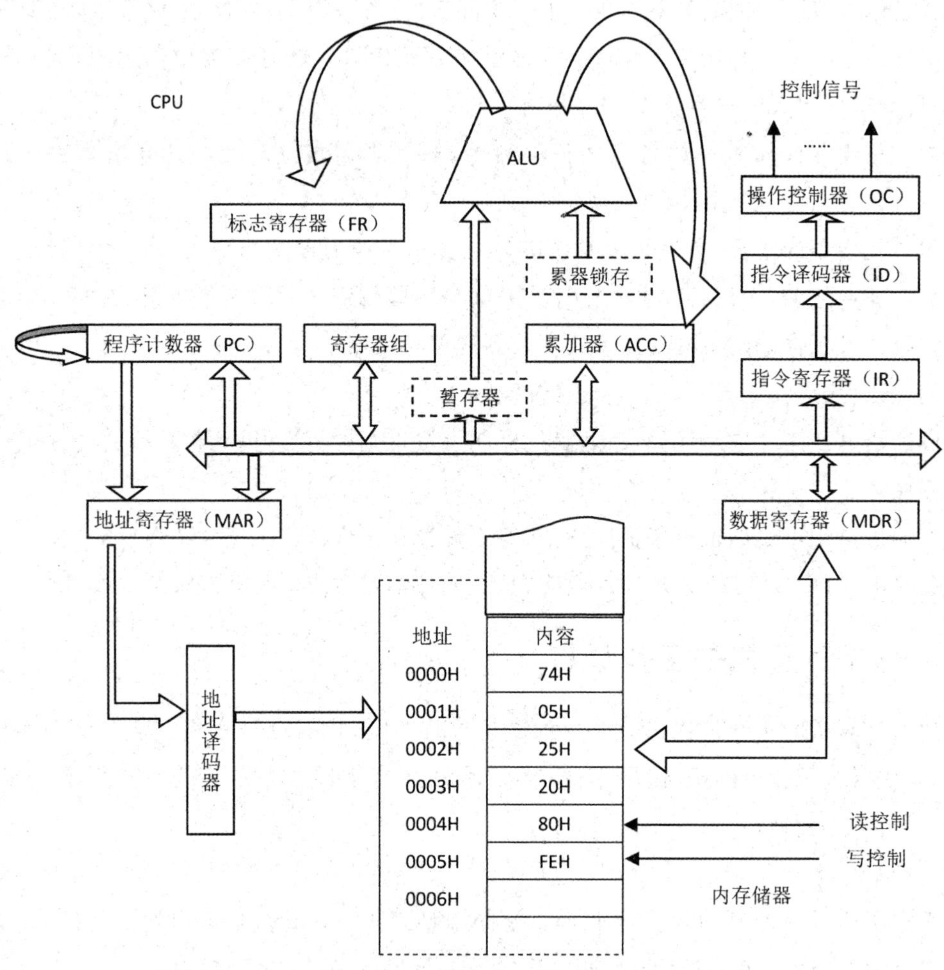

图 1.3　微型计算机工作过程示意图

下面分析图 1.3 所示的微型计算机的工作过程：

(1) 将 PC 内容 0000H 送地址寄存器 MAR。

(2) PC 值自动加 1，为取下一个字节的机器代码作准备。

(3) MAR 中的地址经地址译码器找到程序存储器 0000H 单元。

(4) CPU 发出读命令。

(5) 将 0000H 单元内容 74H 读出，送至数据寄存器 MDR。

(6) 将 74H 送指令寄存器 IR 中。

(7) 经指令译码器 ID 译码，判断出指令代码所代表的功能，由操作控制器(OC)发出相应的微操作控制信号，完成指令操作。

(8) 根据指令功能要求，PC 内容 0001H 送地址寄存器 MAR。

(9) PC 值自动加 1，为取下一个字节的机器代码作准备。

(10) MAR 中的地址经地址译码器找到程序存储器 0001H 单元。

(11) CPU 发出读命令。

(12) 将 0001H 单元内容 05H 读出,送至数据寄存器 MDR。

(13) 因此次读取的是数据,读出后根据指令功能直接送累加器 ACC,至此,完成该指令的操作。

(14)接着,又重复上述过程,逐条地取指令、翻译指令、执行指令。

1.5 微型计算机的应用形态

从应用形态上,微型计算机主要可分为两种:系统机与单片机。

1. 系统机

系统机将微处理器、存储器、I/O 接口电路和总线接口组装在一块主机板上,通过系统总线和其他多块外设适配卡连接键盘、显示器、打印机、硬盘驱动器及光驱等输入输出设备。

人们使用的个人电脑(PC 机)就是典型的系统微型计算机。系统机的人机界面好,功能强,软件资源丰富,通常作为办公或家庭事务处理及科学计算,属于通用计算机,现在已成为社会各领域中最重要的通用工具。

2. 单片机

将微处理器、存储器、I/O 接口电路和总线集成在一块芯片上,即构成单片微型计算机,简称单片机。

单片机的应用是嵌入控制系统(或设备)中,属于专用计算机,也称为嵌入式计算机。单片机应用讲究的是高性能价格比,针对控制系统任务的规模、复杂性选择合适的单片机,高、中、低档单片机是并行发展的。

目前单片机广泛应用于仪器仪表、家用电器、医用设备、航空航天、专用设备的智能化管理及过程控制等领域。几乎很难找到哪个领域没有单片机的踪迹。导弹的导航装置,飞机上各种仪表的控制,计算机的网络通信与数据传输,工业自动化过程的实时控制和数据处理,广泛使用的各种智能 IC 卡,民用豪华轿车的安全保障系统,录像机、摄像机、全自动洗衣机的控制,以及程控玩具、电子宠物,等等,这些都离不开单片机。更不用说自动控制领域的机器人、智能仪表、医疗器械以及各种智能机械了。因此,单片机的学习、开发与应用将造就一批计算机应用与智能化控制的科学家、工程师。

本章小结

数制和编码是微型计算机的基本数字逻辑基础,是学习微型计算机的必备知识。在计算机的学习应用中,主要涉及二进制、十进制、十六进制;在计算机中,存在数据的正、负问题,用数据位的最高位来表示数据的正、负,“0”表示正,“1”表示负,用补码形式表示有符号数。

在计算机中，编码与译码是常见的数据处理工作，最常见的计算机编码有两种，一是 BCD 码，二是 ASCII 码。

将运算器、控制器以及各种寄存器集成在一片集成芯片上，组成中央处理器(CPU)或微处理器。微处理器配上存储器、输入输出接口便构成了微型计算机。再配以输入输出设备，即构成了微型计算机系统。

一个完整的计算机包括硬件与软件两部分，硬件是指“看得见、摸得着”的物理实体部分；软件是指计算机的指令代码的集合。计算机的工作过程，就是不停地“取指令、翻译指令、执行指令”逐条执行指令而已。

单片机与系统机分属微型计算机的两个发展方向，从诞生至今，仅仅几十年，发展迅速，分别在嵌入式系统、科学计算与数据处理等领域中起着至关重要的作用。

习题 1

1.1　8 位无符号数能表示的数值范围是多少？8 位有符号数能表示的数值的补码数的范围是多少？16 位数又如何？n 位数呢？

1.2　存储器的容量如何表示？以 64KB 为例说明该存储空间能存储数据的地址数量和每个存储单元所能存放的二进制数位数。

1.3　将下列十进制数转换成二进制数。

(1)125　(2)65　(3)30.75　(4)88

1.4　将下列二进制数转换成 16 进制数和十进制数。

(1)10100011B　(2)11001100B　(3)0.1011B　(4)1101.0011B

1.5　已知原码如下，写出各数的反码和补码。

(1)125　(2)－55　(3)88H　(4)57H

1.6　已知机器数如下，写出各数的原值的十进制数。

(1)01100011B　(2)10000011B　(3)91H　(4)C7H

1.7　已知 A＝10101101B，B＝11001101B，写出下列运算式的运算结果。

(1)A＋B　(2)A－B　(3)$A \wedge B$　(4)$A \vee B$　(5)$A \oplus B$

1.8　写出下列各数的 BCD 码。

(1)125　(2)667　(3)875　(4)1125

1.9　将下列字符转换成 ASCII 码表示。

(1)MCU　(2)Computer123

1.10　微型计算机的基本组成部分是什么？从微型计算机地址总线、数据总线看，能确认微型计算机哪几方面的性能？

1.11　简述微型计算机的工作过程。

1.12　单片机与微型计算机的经典结构比较有哪些不同？

第2章 80C51单片机的内核

2.1 单片机概述

2.1.1 单片机的概念

单片机是一种集成电路芯片，是采用超大规模集成电路技术把具有数据处理能力的中央处理器CPU、随机存储器RAM、只读存储器ROM、多种I/O口和中断系统、定时器/计时器等功能(可能还包括显示驱动电路、脉宽调制电路、模拟多路转换器、A/D转换器等电路)集成到一块硅片上构成的一个小而完善的微型计算机系统，在工业控制领域应用广泛。

单片机诞生于1971年，经历了SCM(Single-Chip Microcomputer)、MCU(Micro Controller Unit)、SOC(System-on-a-Chip)三大阶段，早期的SCM单片机都是8位或4位的。其中最成功的是Intel的8031，此后在8031上发展出了MCS51系列MCU系统。基于这一系统的单片机系统直到现在还在广泛使用。随着工业控制领域要求的提高，开始出现了16位单片机，但因为性价比不理想并未得到很广泛的应用。20世纪90年代后随着消费电子产品大发展，单片机技术得到了巨大提高。随着Intel i960系列特别是后来的ARM系列的广泛应用，32位单片机迅速取代16位单片机的高端地位，并且进入主流市场。

而传统的8位单片机的性能也得到了飞速提高，处理能力比起80年代提高了数百倍。目前，高端的32位SOC单片机主频已经超过300MHz，性能直追90年代中期的专用处理器，而普通的型号出厂价格跌至1美元，最高端的型号也只有10美元。

当代单片机系统已经不只在裸机环境下开发和使用，大量专用的嵌入式操作系统被广泛应用在全系列的单片机上。而在作为掌上电脑和手机核心处理的高端单片机甚至可以直接使用专用的Windows和Linux操作系统。

2.1.2 常见单片机

1. 8051内核单片机

8051内核单片机应用比较广泛，常见的8051内核单片机有以下几种：

(1) Intel公司的MCS-51系列单片机。MCS-51系列单片机是美国Intel公司研发的。该系列有 8031、8051、8052、8751、8752 等多种产品。MCS-51 系列单片机的典型产品是 8051，其构成了 8051 单片机的标准。MCS-51 系列单片机的资源配置如表 2.1 所示。

表 2.1 MCS-51 系列单片机的资源配置

型号	程序存储器	数据存储器	定时器/计数器	并行 I/O 口	串行口	中断源	SFR
8031	无	128B	2	32	1	5	21
8032	无	256B	3	32	1	6	26
8051	4KB 掩膜 ROM	128B	2	32	1	5	21
8052	8KB 掩膜 ROM	256B	3	32	1	6	26
8751	4KB EPROM	128B	2	32	1	5	21
8752	8KB EPROM	256B	3	32	1	6	26

目前，Intel 公司已经将 8051 内核技术转让，Intel 公司本身已不生产 MCS-51 系列单片机，现在应用的 8051 已经不是传统的 MCS-51 单片机。获得 8051 内核的厂商，在该内核基础上进行了功能扩展和性能改造，以下(2)～(5)所列是比较典型的 8051 内核单片机。

(2) 深圳市宏晶科技公司的 STC 系列单片机。公司网址：http://www.stcmcu.com。

(3) 荷兰 Philips 公司的 8051 内核单片机。公司网址：http://www.philips.com。

(4) 美国 Atmel 公司的 89 系列单片机。公司网址：http://www.atmel.com。

(5) 美国 SST 公司的 SST 系列单片机。公司网址：http://www.sst.com。

主流 51 系列单片机包括 CPU、4KB 容量的 ROM、128B 容量的 RAM、2 个 16 位定时/计数器、4 个 8 位并行口、全双工串口行口、ADC/DAC、SPI、I2C、ISP、IAP。常用开发环境是 Keil。

2. 其他内核单片机

就单片机内核体系结构而言，除了 51 单片机，还有 AVR 单片机、PIC 单片机、MSP430 单片机、ARM 系列内核，等等。

AVR 单片机是由 ATMEL 公司研发的精简指令集高速 8 位单片机。比较常用的如 ATmega16、ATmega32 等型号，常用的开发环境是 ICCAVR，可以很方便地使用集成环境进行芯片外设的配置。

MSP430 系列是德州仪器推出的 16 位单片机，其超低功耗特性、开发技术文档的编写水平非常突出，现在和其他单片机的功耗优势已经不算太明显。其常用的开发环境是 IAR。

STM32 系列单片机是意法半导体的一颗 32 位单片机，从应用角度来说，它虽然采用 ARM Coretex M3 的内核，因为 M3 系列作为单片机来用，所以 STM32 仍然归类为单片机。STM32 的优点：①集成了非常丰富的接口、通信模块以及其他功能模块；②提供了函数固件库(德州仪器的TM4系列也提供了固件库)，可以使用API来操作单片机；③可选择的型号非常多，基本上都不需要外部的硬件扩展；④功耗低，实时性非常好；⑤对各种流行的嵌入式操作系统支持比较好，各大嵌入式操作系统网站基本上都会提供支持代码；⑥应用广泛，开发工具齐全，开发资料也比较丰富。

还有其他比较常用的比如飞思卡尔、英飞凌、PIC、NXP，等等。

除了这些广为人知的单片机之外，还有很多兼容上述某些内核体系的单片机。用户可以根据自己的实际需求进行选择。单片机的基本工作原理都是一样的，主要区别在于包含的资源不同、编程语言的格式不同。使用C语言编程时，编程语言的差别就很小了。单片机的学习并不能拘泥于某一体系的具体某种型号的单片机，而是通过某一种单片机的学习，掌握单片机程序设计的思想，从而在后续的开发工作中，以不变应万变。这样无论未来工作中接触到何种单片机，均可以很快上手掌握。

2.2　80C51单片机资源概述与引脚功能

2.2.1　80C51单片机资源与功能概述

单片机硬件结构比较复杂。以80C51单片机为例，其资源有：

8位的CPU，片内有振荡器和时钟电路，工作频率为1～24MHz；

片内有128/256字节RAM；

片内有0K/4K/8K字节程序存储器ROM；

可寻址片外64K字节数据存储器RAM；

可寻址片外64K字节程序存储器ROM；

片内21/26个特殊功能寄存器(SFR)；

4个8位 的并行I/O口(PIO)；

1个 全双工串行口(UART)；

2/3个16位 定时器/计数器(Timer/Counter)；

可处理5/6个中断源，两级中断优先级；

内置1个布尔处理器和1个布尔累加器(Cy)；

MCS-51指令集含111条指令。

2.2.2　80C51单片机的封装及信号引脚

1. 芯片封装形式

80C51有40引脚双列直插式DIP(Dual In Line Package)和44引脚方形扁平式QFP(Quad Flat Package)两种封装形式。其中双列直插式封装芯片的引脚排列及芯片逻辑符号参见图2.1。

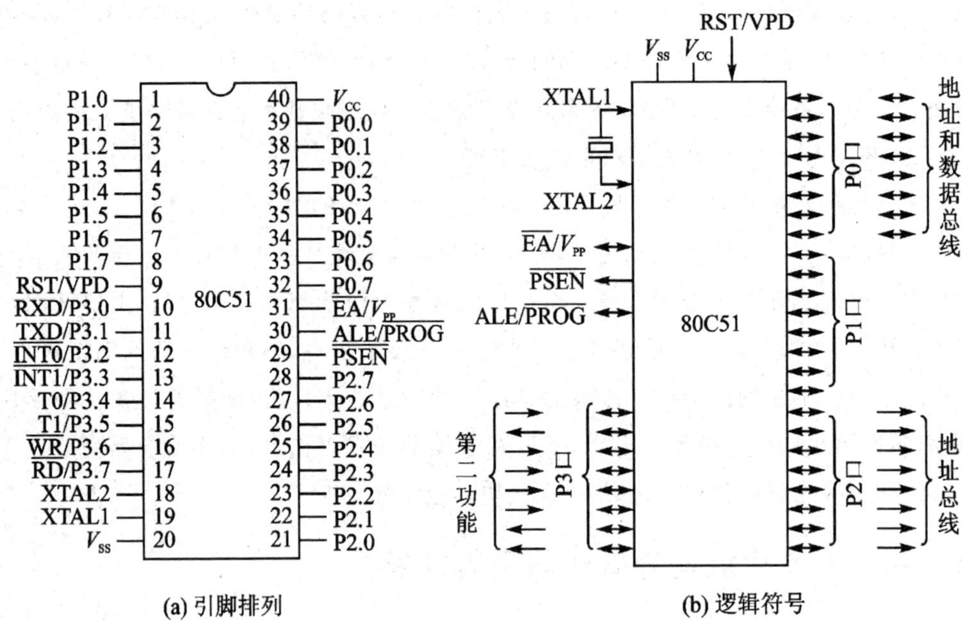

(a) 引脚排列　　(b) 逻辑符号

图 2.1　单片机 PDIP-40 封装引脚图

2. 芯片引脚介绍

输入/输出口线

(1) 共四个 8 位的双向输入输出口线，分别是 P0，P1，P2，P3

1) P0 口。P0 口引脚排列及功能说明如表 2.2 所示。

表 2.2　P0 口引脚排列及功能说明

引脚号	1	2	3	4	5	6	7	8
I/O 名称	P0.0	P0.1	P0.2	P0.3	P0.4	P0.5	P0.6	P0.7
第二功能	访问外部存储器时，分时复用用作低 8 位地址总线和 8 位数据总线							

2) P1 口。P1 口引脚排列及功能说明如表 2.3 所示。

表 2.3　P1 口引脚排列及功能说明

引脚号	39	38	37	36	35	34	33	32
I/O 名称	P1.0	P1.1	P1.2	P1.3	P1.4	P1.5	P1.6	P1.7

3) P2 口。P2 口引脚排列及功能说明如表 2.4 所示。

表 2.4　P2 口引脚排列及功能说明

引脚号	21	22	23	24	25	26	27	28
I/O 名称	P2.0	P2.1	P2.2	P2.3	P2.4	P2.5	P2.6	P2.7
第二功能	访问外部存储器时，用作高 8 位地址总线							

4）P3 口。P3 口引脚排列及功能说明如表 2.5 所示。

表 2.5　P3 口引脚排列及功能说明

引脚号	10	11	12	13	14	15	16	17
I/O 名称	P3.0	P3.1	P3.2	P3.3	P3.4	P3.5	P3.6	P3.7
第二功能信号	RXD	TXD	INT0	INT1	T0	T1	/WR	/RD
第二功能信号名称	串行数据接收	串行数据发送	外部中断 0 申请	外部中断 1 申请	定时器/计数器 0 计数输入	定时器/计数器 1 计数输入	外部 RAM 写选通	外部 RAM 读选通

(2) 复位信号 RST(9 号引脚)

当输入的复位信号延续 2 个机器周期以上，完成单片机的复位操作，高电平有效。

(3) 外接晶振引线端 XTAL1、XTAL2(19、18 号引脚)

当使用芯片内部时钟时，XTAL1、XTAL2 用于外接石英晶体谐振器和微调电容；当使用外部时钟时，用于接入外部时钟脉冲信号。

(4) 地线 V_{SS}(20 号引脚)

(5) +5V 电源线 V_{CC}(40 号引脚)

(6) 地址锁存控制信号 ALE(30 号引脚)

在系统扩展时，ALE 用于控制把 P0 口输出的低 8 位地址送入锁存器锁存起来。以实现低位地址和数据的分时传送。此外由于 ALE 是以 1/6 晶振频率的固定频率输出的正脉冲，因此，可作为外部时钟或外部定时脉冲使用。

(7) 外部程序存储器读选通信号 $\overline{\text{PSEN}}$(29 号引脚)

在读外部 ROM 时 $\overline{\text{PSEN}}$ 有效(低电平)，以实现外部 ROM 单元的读操作。

(8) 访问程序存储器控制信号 $\overline{\text{EA}}$(31 号引脚)

当 $\overline{\text{EA}}$(External Access)信号为低电平时，对 ROM 的读操作是针对外部程序存储器的；当 $\overline{\text{EA}}$ 信号为高电平时，对 ROM 的读操作是从内部程序存储器开始，并可延续至外部程序存储器。

引脚表现出单片机的外部特性或硬件特性。硬件设计时用户只能使用引脚，即通过引脚连接组件系统。熟悉单片机的引脚使用及功能非常必要。尤其是 I/O 口 P3 每位口线都有第二功能，在实际使用时先按优先需要选用第二功能，剩下不用的才作为输入/输出口线使用。

2.3　80C51 单片机的内部结构

2.3.1　80C51 单片机的内部结构

80C51 是 8 位单片机中一个最基本、最典型的芯片型号。单片机保持着计算机的经典体系结构，硬件结构比较复杂，我们只需从应用的需要出发，了解那些与系统扩展和程序设计有关的内容，包括运算器、控制器、存储器、输入接口、输出接口 5 大基本部分。其逻辑结构如图 2.2 所示，包含 CPU、程序存储器(ROM)、数据存储器(RAM)、并行 I/O 口、定时器、计数器、串行口、中断系统等。

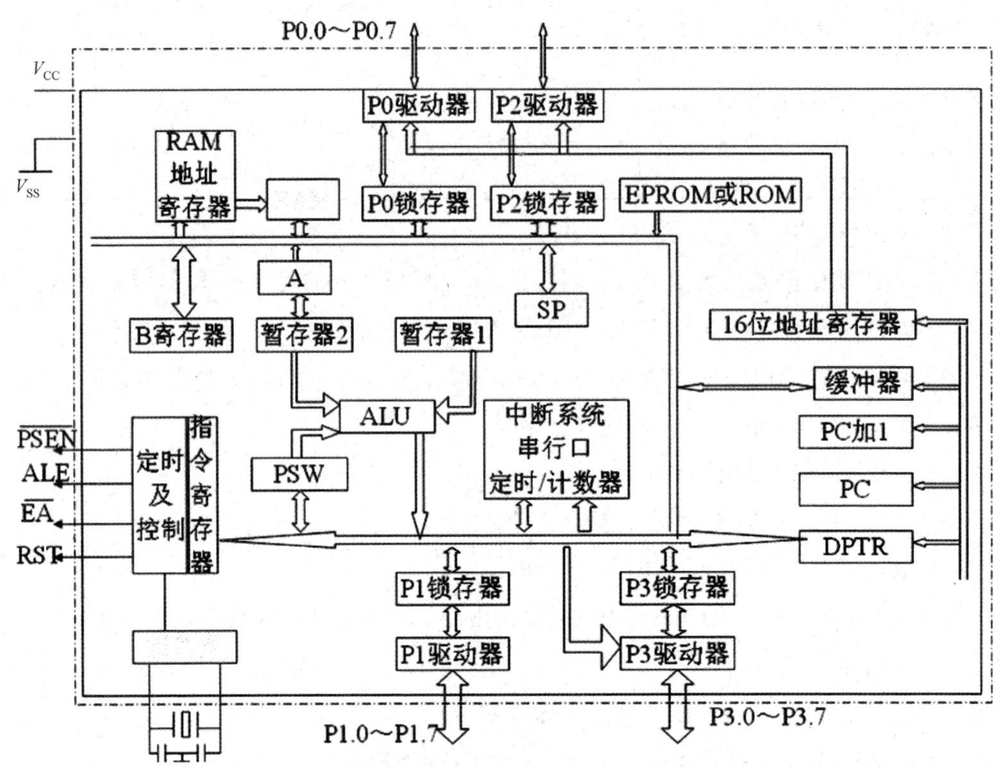

图 2.2　80C51 芯片逻辑结构图

2.3.2　CPU 结构

中央处理器是单片机的核心，包括运算器和控制器两部分电路，是单片机的核心。

1. 运算器

运算器是单片机的运算部件，用于实现算术和逻辑运算。图 2.2 中的算术逻辑单元 ALU(Arithmetic Logic Unit)、累加器(ACC)、B 寄存器、程序状态字(PSW)、两个暂存器等属于运算器电路。

ALU 功能强大。它完成基本的算术运算和逻辑运算，包括加、减、乘、除、自加一、自减一、十进制调整、比较等算术运算，与、或、异或等逻辑运算，移位、半字节交换等操作。

累加器 ACC，又记作 A，是 CPU 中使用频次最高的寄存器，大多数指令的运行都要通过累加器 ACC 操作，它负责向 ALU 提供操作数、保存运算结果。

寄存器 B 是专为乘除法指令设置的寄存器，用于存放乘法和除法运算的操作数和运算结果。对于其他指令，B 作为普通寄存器使用。

程序状态字标志寄存器 PSW(Program State Word),用来存放指令执行的状态信息。一些条件转移指令将根据 PSW 中有关位的状态进行程序转移。其各位定义如表 2.6 所示。

表 2.6 PSW 中各位的定义

位序	PSW.7	PSW.6	PSW.5	PSW.4	PSW.3	PSW.2	PSW.1	PSW.0	复位值
位名称	CY	AC	F0	RS1	RS0	OV	—	P	00000000

CY:进位标志位,有 3 项基本功能:一是在加/减法运算中存放进/借位标志,即操作结果的最高位 D7 出现进/借位,则 CY 置 1,否则清零,乘法运算使 CY 清零;二是在位操作时,用作累加位使用,在位传送和位运算中都要用到 CY;三是在移位操作中用于构成循环移位通道。

AC:辅助进位位,在加/减法运算中,如果低 4 位向高 4 位数产生进/借位,则 AC 置 1,否则清零。用于 BCD 加法运算调整的依据。

F0:用户标志位,用户根据需要用软件方法置位或清零。可以用来控制程序的流向。

RS1、RS0:寄存器组选择控制位,其对应关系如表 2.7 所示。

表 2.7 8051 单片机工作寄存器地址表

组号	RS1	RS0	R0	R1	R2	R3	R4	R5	R6	R7
0	0	0	00H	01H	02H	03H	04H	05H	06H	07H
1	0	1	08H	09H	0AH	0BH	0CH	0DH	0EH	0FH
2	1	0	10H	11H	12H	13H	14H	15H	16H	17H
3	1	1	18H	19H	1AH	1BH	1CH	1DH	1EH	1FH

OV:溢出标志位,指示运算过程中是否发生了溢出。有溢出,则 OV 置 1,否则清零。在加减运算中,所谓溢出是指运算结果超出了累加器 A 的符号数的表示范围(−128～+127)。在乘法运算中,OV=1 表示乘积超过了 255,即乘积的高 8 位在寄存器 B 中,低 8 位在累加器 A 中;若乘积的高 8 位没有有效数值,OV=0。在除法运算中,OV=1 表示除数为 0,除法无意义;否则 OV=0。

P:奇偶标志位,标志累加器 A 中 1 的个数。累加器 A 中 1 的个数为奇数个则 P=1,否则 P=0。在利用奇偶校验进行数据通信时,可以利用 P 设置奇偶校验位。

2. 控制器

控制器是 CPU 的指挥控制中心,由指令寄存器 IR、指令译码器 ID、程序计数器 PC、定时及控制逻辑电路以及振荡电路等组成。

程序计数器 PC 是一个 16 位的计数器(它不是特殊功能寄存器),它里面总是存放着下一条要运行指令字节的 16 位程序存储器单元的地址。每取完一个字节的指令之后,PC 的内容自动加 1,为取下一个字节的指令作准备。一般情况下,CPU 是按照指令顺序执行程序的,但是在执行转移类、子程序调用和返回、中断响应时,由指令或中断响应过程自动给 PC 置入新的地址。程序依据 PC 的内容，取得程序存储器相应单元的指令，开始执行程序。

指令寄存器 IR 保存当前正在执行的指令。指令内容包括操作码和操作数两部分，操作码送指令译码器 ID，形成相应指令的微操作信号，操作数形成实际的操作数地址。

定时和控制是微处理器的核心部件，它的任务是控制取指令、执行指令，存储操作数或运算结果等操作，向其他部件发出各种微操作信号，协调各部件工作，完成指令制定的工作任务。

2.4 80C51 单片机的存储结构

80C51 单片机存储结构的主要特点是程序存储器与数据存储器共存，内部存储器与外部存储器共存，程序存储器与数据存储器是分开编址的。80C51 在物理上有 4 个相互独立的存储器空间：片内程序存储器（片内 ROM 4KB），片外扩展程序存储器（片外 ROM 64KB）。在数据存储器系统中，包括由片内数据存储器（片内 RAM 128B）、专用寄存器占用的 128B 的 RAM 存储单元、片外扩展数据存储器地址空间（片外 RAM 64KB）。这部分扩展地址空间供数据存储器和 I/O 扩展使用，如图 2.3 所示。

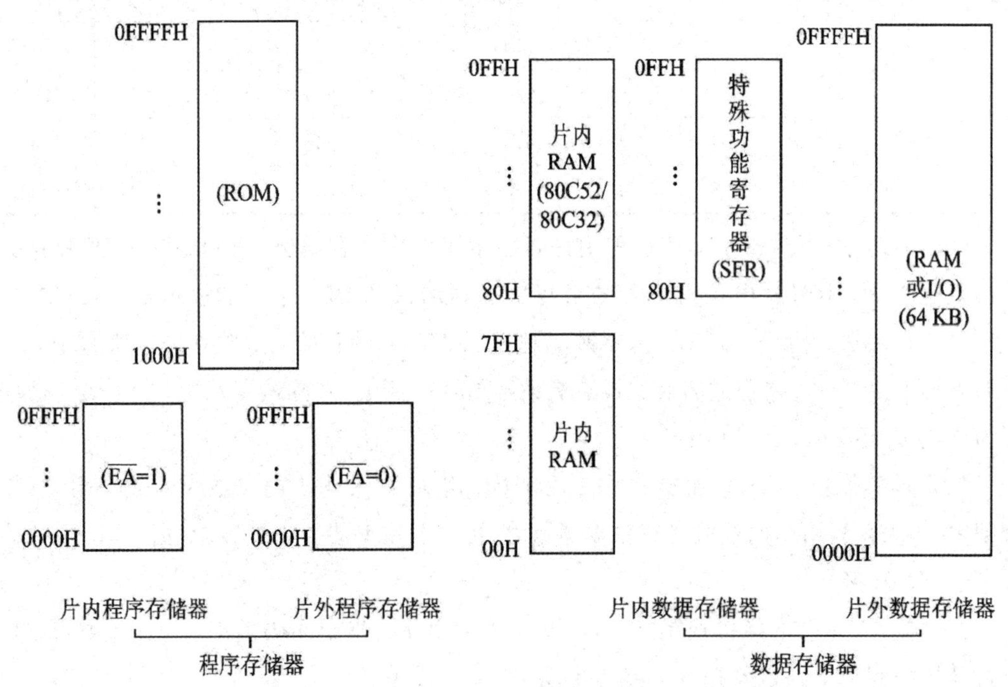

图 2.3 80C51 单片机系统地址空间结构图

程序存储器系统和数据存储器系统的外扩展地址空间大小相同，但扩展程序存储器的起始地址与单片机芯片是否有片内存储器有关。如果没有片内程序存储器，外扩展 ROM 的地址从 0000H 开始，如果有片内程序存储器，则外扩展 ROM 的地址从 1000H 开始。而外扩展 RAM 的起始地址与单片机芯片内 RAM 单元的存在毫无关系，都是从 0000H 开始。

1. 程序存储器 ROM

程序存储器用于存放用户的程序和常数、表格等信息。

在程序存储器中有一些特殊的单元，在使用时应予以注意。

(1) 0000H 单元。系统复位后，PC 值为 0000H，单片机从 0000H 单元开始执行程序。一般在 0000H 开始的三个单元存放一条长跳转指令，让 CPU 去执行用户指定位置的主程序。

(2) 0003H～0023H，这些单元用于 5 个中断的中断服务程序的入口地址(中断向量地址)。

0003H：外部中断 0 中断服务程序的入口地址。

000BH：定时器/计数器 0 中断服务程序的入口地址。

0013H：外部中断 1 中断服务程序的入口地址。

001BH：定时器/计数器 1 中断服务程序的入口地址。

0023H：串口中断服务程序的入口地址。

每个中断向量间隔 8 个存储单元，编程时，通常在这些入口地址开始出放一条转移指令，指向真正存放中断服务程序的入口地址。只有在中断服务程序很短时，才可以将中断服务程序直接存放在相应入口地址开始的几个单元中。

2. 片内数据存储器 RAM

片内数据存储器 RAM 分为低 128 字节、高 128 字节(增强型的)和特殊功能寄存器(SFR)。

(1) 低 128 字节。低 128 字节 RAM，可分为工作寄存器区、位寻址区、便笺区，如图 2.4 所示。

① 工作寄存器区(00H～1FH)。8051 单片机的片内 RAM 低 32 个单元分成 4 个工作寄存器组，当前工作寄存器组的存储单元可用作寄存器，即用寄存器符号(R0，R1，…，R7)来表示。当前工作寄存器组的选择是通过程序状态字 PSW 中的 RS1、RS0 的设置实现的。RS1、RS0 的状态与当前工作寄存器组的关系如表 2.7 所示。

当前工作寄存器组从某一工作寄存器组切换到另一个工作寄存器组，原来工作寄存器组的各个寄存器的内容将被屏蔽保护起来。利用这一特性可以方便地完成快速现场保护任务。在单片机中凡是能被称为寄存器的(包括通用寄存器 R0～R7，还有后面讲到的特殊功能寄存器)，都有两个特点：一是可以 8 位地址直接寻址，使寄存器的读写操作十分快捷，有利于提高单片机的运行速度；二是指令中使用寄存器时，既可以用其名称表示，也可以用其单元地址表示，为使用带来方便。此外通用寄存器还能提高程序编制的灵活性。

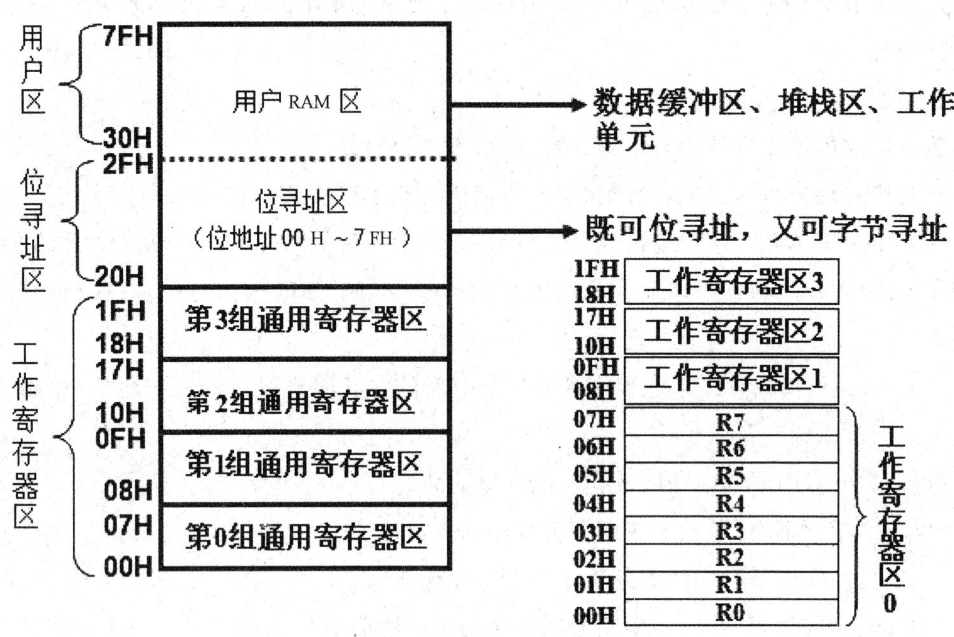

图 2.4　片内 RAM 低 128 字节的功能分布

② 位寻址区(20H～2FH)。片内 RAM 的 20H～2FH 共 16 个字节是位寻址区，每个字节 8 个位，共 128 个位。该空间不仅可以按字节寻址，也可以按位进行寻址。从 20H 的 B0 位到 2FH 的 B7 位，其对应的位地址依次为 00H～7FH，位地址一般用字节地址加位号的方法表示。比如 22H 的 B3 位，其位地址是 13H，通常表示为 22H.3。

③ 用户区(30H～7FH)。30H～7FH 共 80 个字节为用户区，即一般的 RAM 区域，无特殊功能特性。一般用作数据缓冲区，如显示缓冲区。通常将堆栈也设置在该区域。

(2) 高 128 字节。高 128 字节的 RAM 地址为 80H～FFH，属于普通存储区域(增强型单片机有此区域)，但高 128 字节 RAM 地址与特殊功能寄存器的地址是相同的。为了区分这两个不同的存储区域，访问时规定了不同的寻址方式，高 128 字节 RAM 只能采用寄存器间接寻址方式访问；特殊功能寄存器只能采用直接寻址方式访问。此外，高 128 字节 RAM 也可用作堆栈区。

(3) 特殊功能寄存器 SFR(80H～FFH)。8051 只有 21 个地址，8052 增强型的单片机只有 26 个地址有实际意义，也就是说单片机的这些特殊功能寄存器间断地分布在 80H～FFH 这个存储区域。那些没有用到的存储空间没有意义。所谓特殊功能寄存器是指该 RAM 单元的状态与某一具体的硬件接口电路相关，要么反映某个硬件接口电路的工作运行，要么决定着某个硬件电路的工作运行。单片机内部 I/O 接口电路的管理与控制就是通过对其相应的特殊功能寄存器进行操作与管理的。特殊功能寄存器根据其存储特性的不同又分为两类：可位寻址的特殊功能寄存器与不可位寻址的特殊功能寄存器。凡字节地址能够被 8 整除的单元是可位寻址的，对应可寻址位都有一个位地址，其位地址等于其字节地址加上位号，实际编程时大多采用其位功能符号表示，如 PSW 中的 CY、OV 等。特殊功能寄存器与其可寻址位都是按直接寻址进行寻址的。特殊功能寄存器的映像如图 2.5 所示，图中给出了特殊功能寄存器的符号、地址及复位状态值。

实际汇编语言或 C 语言编程时，通常用特殊功能寄存器的符号或位地址符号来表示特殊功能寄存器的地址或位地址，方便使用和记忆。

① 与运算器相关的寄存器(3 个)。

ACC：累加器，它是 8051 单片机中最繁忙的寄存器，用于向算逻部件 ALU 提供操作数，同时许多运算结果也存放在累加器中。实际编程时，ACC 通常用 A 表示，表示寄存器寻址，在堆栈操作指令 PUSH、POP 中，用 ACC 表示直接寻址。

B：寄存器 B，主要用于乘、除法运算，也可作为一般 RAM 单元使用。

PSW：程序状态字。

② 指针类寄存器(3 个)。

SP：堆栈指针，它始终指向栈顶。堆栈是一种遵循“先进后出，后进先出”原则存储的存储区域。入栈时，SP 先加 1，数据再压入(存入)SP 指向的存储单元；出栈操作时，先将 SP 指向单元的数据弹出到指定的存储单元中，SP 再减 1。8051 复位时，SP 的值为 07H，即默认栈底是 08H 单元，实际应用中，为避免堆栈区域与寄存器组、位寻址区域发生冲突，堆栈区域设置在通用 RAM 区域或增强型的高 128 字节区域。堆栈区域主要用于保护现场和存放响应中断或调用子程序的断点地址。

FFH		复位值	专用寄存器区 SFR
F0H	B	00H	
E0H	ACC	00H	
D0H	PSW	00H	
B8H	IP	00H	
B0H	P3	FFH	
A8H	IE	00H	
A0H	P2	FFH	
99H	SBUF	不定	
98H	SCON	00H	
90H	P1	FFH	
8DH	TH1	00H	
8CH	TH0	00H	
8BH	TL1	00H	
8AH	TL0	00H	
89H	TMOD	00H	
88H	TCON	00H	
87H	PCON	00H	
83H	DPH	00H	
82H	DPL	00H	
81H	SP	07H	
80H	P0	FFH	

图 2.5 80C51 单片机 SFR 映像图

DPTR(16 位)：数据指针，由 DPL、DPH 组成，用于存放 16 位地址，并以此为指针对 16 位地址的程序存储器和扩展的片外数据存储器进行访问操作。

其余特殊功能寄存器将在后续的中断、定时器、串行口、并行 I/O 接口相关章节讲述。

3. 片外数据存储器 RAM

8051 单片机片外扩展 RAM 空间为 64KB，地址范围：0000H～FFFFH。访问片外 RAM 有专用的读写指令(助记符为 MOVX)。扩展片外数据存储器时，要占用 P0 口、P2 口以及 ALE、$\overline{RD}$ 与 $\overline{WR}$ 引脚。实际应用中尽量使用片内 RAM，如果片内 RAM 空间不足，优先改选 CPU 的类型，不建议扩展片外数据存储器。

4. 片外程序存储器 ROM

8051 单片机片外扩展 ROM 空间也为 64KB，地址范围：0000H～FFFFH。其中低 4KB 地址范围 0000H～0FFFH 空间与单片机内部的程序存储器 ROM 地址重叠，针对低 4KB 的程序存储器，具体是片内还是片外的存储空间有效取决于 $\overline{EA}$ 引脚的控制信号，读 ROM 有专用指令(助记符为 MOVC)。扩展片外程序存储器时，要占用 P0 口、P2 口以及 ALE、$\overline{PSEN}$ 引脚。实际应用中尽量使用片内 ROM，如果片内 ROM 空间不足，优先改选 CPU 的类型，不建议扩展片外程序存储器。

2.5 80C51 单片机的并行 I/O 口

80C51 共有 4 个 8 位的并行双向 I/O 口，分别记作 P0、P1、P2、P3。这 4 个口除了可按字节寻址外，还可按位寻址。80C51 的这 4 个 I/O 口虽然在电路结构上基本相同，但它们又各具特点，因此，在功能和使用上也存在一些差异。

2.5.1 80C51 单片机的并行 I/O 口的结构及操作

图 2.6 给出了 80C51 的 4 个 8 位并行端口 P0、P1、P2、P3 的位结构，这些端口都是双向的，每个端口位均包含：两个三态输入缓冲器、一个输出锁存器及一个场效应管(FET)驱动器，其中 P0 端口还有一个上拉场效应管。位结构中的两个输入缓冲器分别受内部“读锁存器”和“读引脚”信号控制，“位锁存器”用典型的“D 型触发器”表示。

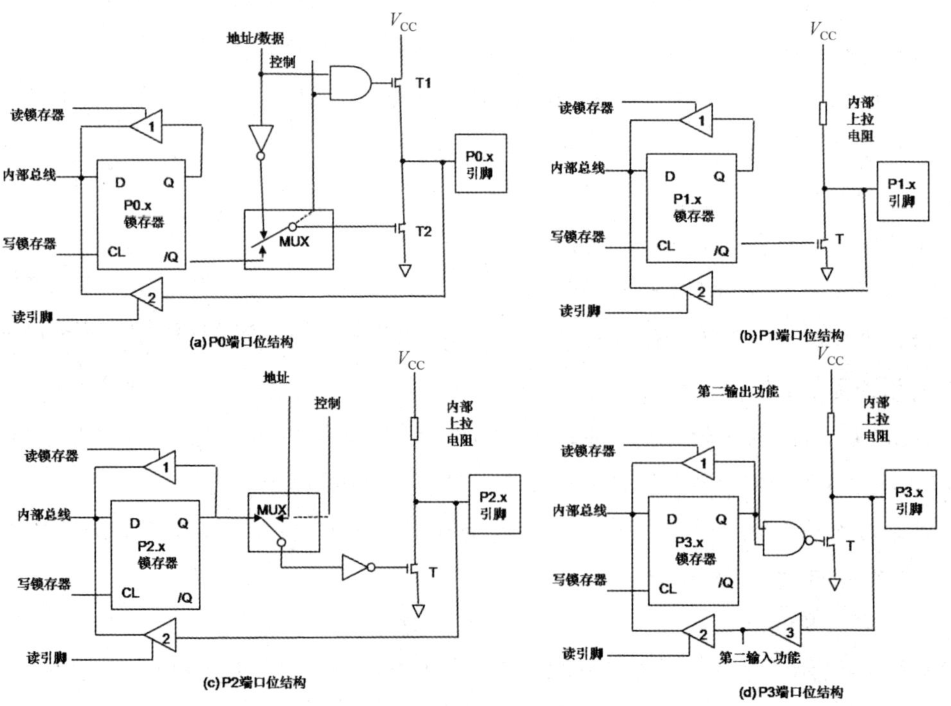

图 2.6 80C51 单片机 4 个 I/O 端口位结构

当 CPU 发出“写锁存器”脉冲信号到 D 触发器 CL 端时，内部总线的值将送入 D 触发器。

当 CPU 发出“读锁存器”脉冲信号到缓冲器 1 时，触发器 Q 端输出至内部总线上。

当 CPU 发送“读引脚”脉冲信号到缓冲器 2 时，外部引脚输入值将置于内部总线上。

某些指令读端口时将激活“读锁存器”信号，另一些指令则激活“读引脚”信号。对于“读-改-写”这样的指令操作，CPU 发出的将是“读锁存器”信号。具体执行“读锁存器”还是“读引脚”将由 CPU 根据不同的指令自动处理。

(1) P0 端口

P0 端口位结构如图 2.6(a)所示，包括输入缓冲器、锁存器、切换开关 MUX、非门、与门、上拉场效应管 T1、驱动场效应管 T2。由图可知 P0 端口具有双重工作方式，既可作为“普通 I/O 端口(General I/O Port)”，也可作为“地址/数据总线(Address/Data Bus)”使用。下面分别予以讨论。

1) 作为“普通 I/O 端口”使用

在普通 I/O 端口方式下，CPU 发控制电平“0”，使与门输出“0”，T1 截止，同时使 MUX 开关接通下面的触点，使/Q 端连通 T2 栅极，内部总线与 P0 端口相同。由于上拉场效应管 T1 截止，输出驱动场效应管 T2 漏极开路，故而 P0 端口要外接上拉电阻。

下面分别说明 P0 端口在“普通 I/O 端口”方式下的输出与输入操作。

输出操作：8 只发光二极管阴极接 P0 端口串接限流电阻后接发光二极管的阴极，发光二极管的阳极接 V_{CC}，这一组限流电阻同时扮演了上拉电阻的角色。如果将 P0 端口串接限流电阻后连接这一组 LED 阳极，发光二极管的阴极接 GND，尽管 P0 端口仍然在输出 0、1 序列，但 8 只 LED 却无法实现点亮控制效果，因为场效应管 T2 没有上拉电阻。此时可在 P0 端口另外外接排电阻，排电阻的公共端接 V_{CC}，如图 2.7(b)所示。

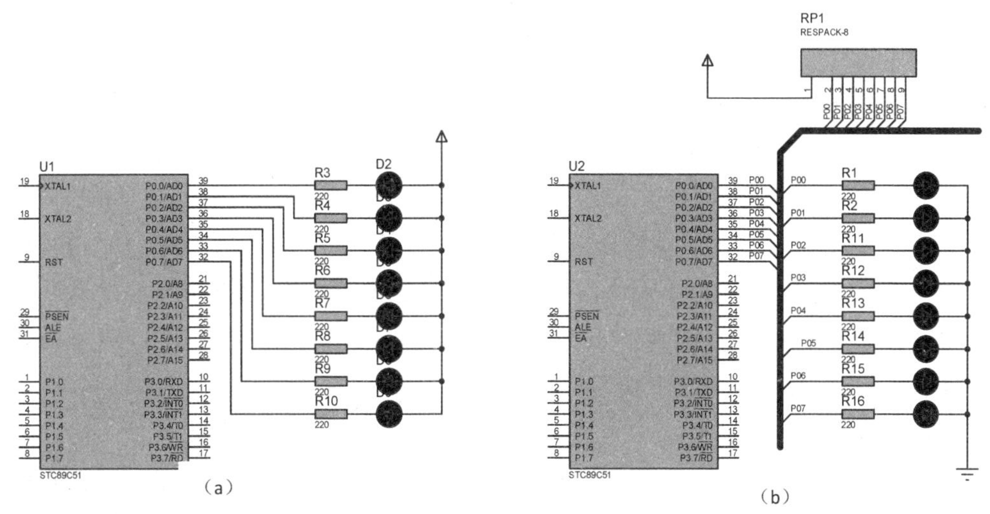

图 2.7　P0 口做 I/O 应用电路

输入操作:如果此前内部总线刚刚输出了低电平,此时锁存器 Q=0,$\overline{Q}$=1。驱动场效应管 T2 导通,接口呈现低电平,此时无论 P0 端口外部信号是"1"还是"0",从 P0 端口引脚读取的信号将为"0",这显然将无法正确读取接口引脚信号。

故而,在执行接口输入操作前,应先向 P0 端口锁存器写"1",D 触发器的/Q 端输出"0"使 T2 截止,外部引脚处于悬浮(Float/FLT)状态,变为高阻抗输入(此时 T1 也是截止的)。

2) 作为"地址/数据总线"使用

P0 端口作为"地址/数据总线"使用时通过 CPU 内部写控制信号"1"实现,它使 MUX 连接上面的触点,"地址/数据"信号通过"非门"连接到 T2 的栅极,由于控制信号为"1","地址/数据"信号通过"与门"连接 T1 的栅极,实际上相当于"直接"或称"同相"连接到 T1 的栅极。"地址/数据总线"方式下的输入与输出操作分别说明如下:

输出操作:输出的"地址"或"数据"信号将通过"与门"驱动 T1,并同时通过"非门"驱动 T2,例如,输出 0 时:T1 截止,T2 导通;反之,输出 1 时:T1 导通,T2 截止,从而以推挽方式实现信号输出。

输入操作:从外部设备读取输入"数据"时,数据信号将通过缓冲器 2 进入内部总线,输入数据时,CPU 将通过写控制信号"0"使 T1 截止,此时相当于瞬间又自动回到了"普通 I/O 端口"方式,随即 CPU 自动向 P0 锁存器写"1"截止 T2,并通过"读引脚"控制缓冲器读取外部数据,此时的"普通 I/O 方式"下的差别与此前讨论过的 I/O 方式有两个差别:一是无须外部上拉,二是向 P0 锁存器写"1"截止 T2 的操作是自动完成。

在"地址/数据总线"应用方式下,P0 端口复用数据总线(D0~D7)及地址总线的低 8 位(A0~A7),数据及低 8 位地址分时复用 P0 端口,低 8 位地址由 ALE(Address Latch Enable,地址锁存允许)信号的下降沿锁存到外部地址锁存器中(如 74LS373),地址的高 8 位则通过 P2 端口输出,不经过锁存器,输出地址后,紧接着输出数据或输入操作。

(2) P1 端口

P1 端口是通用的准双向 I/O 端口,由一个输出锁存器,两个三态输入缓冲器和一个输出驱动场效应管及内部上拉电阻组成。P1 端口与 P0 端口作为"普通 I/O 端口"使用时的原理相似,它相当于 P0 端口省去了"与门"、"非门"、MUX,且上拉场效应管的 T1 由内部上拉电阻代替,P1 端口不再需要外接上拉电阻。与 P0 用作普通 I/O 的操作一样,作为输入端口使用时,除了初始时不需要向接口写"1"截止驱动场效应管以外,如果以后曾向接口输出过"0",则每当由"写"操作改为"读"操作时,都需要先向接口写"1"截止场效应管,释放总线,然后才能正常读取输入的数据。

(3) P2 端口

P2 端口与 P1 端口相比多出了一个转换控制部分,当 P2 与 P0 配合作为"地址/数据总线"方式下的高 8 位地址线(A8~A15)使用时,CPU 将写控制信号"1"使 MUX 切换到右边,而“地址/数据总线”方式下，无论P2端口剩余多少地址线，均不能用于普通I/O操作。

反之，CPU通过写控制信号“0”将MUX切换到左边，是指工作于“普通I/O端口”方式。作为“普通I/O端口”使用时，P2锁存器的Q端输出通过“非门”驱动场效应管，相当于P1端口中的通过/Q直接驱动场效应管，在“普通I/O端口”方式下，P2口与P1口同为准双向I/O端口。

(4) P3端口

P3端口为具有双重功能的I/O端口，与P1相比，它增加了第二I/O功能。

作为“普通I/O端口”使用时，CPU将第二功能输出功能控制线保持为“1”，锁存器Q端通过“与非门”(此时等价于“非门”)驱动场效应管，相当于P1端口中的通过$\overline{Q}$直接驱动场效应管，或相当于P2端口中通过Q端经“非门”驱动场效应管。在这种方式下，其读/写操作与P1、P2相同。

P3端口处于第二功能时的相关操作。

当处于第二功能输出时，CPU自动向P3锁存器写“1”，由于Q=1，“与非门”相当一个“非门”。此时的输出将仅仅由第二功能输出决定，例如，由UART模块通过TXD输出的SBUF寄存器串行数据及$\overline{RD}$、$\overline{WR}$引脚输出的读/写控制信号。

当处于第二功能时，CPU除自动向P3锁存器写“1”，置Q=1以外，还将向第二功能输出线写“1”，以保证Q和第二功能输出线经过“与非门”后输出0，使得场效应管T被截止，此时所读取的P3端口引脚信号将通过缓冲器3直接进入第二功能输入端，例如，从RXD、$\overline{INT0}$、$\overline{INT1}$、T0、T1引脚读取的信号将通过第二功能的输入端分别进入单片机内部的串行模块、外部中断处理模块、定时器/计数器模块进行处理。

在下述情况下，P3端口的相应引脚将处于第二功能状态：

① 启动串行通信模块(RXD/TXD)；

② 使能外部中断输入($\overline{INT0}$/$\overline{INT1}$)；

③ 定时器/计数器配置为外部计数状态(T0/T1)；

④ 访问外部扩展存储器或接口扩展器件($\overline{WR}$,$\overline{RD}$)。

小结：P0～P3的相同点是：内部电路是具有输出锁存、输入缓冲功能的准双向I/O接口。不同点：除P0端口外，P1～P3内部均有上拉电阻；只有P1是纯粹的I/O接口，其他端口都有第二功能。建议在实际应用时，尽量不扩展片外存储器和I/O接口设备，P0～P2均优先工作于“普通I/O端口”方式下，P3端口根据系统需要优先选择工作于第二功能方式下(P3剩余的端口还可以工作于“普通I/O端口”方式)；P0口工作于“普通I/O端口”方式下需要外接上拉电阻R1(建议10 KΩ)，如图2.8(c)所示。

2.5.2 80C51单片机并行I/O口的使用注意事项

单片机输出低电平的时候，驱动能力尚可。I/O口用程序来控制，输出高、低电平，即控制单片机的输出电压。但是程序控制不了单片机的输出电流。单片机的输出电流，很大程度上取决于引脚上的外接器件。单片机输出低电平时，将允许外部器件向单片机引脚内灌入电流，称为“灌电流”，外部电路称为“灌电流负载”；单片机输出高电平时，则允许外部器件从单片机的引脚拉出电流，称为“拉电流”，外部电路称为“拉电流负载”。每个单个的引脚，输出低电平的时候，允许外部电路，向引脚灌入的最大电流为 10mA；每个 8 位的接口(P1、P2 以及 P3)，允许向引脚灌入的总电流最大为 15mA，而 P0 的能力强一些，允许向引脚灌入的最大总电流为 26mA；全部的四个接口所允许的灌电流之和，最大为 71mA。而当这些引脚“输出高电平”的时候，单片机的“拉电流”不到 1mA。

实际使用时，应尽量采用灌电流驱动方式，以提高系统的负载能力和可靠性，如图 2.8(b)所示采用灌电流驱动发光二极管，尽量不要采用图如 2.8(a)所示的拉电流驱动电路。在工业控制中，单片机的控制对象大多是功率设备，需要高电压、大电流，单片机不能直接驱动，要通过相应的接口电路才能输出一定的功率来驱动功率设备。功率开关有开关型、继电器型、光电隔离型和晶闸管等多种形式。

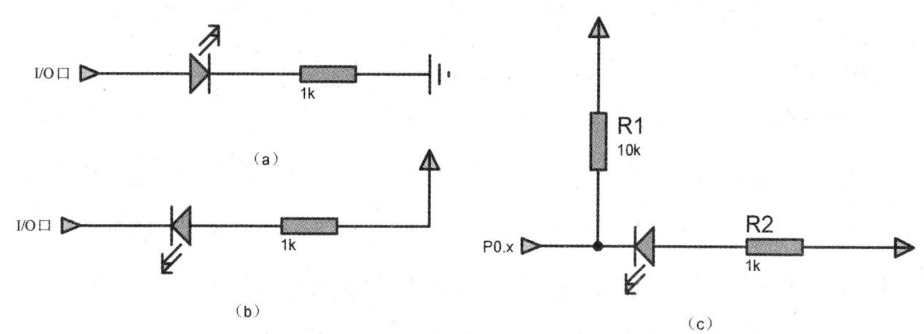

图 2.8　发光二极管驱动电路

单片机上电复位后，4 个 I/O 口输出的都是高电平，而很多实际应用要求上电时某些 I/O 控制输出为低电平，否则所控制的系统(如电机、蜂鸣器等)就会误动作，此时可以通过外部驱动电路实现高低电平的逻辑取反，图 2.9(a)利用 NPN 的三极管驱动蜂鸣器，改为如图(b)所示利用 PNP 的三极管驱动蜂鸣器，实现了系统上电的初始状态蜂鸣器不动作。

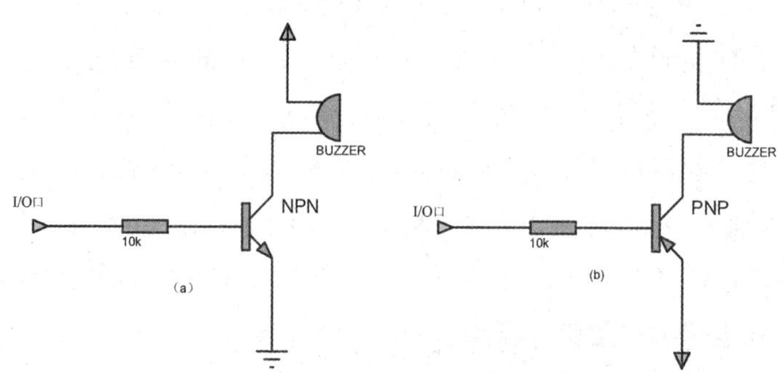

图 2.9　硬件实现输出电平取反

2.6 80C51单片机的时钟与复位

时钟是单片机的心脏，各部分都以时钟频率为基准，有条不紊地一拍一拍地按时序协调工作。所谓时序是指指令执行程序过程中各信号之间的相互时间关系。时钟频率直接影响单片机的速度，时钟电路的质量也直接影响单片机系统的稳定性。常用时钟电路分为内部时钟和外部时钟两种。

2.6.1 时钟电路

8051单片机的主时钟有两种时钟源：内部RC振荡器时钟和外部时钟（由XTAL1和XTAL2外接晶振产生时钟，或直接输入时钟）。

XTAL1和XTAL2是芯片内部一个反相放大器的输入端和输出端。使用外部振荡器产生时钟时，单片机时钟信号由XTAL1、XTAL2引脚外接晶振产生时钟信号，或直接从XTAL1输入外部时钟信号源。如图2.10所示，时钟信号的频率取决于晶振的频率，电容器C1、C2的作用是稳定频率和快速起振，一般为20～30pF，单片机的频率典型值为12MHz，如果系统用到串口通信，晶振的典型值为11.0592MHz。随着技术的发展，单片机的晶振频率在逐步提高，一些高速芯片的晶振已经达到40MHz。

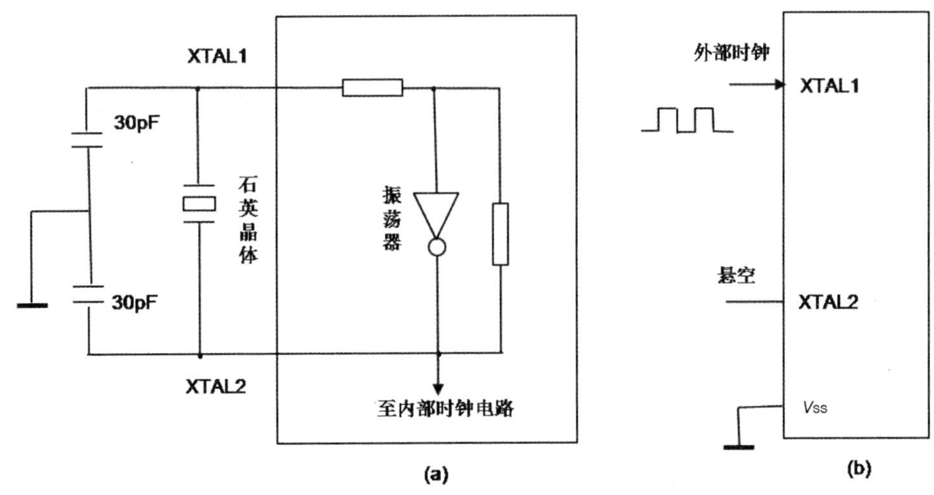

图2.10 8051单片机的外部时钟电路

2.6.2 定时单位

单片机中的各种时序均与时钟周期有关。

1. 时钟周期 T_{cp}

时钟周期是计算机基本的时间单位。若晶体振荡频率为 f_{osc}，则时钟周期 $T_{cp}=1/f_{osc}$，比如主频 $f_{osc}=12\text{MHz}$，$T_{cp}=1/12\mu s$。

2. 机器周期 T_s

CPU完成一个基本操作所需要的时间称为机器周期。单片机中常把执行一条指令的过程分为若干段，每段为一个基本操作，如取指令、读或写数据等。8051 单片机每 12 个时钟周期为一个机器周期，即 $T_s = 12/\mathrm{fosc}$。若 $f_{osc} = 12\mathrm{MHz}$，$T_s = 1\mu s$；若 $f_{osc} = 6\mathrm{MHz}$，$T_s = 2\mu s$。

3. 指令周期

指令周期是最大的时序单位，执行一条指令所需要的时间称为指令周期。指令周期以机器周期的数目来表示。8051 的指令周期根据指令不同，可包含 1 个、2 个或 4 个机器周期。

2.6.3 复位方式与初始化状态

复位时单片机的硬件初始化操作。经复位操作后，CPU 及单片机内的其他功能部件都处在一确定的初始状态，系统从这个初始状态开始正常工作。

1. 复位方式

80C51 复位信号引脚 RST 接收外界施加的一定宽度的高电平(2 个机器周期以上)复位脉冲，从而实现单片机的复位。单片机复位操作方式有上电复位和手动按钮复位两种。上电复位电路如图 2.11(a)所示，通过系统上电瞬间电容充电来实现，手动复位如图(b)所示，复位按键的按下，使复位端与 V_{CC} 电源接通而实现。电路中电阻、电容参数的选择适用于 12MHz 晶振，保证复位信号高电平持续时间大于 2 个机器周期。

在实际系统中，总是把上电复位和手动复位电路结合在一起，形成一个共用复位电路，如图(c)所示。另外目前已经出现了专用的复位芯片，实现上电复位、手动复位、看门狗复位和掉电监视。

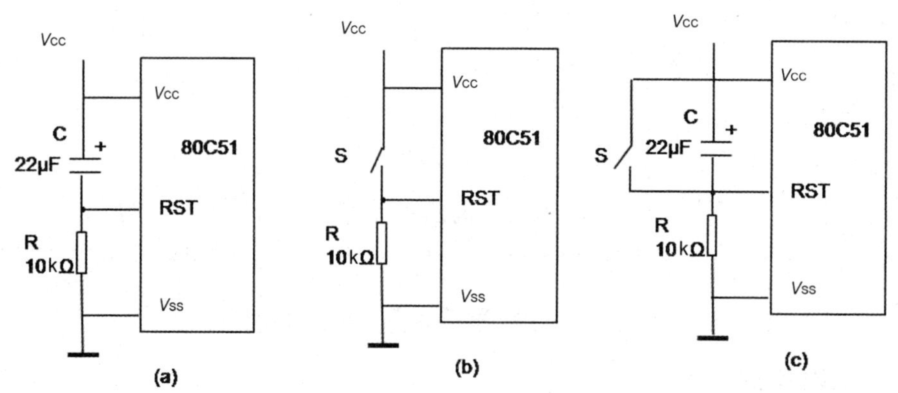

图 2.11　51 单片机复位电路

2. 复位状态

复位后，单片机从地址 0000H 开始执行程序。PC 值与各特殊功能寄存器初始状态如表 2.8 所示，PC 为 0000H，SP 为 07H，各 I/O 锁存器为 FFH，SBUF 状态不定，其他寄存器大多被置为 00H。复位不影响片内 RAM 的状态。

表 2.8　专用寄存器初始化状态

SFR 名称	初始化状态	SFR 名称	初始化状态
PC	0000H	TCON	00H
ACC	00H	TL0	00H
PSW	00H	TH0	00H
SP	07H	TL1	00H
DPTR	0000H	TH1	00H
P0-P3	FFH	SCON	00H
IP	00H	SBUF	XXXXXXXXB
IE	00H	PCON	0XXXXXXXB
TMOD	00H		

本章小结

以 80C51 单片机为例，介绍了 51 系列单片机的基本内核和内部资源：运算器、控制器、存储器和 I/O 接口。重点介绍了 51 系列单片机的存储结构体系和片内存储器结构和并行 I/O 口。单片机是内外存储器，数据和程序存储器共存的存储器体系结构。它包括 4KB 的片内 ROM，128B 的片内 RAM，还可以外扩 64KB 的片外 ROM（低 4KB 与片内 ROM 不可共存，只能择其一），64KB 的片外 RAM 四部分。随着硬件技术的发展，在实际应用中不主张扩展存储器。

ROM 用于存放程序代码和常数。片内 RAM 低 128B 又分为工作寄存器区、位寻址区、一般数据存储区三部分，用于存放变量、运算结果、中间结果等。一般型单片机有 21 个特殊功能寄存器，每个特殊功能寄存器具有特殊的含义，用于管理中断系统、定时器/计数器、串行口等特殊功能部件。

80C51 单片机共有 4 个 8 位的 I/O 口，P0～P3，每一位 I/O 口可以独立地进行数据的输入和输出。4 个 I/O 口只有 P1 口是纯粹的输入输出口，P0 做 I/O 功能使用时必须外接上拉电阻，实际应用中 P0、P2 口通常不使用其第二功能。P3 口每一位第二功能应用要熟练掌握。I/O 的驱动能力有限，通常外接输入输出设备需要接入三极管、光耦、继电器、晶闸管、固态继电器等硬件驱动电路。

8051 单片机经常外接晶振和电容构成外部时钟电路。系统经常使用上电加按钮综合复位电路，保证单片机系统的可靠复位，使单片机内部功能部件都处在一确定的初始状态。

习题 2

2.1　单片机的基本结构和应用领域？知名的单片机品牌有哪些？

2.2　简述单片机的引脚及功能。80C51 的数据引脚和地址引脚各是多少？80C51 存储器的访问能力是多少？

2.3　简述 80C51 单片机存储器结构。

2.4　简述 80C51 单片机特殊功能寄存器与片内普通数据存储器之间的区别。

2.5　简述片内 RAM 工作寄存器区的分组情况，当前寄存器组的组别是如何选择的？

2.6　80C51 单片机的位寻址空间有哪些？在编程应用中，如何表达位地址？

2.7　在增强型单片机中，特殊功能寄存器的地址与高 128 字节 RAM 的地址是重叠的，在寻址时应如何区分？

2.8　简述 PSW 特殊功能寄存器各位的含义。

2.9　取指操作后，PC 寄存器中的内容是什么？

2.10　80C51 单片机设置堆栈指针 SP＝30H，进行一系列操作后，堆栈的数据全部弹出，SP 的内容是什么？SP 应指向哪里？

2.11　80C51 单片机设置堆栈指针 SP＝30H，发生子程序调用，这时 SP 的值变为多少？

2.12　80C51 单片机有哪几种复位电路？单片机复位后，程序计数器 PC、主要特殊功能寄存器以及片内 RAM 的内容都是什么？

2.13　简述 80C51 单片机的时钟振荡电路的选择与实现方法，机器周期与时钟周期、指令执行时间之间的关系。

第 3 章　单片机应用的开发工具

3.1　Keil μVision4 集成开发环境

3.1.1　Keil μVision4 集成开发环境概述

Keil μVision4 集成开发环境是 Keil 公司开发的 Windows 环境下的用于 51 系列兼容单片机程序编辑、编译与调试的集成开发环境。它将项目管理、源程序编辑、编译、链接、调试集成在一个环境中，既可以支持 C51 源程序，也支持汇编语言源程序，是 51 单片机开发的首选工具。该开发软件集成了软件仿真器，可以在没有 51 硬件的条件下调试各种应用程序。

Keil 开发环境的总体上包括程序编辑、编译用户界面和程序调试界面。

进入 Keil 后，如图 3.1 所示的程序编辑、编译用户界面，在此用户环境下可进行汇编语言源程序或 C51 源程序的输入、编辑与编译。单击工具栏开始/停止调试图标，进入如图 3.2 所示的程序调试界面。在此界面下可以实现单步、跟踪、断点与全速运行方式调试，并可打开寄存器、存储器、定时/计数器、中断、串行口以及自定义变量窗口进行程序运行控制与监控。单击工具栏开始/停止调试图标，返回程序编辑、编译用户界面。

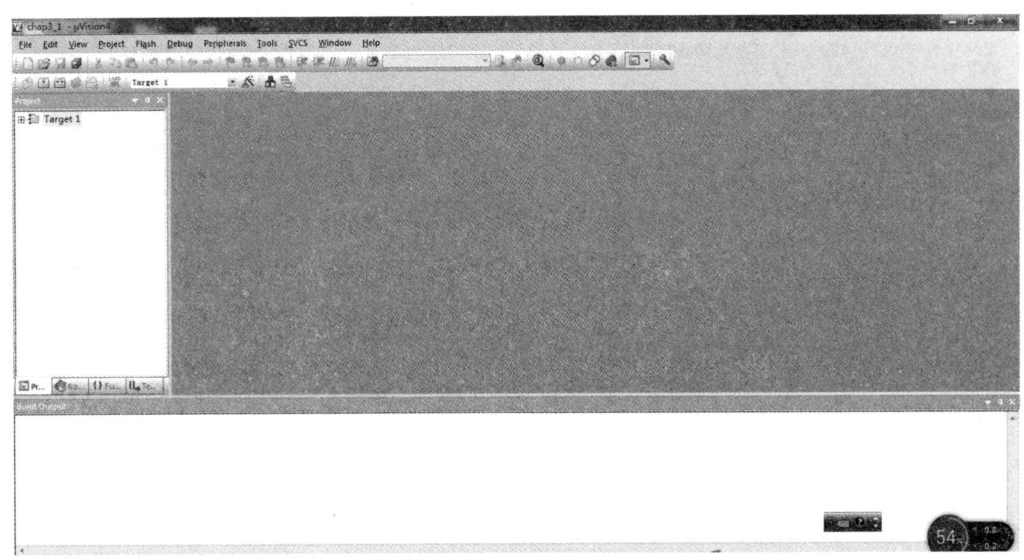

图 3.1　Keil μVision4 程序编辑、编译用户界面

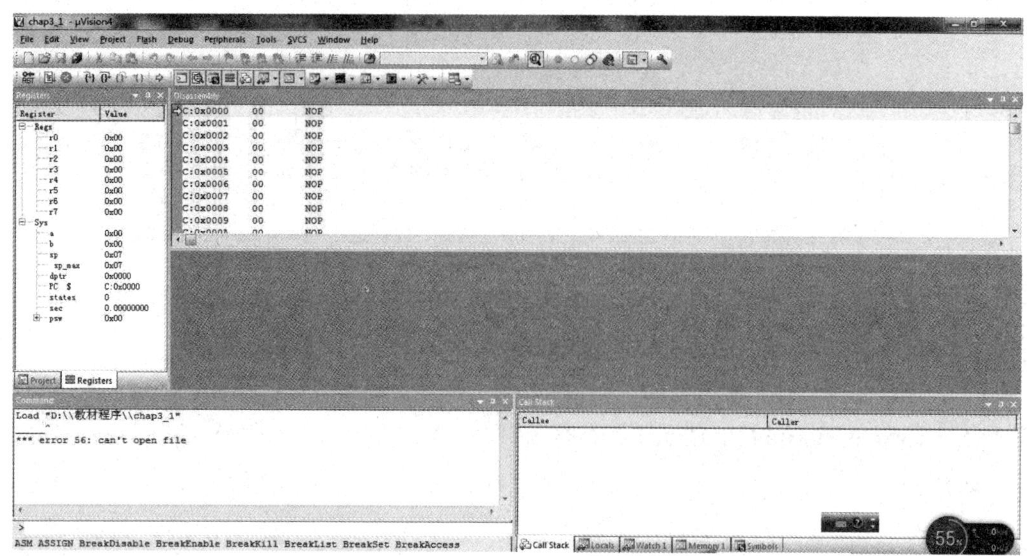

图 3.2　Keil µVision4 程序调试界面

3.1.2　Keil C 集成开发环境下的程序编辑、编译与调试

在 Keil µVision4 集成开发环境中使用工程项目的方法管理文件，而不是单一文件的模式。所有文件包括源程序、头文件和说明性的技术文档都可以放在工程项目文件里统一管理。应用该开发工具进行单片机应用开发流程如下：

创建项目→输入、编辑应用程序→将程序文件添加到项目中→编译链接生成机器码文件→仿真调试程序。

1. Keil 工程的建立

(1) 新建工程。单击 Project 菜单中的 New µVision Project…选项，如图 3.3 所示。

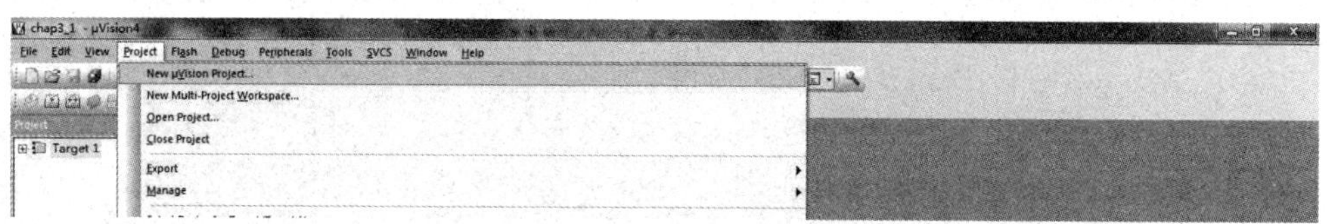

图 3.3　新建工程

(2) 保存工程。选择工程要保存的路径，输入工程文件名。Keil 的一个工程里通常含有很多文件，为了方便管理，通常将一个工程放在一个文件夹下，保存到 D:\chap3 文件夹，工程文件的名字 chap3_1，如图 3.4 所示，然后单击保存按钮，工程建立后，此工程名变为 chap3_1.uvproj。

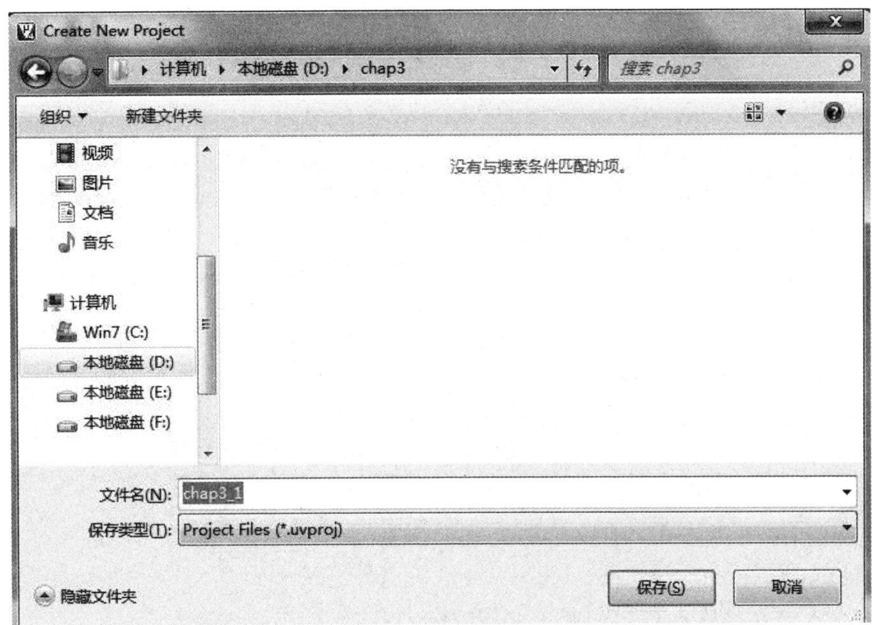

图3.4　保存工程

(3) 选择单片机型号。此时弹出对话框，要求用户选择单片机的型号，可以根据用户使用的单片机来选择。我们的实验开发板上用的是STC89C52，但是对话框里找不到这个型号的单片机。因为51内核单片机具有通用性，所以在这里选一款89C52就行，比如展开Atmel前面的"+"号，选定AT89C52之后，右边Description栏里是该型号单片机的基本说明，如图3.5所示。点击确定按钮。

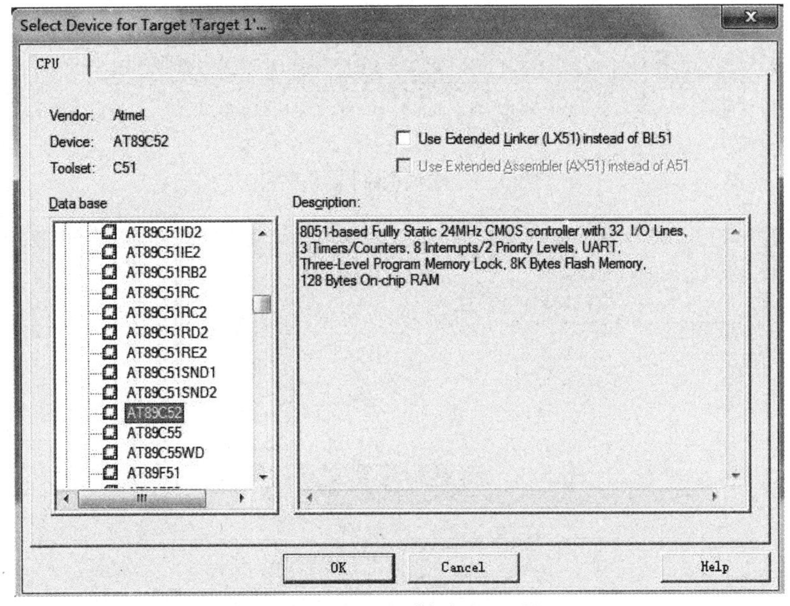

图3.5　选择单片机型号

(4) 之后程序会询问是否将标准 51 初始化程序(STARTUP. A51)添加到项目中,如图 3.6 所示,一般情况下选择【否】按钮。完成上述步骤后,进入程序编辑、编译窗口界面如图 3.1 所示。

图 3.6　添加标准 51 初始化程序确认框

2. 编辑程序

接下来在程序编辑窗口添加源程序,并将源程序文件添加到工程。

(1) 新建源程序。如图 3.7 所示,单击 File 菜单中的 New 命令,或单击工具按钮新建文件后窗口界面如图 3.8 所示。新建的源程序文件默认的文件名为 Text1,单击 File 菜单中的 Save as…文件另存为命令,将源程序保存到 D:\chap3 文件夹,命名为 test. c(注意:扩展名不可省略,如果使用汇编语言写源代码,扩展名. asm),文件名可以随意填写,可以与工程名相同,或不相同,然后单击保存按钮,如图 3.9 所示。

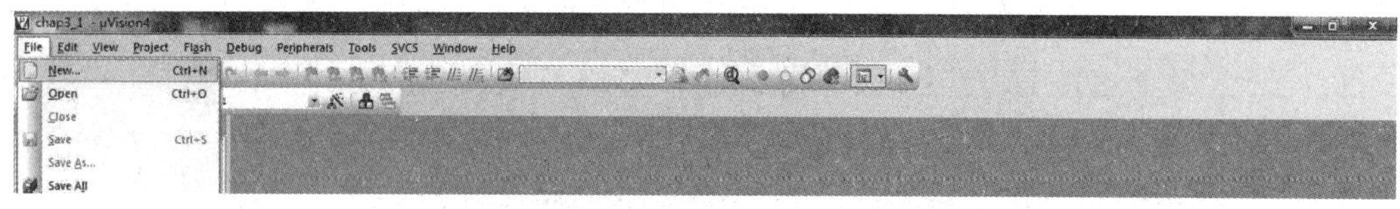

图 3.7　新建源程序文件

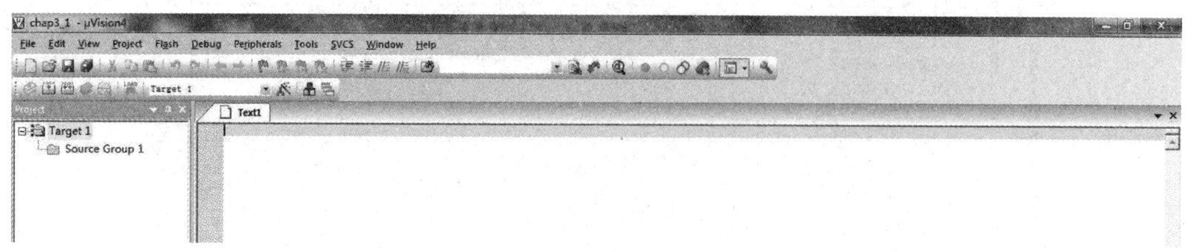

图 3.8　新建源程序文件后界面

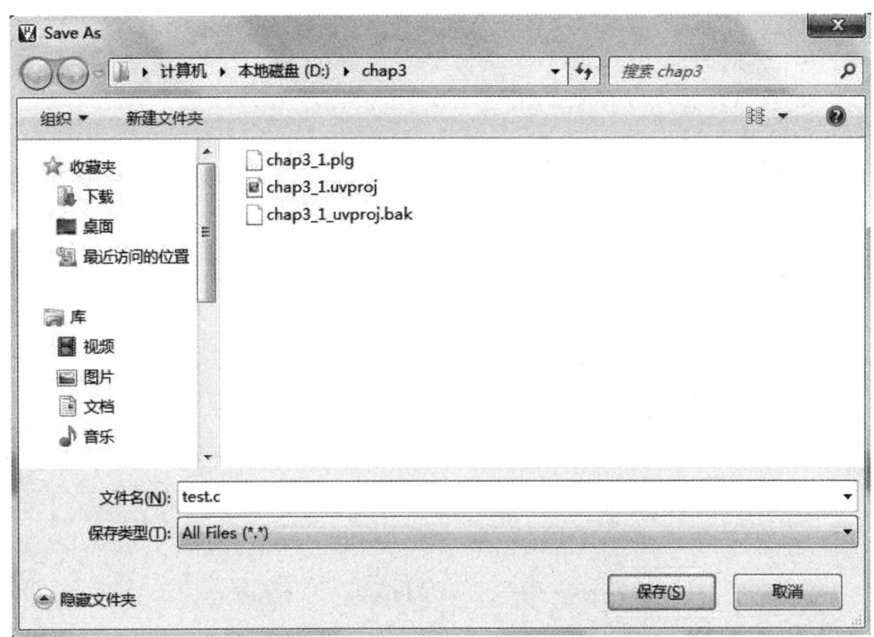

图 3.9　新建源程序文件重新命名后保存

(2) 将源程序添加到工程。回到编辑界面，单击 Target1 前面的"+"号，然后在 Source Group1 选项上单击右键，弹出如图 3.10 所示菜单，然后选择 Add Files to Group 'Source Group 1'菜单项，对话框如图 3.11 所示。选中 test.c，单击 Add 按钮，再单击 Close 按钮，然后再单击左侧 Source Group 1 前面的"+"号，屏幕窗口如图 3.12 所示。这时我们注意到 Source Group 1 文件夹中多了一个子项 test.c，当一个工程中有多个代码文件时，都要加在这个文件夹下，这时源代码文件就与工程关联起来了。

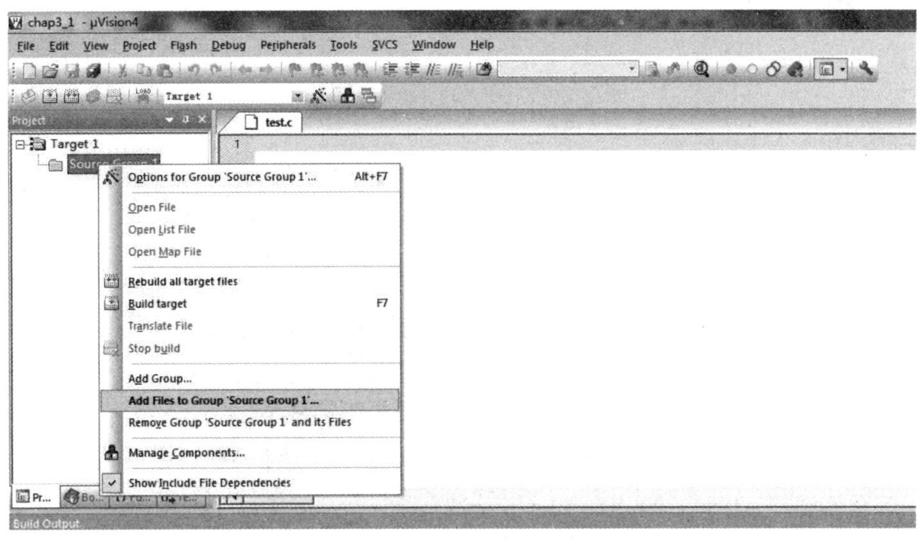

图 3.10　将文件添入工程的菜单

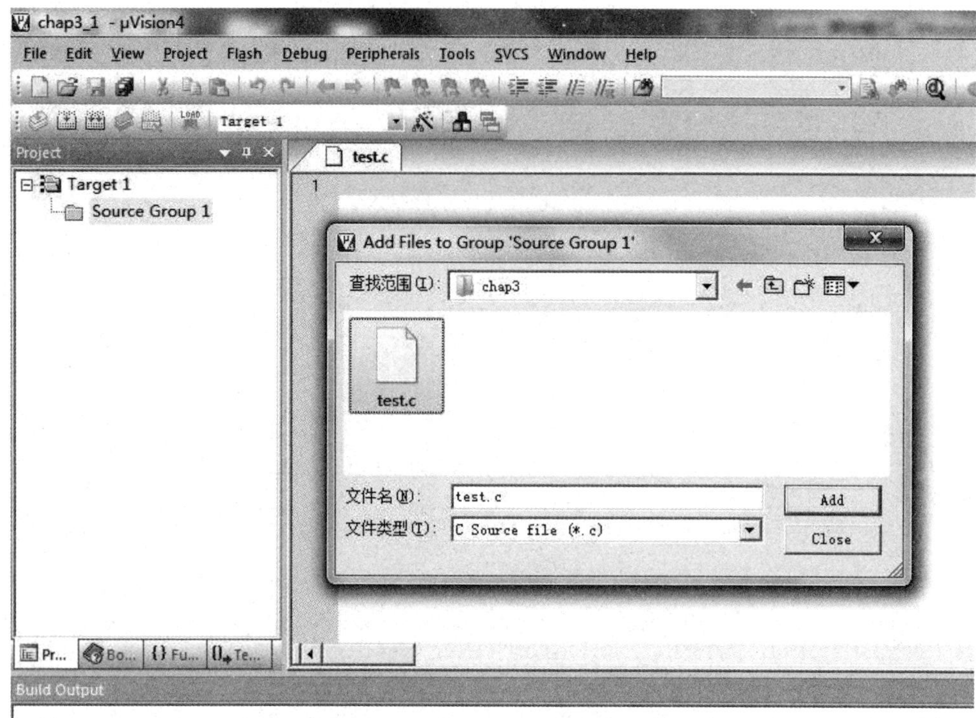

图 3.11　选中文件后的对话框

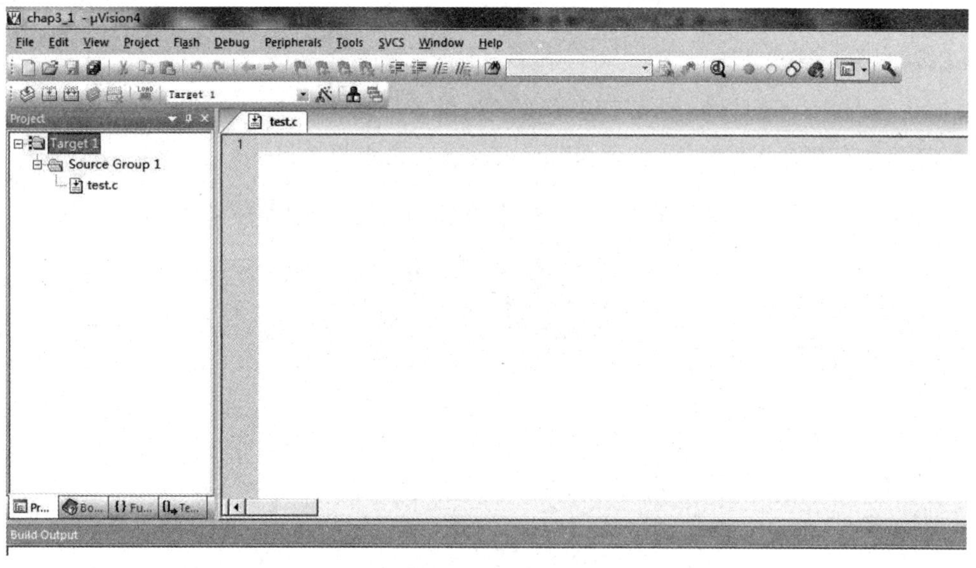

图 3.12　将文件加入工程后的屏幕窗口

提醒:如果在 Add Files to Group ‘Source Group 1,对话框中,没有 test. c 文件,可以修改一下文件类型,选择“C Source file(* . c)”。

以上,就在 Keil 编译环境下建立了一个工程,下面就可以在程序编辑窗口写入程序代码了，如图 3.13 所示，这一段程序点亮了一只接在 P2.0 引脚的发光二极管。这里只做开发环境的认识和学习，软件的具体应用和程序代码的详细讲解放到后面章节学习。

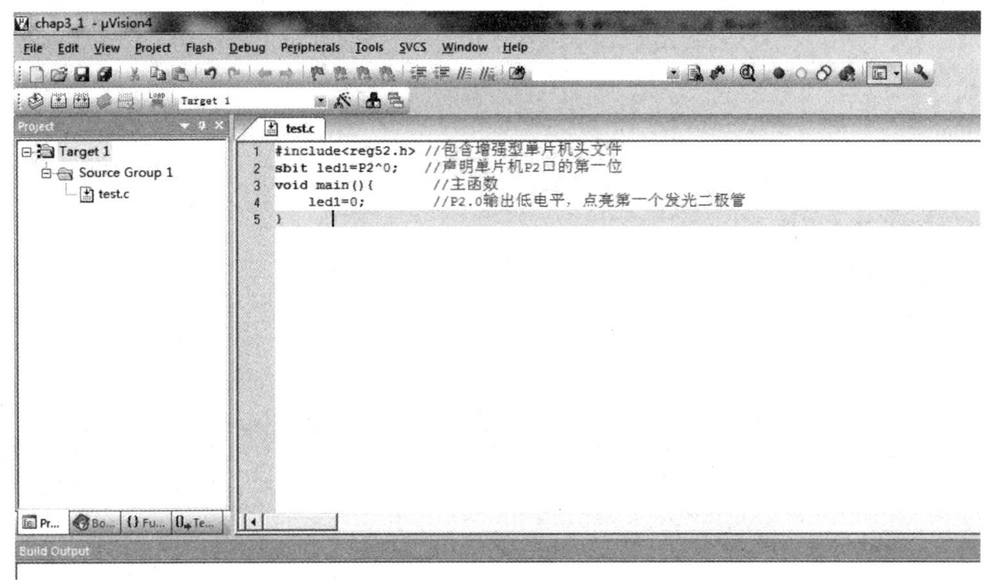

图 3.13　在程序编辑窗口输入代码后界面

3. 编译与连接

项目文件创建完成后，就可以对项目文件进行编译、创建目标文件。在编译、连接前需要根据目标的硬件环境先在 Keil µVision4 中进行目标配置。

(1) 目标配置。右键单击 Target1，从快捷菜单单击 Option for Target 'Target1' 命令，弹出 Option for Target 对话框，如图 3.14 所示。

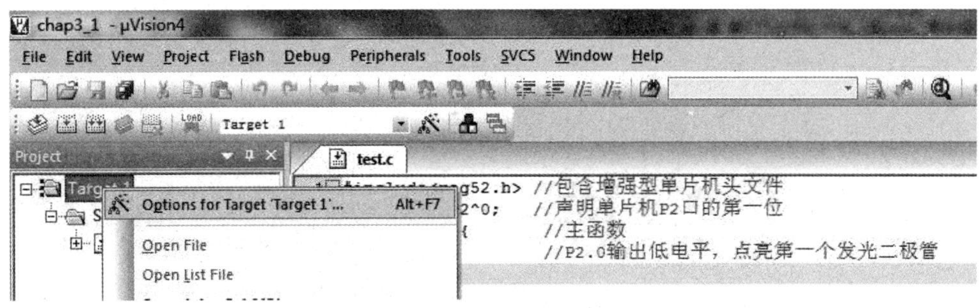

图 3.14　进行目标配置的菜单

该对话框有多个选项页，用于设备选择、目标属性、输出属性、C51 编译器属性、A51 编译器属性、BL51 连接器属性、调试属性等信息的设置。一般情况下按默认设置应用。为配合仿真硬件电路或配合开发板进行硬件调试，一般需要做两个参数的修改。其一，在目标选项页(Target)下修改单片机主频与仿真或实际电路一致，如图 3.15 所示；其二，在输出选项页下勾选设置在编译、连接程序时自动生成机器码文件(.HEX),如图 3.16 所示,默认文件名为项目文件名。

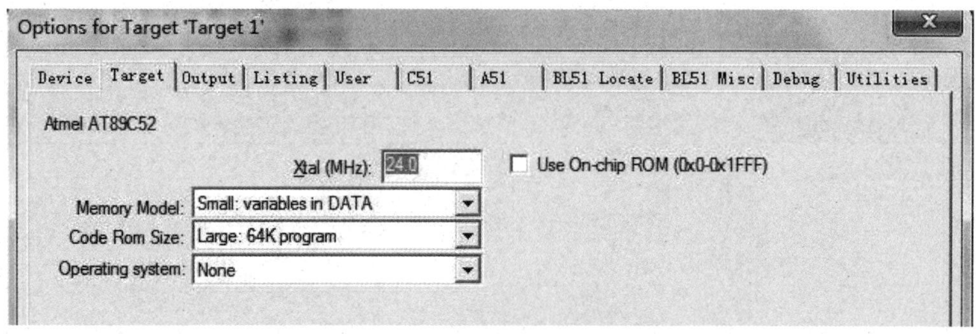

图 3.15 配置目标晶振

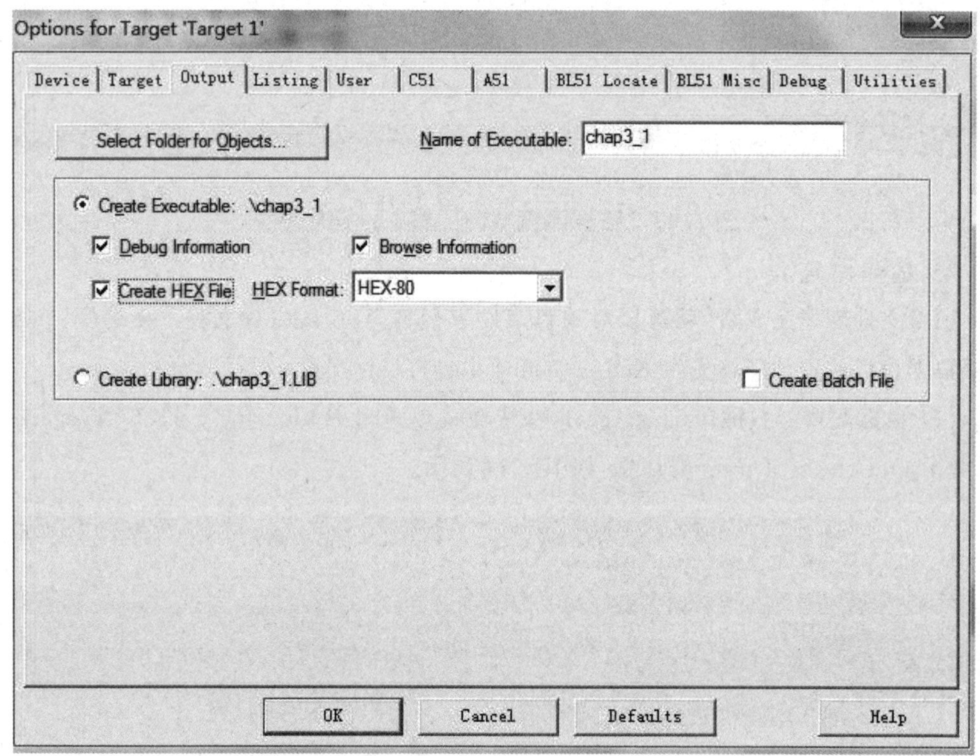

图 3.16 配置输出.HEX 文件

(2) 编译与连接。选择菜单命令 Project→Build target(Rebuild target files),或单击编译工具栏相应的编译按钮,启动编译、连接程序,如图 3.17 所示。编译、连接后,在输出窗口中将输出编译、连接信息。如提示 0 error,则表示编译成功;否则提示错误类型和错误语句位置。双击错误信息光标将出现在程序错误行,进行程序修改,之后重新编译,直至提示 0 error,同时提示生成了可执行文件,以及文件的大小,占用内存的空间等信息,如

图 3.18 所示。

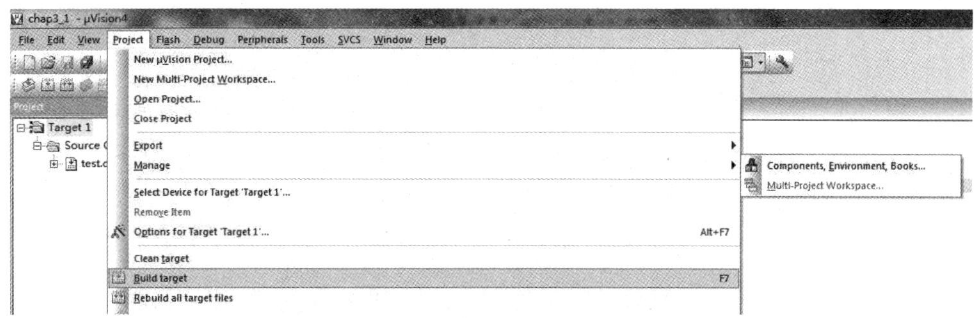

图 3.17　编译、连接程序命令

图 3.18　程序编译后界面

(3) 常用编译连接按钮

按钮——用于显示或隐藏项目窗口，我们可以单击该按钮观察其现象，项目窗口如图 3.19 所示。

按钮——用于编译我们正在操作的文件。

按钮——用于编译修改过的文件，并生成.HEX 文件供单片机下载或仿真。

按钮——用于重新编译当前工程中的所有文件，并生成.HEX 文件供单片机下载或仿真。

按钮——用于打开 Option for taeget 对话框，即对当前工程设置选项。

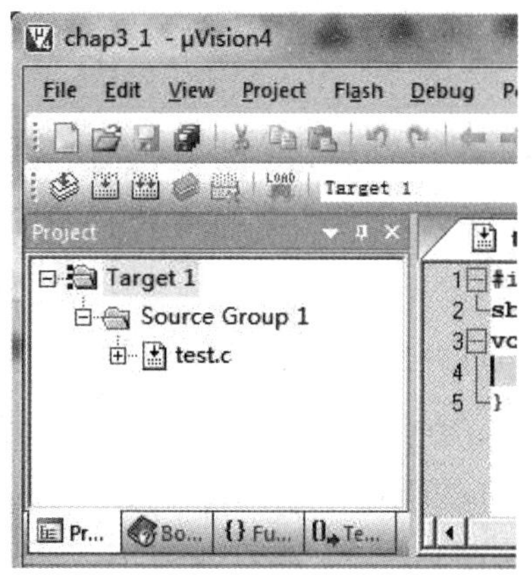

图 3.19　项目窗口

4. Keil 环境下程序的调试

选择菜单命令 Debug→Start/Stop Debug Session 或单击工具栏图标，进入调试模式界面。

(1) 选择菜单命令 Peripherals→I/O-Ports→Port2，调出 P2 口控制窗口。

(2) 全速运行程序，观察 P2 口控制窗口的锁存器输出信息，应看到 P2.0 引脚输出为低电平，其他引脚输出为高电平(位状态为“√”表示输出为高电平，为空白表示输出低电平)，左侧显示的输出状态值为 0xFE，如图 3-20 所示。

Parallel Port 2		
Port 2		7 Bits 0
P2:	0xFE	√√√√√√√
Pins:	0xFE	√√√√√√√

图 3.20　P2 口控制窗口

(3) 除全速运行外，还有单步运行、跟踪运行，执行到光标处和断点运行等调试运行模式，通过观察程序运行结果或中间结果信息，可以判断程序功能的正确性，找出程序设计的 Bug 所在。

(4) 常用调试命令按钮

按钮——用于程序编辑和程序调试窗口的切换

按钮——程序复位，准备从主程序的入口处开始执行。

按钮——全速运行程序。

按钮——按钮每按下一次，系统执行一条指令，执行调用子程序指令时，会进入子程序中单步执行每一条指令。用于精确调试指令或观察指令运行状态。

按钮——按钮每按下一次，系统执行一条指令，且调用子程序指令作为一条指令一次性完成。用于单步调试指令或观察指令运行状态。

运行到光标行、断点执行等也是调试常用运行方式，另外，一些观察窗口打开命令按钮等快捷命令按钮和调试技巧，会为调试程序带来很大帮助。

3.2　STC 系列单片机的在线编程(ISP)

3.2.1　STC 系列单片机在线编程(ISP)典型应用电路

因为 STC 系列单片机具有在线编程的优势，所以我们的教学开发板采用了 STC89C52。STC 系列单片机用户程序的下载是通过 PC 机的 RS232-C 串口与单片机的串口进行通信的，但由于 PC 机 RS232-C 的逻辑电平标准与单片机的 TTL 电平标准不匹配，因此常常需要使用 MAX232 等接口芯片进行电平转换，常用的下载电路如图 3.21 所示，此电路也可实现 PC 机与单片机的一对一通信。目前 PC 机或者笔记本电脑一般不再配置 RS232-C 串口，所以通常需要利用 CH341 或者 PL2303 等转换芯片实现 PC 机的 USB 接口与 51 单片机的串口逻辑进行转换，安装相应转换串口驱动程序后，将系统与 PC 机 USB 口连接，即可产生虚拟串口，在 PC 机电脑属性的设备管理器中可查询到 USB 虚拟串口的端口号，按虚拟串口的端口号选择串行口，即可实现在线编程和上位机与单片机的串口通信。

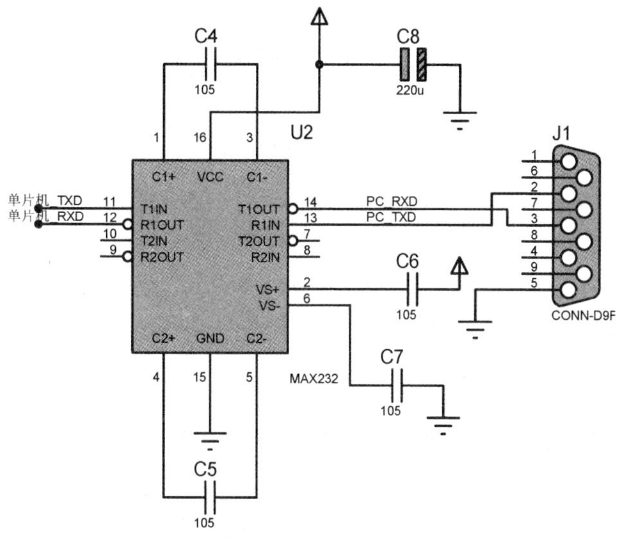

图 3.21 STC 单片机在线编程下载电路

3.2.2 STC 系列单片机 PC 端下载软件的使用

STC 系列单片机 PC 端 STC-ISP 下载软件可从宏晶科技网站（www.STCMCU.com）下载，运行下载程序，即弹出如图 3.22 所示的程序界面，按如下步骤操作即可完成用户程序下载。

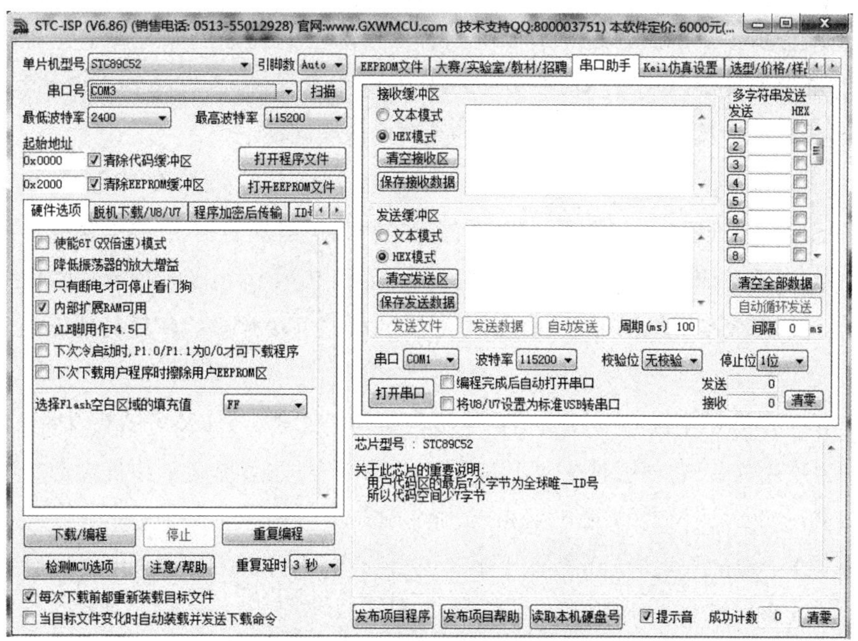

图 3.22 STC-ISP 软件界面

(1) 选择单片机型号。必须与所使用单片机的型号完全一致。

(2) 打开程序文件。打开要烧录到单片机中的程序,即经过编译生成的扩展名为“. HEX”的机器码文件。

(3) 选择串行口。如果利用了 U-串转换芯片,将开发板连接在了 PC 机的串行口,安装驱动程序后,利用系统自动分配的串口号,在此选择对应的串口号即可。

(4) 单击下载/编程按钮即可完成程序的下载。

ISP 在线编程软件还有串口调试助手、波特率计算器、定时器计算器、头文件等实用工具,在程序串口调试、串口通信等应用中极大地方便了程序开发与调试。(见附录 5)

3.3 Proteus 模拟仿真软件

对于具有 ISP 在线编程功能的 STC 系列单片机的开发,只需要具有 PC 机与单片机的串口通信电路的硬件电路以及上面介绍的 Keil 和 STC-ISP 在线编程软件两款软件就可以了。对于单片机的初学者和单片机开发工程师而言,单片机的学习和开发变得非常简单和方便,只要拥有一块单片机学习开发板就可以拥有自己的单片机实验室,单片机的学习变得简单、直接、高效。同时,为了提高单片机的学习和开发效率,除了直接用实物单片机进行开发和调试外,还可利用仿真开发软件实施“先仿真,后实物”的开发模式。常用的硬件仿真电路绘制软件就是接下来要学习的 Proteus。

3.3.1 Proteus 模拟仿真软件概述

Proteus 是英国 Labeenter 公司开发的电路分析与实物仿真及印制电路板设计软件,它可以仿真、分析各种模拟电路与集成电路。软件提供了大量模拟与数字元器件及外部设备,有各种虚拟仪器,如示波器、逻辑分析仪、信号发生器等,具有模拟电路仿真、数字电路仿真,尤其是单片机及其外围电路组成的系统的仿真功能。

目前,该软件支持的主流单片机有:68000 系列、8051/52 系列、AVR 系列、PIC10/12/16/18 系列、Z80 系列、HC11 系列、ARM7 以及各种外围器件。由于 STC 系列单片机是新开发的芯片,在设备库里没有 STC 系列单片机,在利用 Proteus 绘制 STC 单片机电路图时,可选用任何厂家的 51 或 52 系列单片机,但 STC 系列单片机的新增特性不能得到有效的仿真。

它支持将 Keil C 集成开发环境编译生成的机器码文件(. HEX 可执行文件)加载到仿真电路中的单片机中,实现硬件仿真电路和 Keil 的联合仿真,提高单片机应用系统的开发效率。

下面结合上面的点亮 P2.0 引脚外接的 LED 灯为例,介绍完整单片机应用系统仿真调试方法。电路如图 3.23 所示。

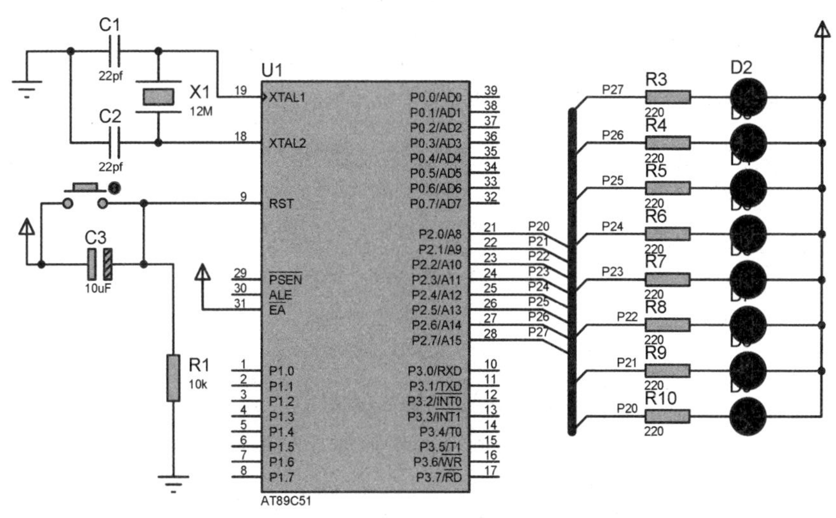

图 3.23　流水灯仿真电路

3.3.2　Proteus 操作界面简介

Proteus 主要由 ISIS 和 ARES 两部分组成，ISIS 的主要功能是原理图设计及电路原理图的交互仿真，ARES 主要用于印制电路板的设计。配合本门课程的学习，本书主要利用 ISIS 进行单片机系统案例的原理图设计，并在原理图上进行程序调试与仿真。

图 3.24 是启动 Proteus ISIS 7.8 后的操作界面，窗口左边是含有三个组成部分的模式选择工具栏，主要包括主模式图标、部件模式图标和二维图形模式图标。表 3.1 给出了这些模式图标功能的简要说明。

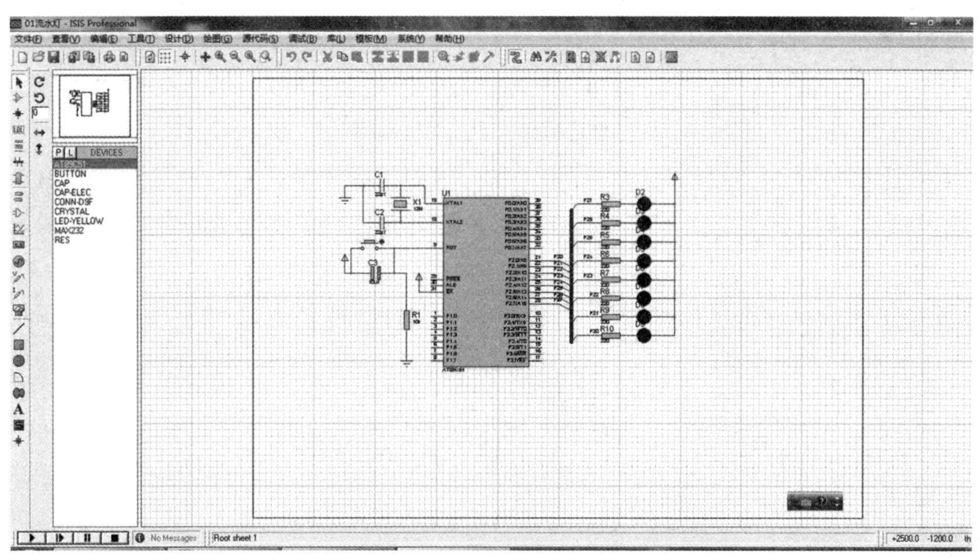

图 3.24　Proteus ISIS 7.8 操作界面

表 3.1 Proteus 模式图标的功能说明

主模式图标名称功用	
选择模式(Selection Mode)	在选取仿真电路中的元件等对象时使用该模式
元器件模式(Component Mode)	用于打开元件库选取各种元器件
连接点模式(Junction Dot Mode)	用于在电路中放置连接点
连线标号模式(Wind Label Mode)	用于放置或编辑连线的网络标号
文本脚本模式(Text Script Mode)	用于在电路中输入或编辑文本
总线模式(Buses Mode)	用于在电路中绘制总线
子电路模式(Subcircuit Mode)	用于在电路中放置子电路框图或放置子电路元器件
部件模式图标名称功用	
终端模式(Terminals Mode)	提供各种终端,如输入、输出、电源、地等
器件引脚模式(Device Pins Mode)	提供 6 种常用元件引脚
图表模式(Graph Mode)	列出可供选择的各种仿真分析所需要的图表,如模拟分析图表、数字分析图表、频率响应图表等
录音机模式(Tape Recorder Mode)	对原理图分析分割仿真时用来记录前一步的仿真输出,作为下一步仿真的输入
激励源模式(Generator Mode)	用于列出可供选择的数字、模拟激励源,如正弦波信号、数字时钟信号及任意逻辑电平序列等
电压探针模式(Voltage Probe Mode)	用于记录模拟或数字电路中探针处的电压值
电流探针模式(Current Probe Mode)	用于记录模拟或数字电路中探针处的电流值
虚拟仪器(Virtual Instruments Mode)	提供虚拟仪器,包括示波器、逻辑分析仪、虚拟终端、SPI 调试器、I2C 调试器、直流与交流电压表、直流与交流电流表
二维图形模式图标名称功用	
直线模式(2D Graphics Line Mode)	用于在创建元件时绘制直线,或者直接在原理图中绘制直线
框线模式(2D Graphics Box Mode)	用于在创建元件时绘制矩形框,或者直接在原理图中绘制矩形框
圆圈模式(2D Graphics Circle Mode)	用于在创建元件时绘制圆圈,或者直接在原理图中绘制圆圈
封闭路径模式(2D Graphics Close Path Mode)	用于在创建元件时绘制任意多边形,或者直接在原理图中绘制多边形
文本模式(2D Graphics Text Mode)	用于在原理图中添加说明文字
符号模式(2D Graphics Symbol Mode)	用于从符号库中选择各种元件符号
标记模式(2D Graphics Markers Mode)	用于在创建或编辑元器件、符号、终端、引脚时产生各种标记图标

紧挨着模式工具栏的两个小窗口分别是预览窗口和对象选择窗口。预览窗口显示的是当前仿真电路的缩略图，对象选择窗口列出的是当前仿真电路中用到的所有元件等，当前所显示的可选择对象与当前所选择的操作模式图标对应。

Proteus 主窗口右边的大面积区域是仿真电路原理图(Schematic)编辑窗口，下面介绍该窗口中仿真电路原理图的设计与编辑。Proteus 主窗口左下方还有仿真运行、暂停及停止等控制按钮。

3.3.3 仿真电路原理图设计

在设计原理图时，根据当前电路的复杂程度和特定要求，可在 Proteus 提供的模板中选择恰当的模板进行设计。单击"文件→新建设计"菜单，打开新建设计对话框，选择相应模板。也可直接单击新文件按钮，Proteus 会以默认模板建立原理图文件，调整图纸大小或样式时可单击"系统→设置图纸尺寸"菜单进行设置。默认图纸背景是灰色的，可单击"模板→设置设计默认值"菜单，将对话框中的"图纸颜色"进行修改。

创建空白文件后，在开始后续操作之前先将 DSN 文件保存到指定位置，然后向图纸中添加元件。单击模式工具栏上的元件模式图标，对象选择窗口上会出现设备。对于空白 DSN 文件，对象选择其中不会显示任何元件，这时可单击"P"(Pick)按钮，打开元件选择窗口，在元件库中选择各种模拟元件、数字芯片、微控制器、光电元件、机电元件、显示器件等。如在微控制器系列库的结果列表中选择单片机 80C51，在预览窗格显示该器件原理图和 PCB 封装图，点击确定按钮，则可将 80C51 添加至对象选择器窗口，如图 3.25 所示。

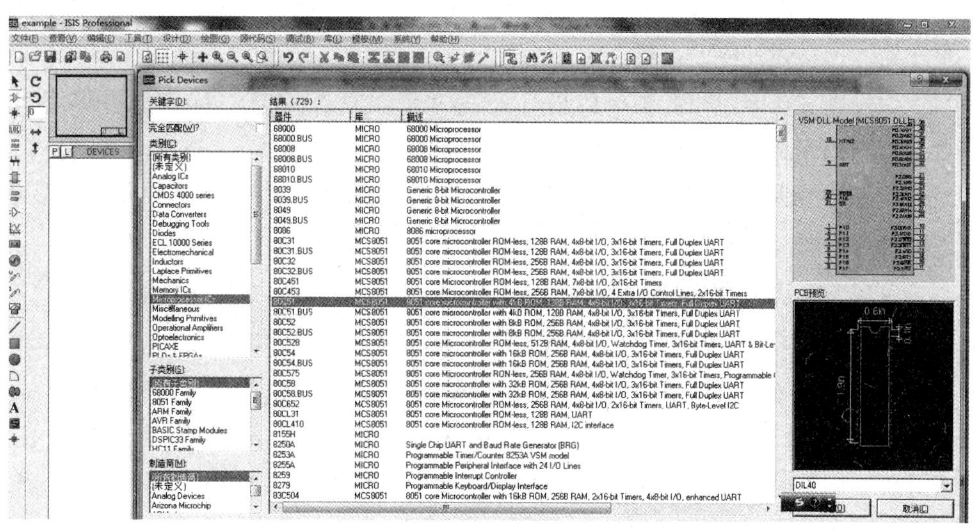

图 3.25 在系统对象库中选择元件

(1) 将元件加入对象选择窗口。按照上述方法，在杂类(Miscellaneous)库中找到晶振(Crystal)，在电阻、电容库中选择电阻和电容，在光电元件库中找到发光二极管(LED-RED)，在 Switchs 库中选择按钮(BUTTON)，也可以在 Pick Device 页面的 Keywords 输入要找元件的名称，在整个元件库中搜索要找的元件。将需要的元件加入对象选择器窗口，供绘图使用。因为系统不对电源、时钟和晶振几部分电路仿真，所以如果硬件仿真电路仅仅是用于仿真，这几部分电路可以不绘制。

(2) 放置元件到仿真电路原理图编辑窗口。在对象选择窗口中，选中 80C51，将鼠标置于原理图编辑窗口该对象的欲放位置，单击鼠标左键，放置对象。同理，将晶振、电阻、电容、按键、发光二极管都放到原理图编辑窗口中。

如果元件放置位置不合适，可将鼠标移到该对象上，单击鼠标左键选择对象，元件变成红色，按下鼠标左键，拖动鼠标，将元件移至新位置后松开鼠标，完成移动操作。

如果需要修改元件属性，选中元件，左键双击元件，即可弹出元件属性编辑对话框，根据元件属性需要修改确定即可。

对于初学者，推荐选中元件后单击右键，利用快捷菜单完成元件的移动、属性修改、旋转等操作。

(3) 单击终端模式图标，利用选择、放置元器件同样的方法，放置电源、地等符号。

(4) 单击连线标号模式图标，进行元件连线，绘制完成原理图。如图 3.24 所示。

如果电路中并行的连线较多，或连接线路较长，这时可以使用模式工具栏中的总线模式图标绘制总线，绘制总线后，将起点出发的连线和到终点的连线都连接到总线上，同时在各连线上添加网络标号，建立电气连接关系，标有相同网络标号的连线被认为是连通的。加网络标号时可直接在连线上单击右键，选放置网络标号命令，或先单击模式工具栏中的连线标签模式图标，然后用鼠标指向连线，在连线上出现“x”号时单击左键，在弹出的对话框中输入网络标号即可。

对于连接到总线的同样长度与形状的连线，可先绘制好其中一条，绘制其他连线时，只需要双击新的起点即可。

对于快速添加网络标号，Proteus 提供了专门的属性赋值工具，工具菜单下属性设置工具对话框，操作方法如下：

单击菜单“工具→属性设置工具”，打开如图 3.26 所示窗口，在字符串(String)文本框中输入“NET＝P2＃”，计数值(Count)默认为 0，增量(Increment)默认为 1，然后单击确定按钮。接下来将鼠标指向连接到总线的任意一条连线，指针旁边将出现绿色“＝”号，依次单击这些线，它们会被分别标上 P20、P21、P22……

设计仿真电路时需要从元件库中选择所需要的元件，在图 3.25 中可输入所需元件名的全称或部分名称，元件拾取窗口可进行快速查询。为便于选取元件，书后附录 4 给出了 Proteus 提供的所有元件分类与子类，其中 CMOS 系列与 TTL 系列多数子类是相同的，附录 4 将它们列在同一行中。

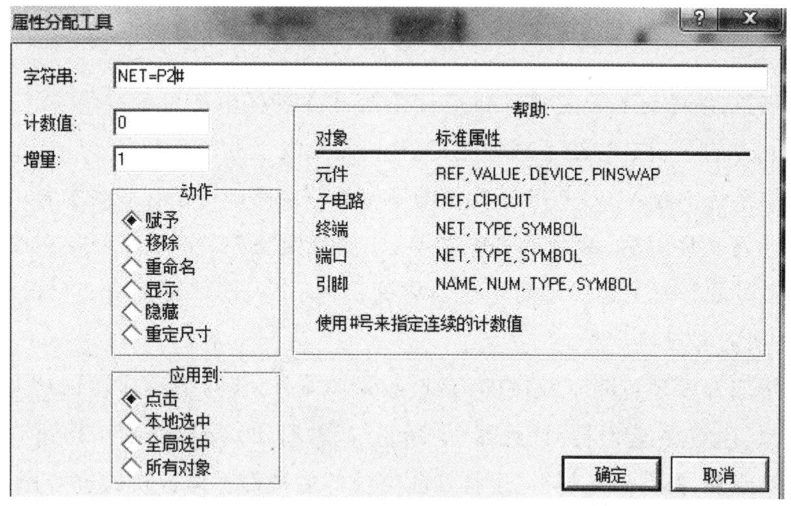

图 3.26 属性赋值窗口

3.3.4 Proteus 仿真调试

完成单片机仿真电路设计后，即可开始仿真运行 Keil 软件编译生成的.HEX 程序文件。可双击单片机，打开单片机属性窗口（也可右击单片机打开单片机属性窗口），在“Program Files”项中选中对应的 HEX 文件，建立仿真电路与程序文件的连接关系（注意：仿真电路与 HEX 文件仅仅是一种指向关系，即在 Keil 环境下，程序源代码改变后重新编译生成新的 HEX 文件，在仿真电路中不必重新加载新文件，仿真运行的文件就是修改后的新文件），如图 3.27 所示。在程序和电路都没问题时，直接单击主窗口下的运行按钮即可仿真单片机系统，运行过程如同在硬件开发环境下一样。

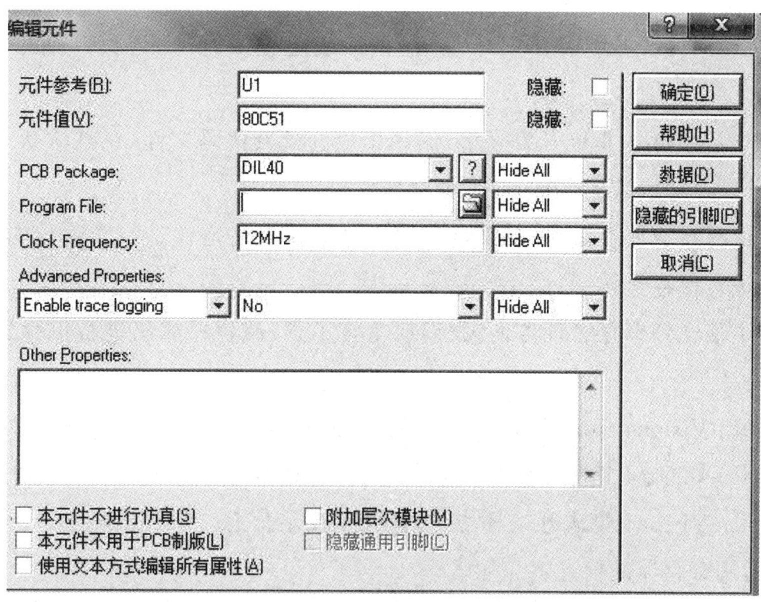

图 3.27 单片机与 HEX 文件建立连接

本章小结

程序的编辑、编译与下载是单片机应用系统开发过程中不可或缺的工作流程。对于 STC 单片机由于有了 ISP 在线下载功能，单片机的开发工具变得简单了，在硬件方面只要在单片机应用系统中嵌入 PC 机与单片机的串口通信电路即可。在软件方面，一是需要用于汇编或 C51 源程序编辑、编译的开发工具，二是需要 STC 单片机 ISP 在线编程软件。单片机应用系统的开发工具非常简单也非常廉价，每个人都可以拥有自己的单片机实验室，进行单片机的学习与开发。

Keil C 集成开发环境除了程序的编辑、编译功能外，还具备程序调试功能，可对单片机的内部资源（存储器、定时器/计数器、中断系统、并行 IO 端口、串行口）进行仿真，可采用全速、单步、跟踪、执行到光标行、运行到断点处等多种程序运行模式进行用户程序的调试与观察。

Protues 仿真软件是一款单片机应用电路的纯仿真软件，既可对单片机的内部资源进行仿真，也可对单片机的外围接口电路进行仿真，是一种真正意义上的单片机应用系统仿真软件。应用这款软件，即使没有单片机开发硬件电路，也可以完成单片机应用的基础实验和单片机应用系统的仿真练习与开发，使单片机的学习非常方便和高效，极大地降低了单片机的学习门槛。

单片机课程学习的特点是实践性非常强，在理论学习的同时，必须加强动手编程练习，才能及早跨过单片机的学习门槛，激发本门课程学习应用的兴趣。

习题 3

3.1　Keil μVision4 集成开发环境，在默认状态编译时，是否会自动生成机器代码文件？

3.2　Keil μVision4 集成开发环境，编译生成的机器代码文件，在默认状态下，其名称是怎样的？若要存储成其他名称，应如何操作？

3.3　新编程序文件存盘时，其默认存储文件的扩展名是什么？若编辑的是汇编语言程序，应如何进行保存操作？

3.4　为了使文件保存管理方便，我们通常将工程、源程序如何进行保存管理（文件保存路径如何）？

3.5　Keil μVision4 集成开发环境，如何进行编辑与调试程序界面的切换？

3.6　Keil μVision4 集成开发环境，程序的调试运行方式有哪些？各有什么特点？

3.7　Keil μVision4 集成开发环境，如何观察变量信息，如何观察片内 RAM 信息，如何观察片内通用寄存器的信息？

3.8　Keil μVision4 集成开发环境，如何观察 I/O 口的输入/输出信息？如何利用逻

辑分析仪观察I/O口的输出波形？

3.9 Keil μVision4集成开发环境，如何观察或设置定时器、中断与串行口的工作状态？

3.10 Keil μVision4集成开发环境，如何观察软件延时程序运行的时间？

3.11 Keil μVision4集成开发环境除编辑、编译功能外，也有仿真调试功能。Proteus软件的仿真功能与之相比有哪些突出的优点？

3.12 说明STC89C51单片机程序存储器的类型，以及该单片机系列程序下载的在线编程过程。

3.13 在Proteus软件的绘图中，如何寻找自己需要的元器件和编辑元器件的属性？

3.14 在Proteus软件的绘图中，如何放置、移动、删除元器件？

3.15 在Proteus软件的绘图中，如何调整元器件的方向？

3.16 在Proteus软件的绘图中，如何调用电源、公共地？如何标注网络编号？

3.17 简述用Proteus软件仿真单片机应用系统的工作过程。

第4章 80C51单片机指令系统

指令是CPU按照人们的意图完成某种操作的命令。一台计算机所能执行的全部指令的集合称为这个CPU的指令系统。指令系统的强弱体现了CPU性能的高低。8051单片机共有111条指令。教材按指令的寻址方式(共七种)和指令实现的功能(传送类指令、算术运算类指令、逻辑运算类指令、控制转移类指令、位操作类指令共五种功能)来分类学习和应用。

4.1 概述

计算机能识别和执行的指令只有二进制编码指令,即机器指令,但是机器指令不便于记忆和阅读。为了编写程序的方便,一般采用汇编语言(助记符指令)和高级语言编写程序,但必须经过汇编程序或编译程序转换成机器码后,单片机才能识别和执行。

1. 机器指令的编码格式

机器指令通常由操作码和操作数(或操作数地址)两部分构成。操作码用来规定指令执行的操作功能,操作数是指参与操作的数据。例如,MOV A,#30H这条汇编语句对应的机器码为0111 0100 0011 0000,共2个字节,高8位74H操作码表示向累加器A传送一个数,低8位是操作数,表示传送的数据是30H。8051的机器指令按指令字节数分为:单字节指令、双字节指令、三字节指令三类。

2. 汇编语言指令格式

汇编语言指令就是用表示指令功能的助记符形式来描述指令。MCS-51单片机汇编语言指令格式如下:

[标号:]操作码 [第一操作数][,第二操作数][,第三操作数][;注释]

其中,方括号内为可选项。各部分之间必须用分隔符隔开,即标号要以":"结尾,操作码与操作数之间要有空格隔开,操作数和操作数之间用","隔开,注释前要加";"(注意:指令语句中用到的分隔符、标点符号,必须都是英文录入,汇编语言不区分字母的大小写)。例如,

```
START:MOV A,#30H        ;给累加器A赋初值
```

标号:表示该语句的符号地址,可根据需要而设置。当汇编程序对汇编语言源程序进行汇编时,以该指令所在的地址值来代替标号。在编程的过程中,适当使用标号,使程序

便于查询、修改以及方便转移指令的编程。标号通常用在转移指令或调用指令对应的转移目标地址处。标号一般由一定含义的字母、单词或下划线"_"组成,只要不与系统保留字符(系统保留字符与汇编语言的保留字符)冲突即可。标号与操作码之间必须用":"隔开。

操作码:表示指令的操作功能,用助记符表示,是指令的核心,不能缺省。MCS-51共有42种助记符,代表了33种不同的功能。例如,ADD表示加法运算的助记符。

操作数:是操作码的操作对象。根据指令的不同功能,操作数的个数可以是1,2,3个或者没有操作数。例如"MOV A,#30H",包含了两个操作数,即A和#30H,它们之间用","隔开。

注释:用来解释该条指令或一段程序的功能,便于阅读。注释可有可无,对程序的执行没有影响。但是,应该养成写必要注释的编程习惯。

3. 指令系统中常用的符号

(1) #data:表示8位立即数,即8位常数,取值范围#00H～#0FFH。

(2) #data16:表示16位立即数,即16位常数,取值范围#0000H～#0FFFFH。以A～F起头的十六进制数,前面要补"0",表示数值,与字母加以区别。

(3) direct:表示片内RAM和特殊功能寄存器的8位直接地址。其中特殊功能寄存器一般使用名称符号代替直接地址。

(4) Rn:n=0～7,表示当前选中的寄存器组R0～R7。选中工作寄存器组的组别由PSW中的RS1、RS0确定,分别为0组:R0～R7的物理地址为00H～07H;1组:R0～R7的物理地址为08H～0FH;2组:R0～R7的物理地址为10H～17H;3组:R0～R7的物理地址为18H～1FH。

(5) Ri:i=0～1,用作间接寻址的寄存器,只能是R0、R1两个寄存器中的一个。共四组。

(6) addr16:16位目的地址,只限于在LCALL和LJMP指令中使用。

(7) addr11:11位目的地址,只限于在ACALL和AJMP指令中使用。

(8) rel:相对转移指令中的偏移量,为补码形式的8位带符号数。为SJMP和所有条件转移指令所使用,转移范围为相对于下一条指令首地址的－128 ～ ＋127。

(9) DPTR:16位数据指针,用于访问16位的程序存储器或片外扩展的数据存储器。

(10) bit:片内RAM(包括特殊功能寄存器)中的直接寻址位。

(11) $\overline{\text{bit}}$:表示对bit位先取反再参与运算,但不影响该位的原值。

(12) @:间址寄存器或变址寄存器的前缀。例如,@Ri表示由R0或R1寄存器内容作为地址的RAM;@DPTR表示由DPTR内容指出的外部(扩展)存储器单元或I/O地址。

(13) (x):表示某寄存器或某单元的内容。

(14) ((x)):表示由 x 寻址的单元中的内容,即(x)做地址,该地址的内容用((x))表示。

(15) direct1←(direct2):直接寻址 2 单元的内容传送到 direct1 单元中。

(16) Ri←(A):累加器 A 的内容传送给 Ri 寄存器。

(17) (Ri)←(A):累加器 A 的内容传送给 Ri 的内容为地址的存储单元中。

4. 寻址方式

寻址方式是指在执行一条指令的过程中,寻找操作数或指令地址的方式。一般来说,在寻址方式上更多的是指操作数的寻址,如果有两个操作数,默认是源操作数的寻址方式。MCS-51 单片机操作数的寻址方式有:立即寻址、直接寻址、寄存器寻址、寄存器间接寻址、变址寻址、位寻址、相对寻址共七种寻址方式。寻址方式与寻址空间的对应关系如表 4.1 所示。下面对操作数的七种寻址方式作简要介绍。

表 4.1 寻址方式与对应的寻址空间

序号	寻址方式		利用变量	存储空间
1	操作数寻址	寄存器寻址	R0～R7,A,B,CY,DPTR	内部 RAM 工作寄存器 R0～R7,A,AB,DPTR,C
2		直接寻址	direct	基本 RAM 低 128 单元,特殊功能寄存器(SFR)
3		立即寻址	#data	立即数值,常数,不占用存储空间
4		寄存器间接寻址	@R0,@R1,@DPTR	内部 RAM、外部 RAM、I/O 读写
5		变址寻址	@A+PC @A+DPTR	程序存储器
6		位寻址	bit	基本 RAM 的位寻址区:片内 RAM 的 20H～2FH,可以位操作的 SFR 的某位
7	指令寻址	相对寻址	PC+rel	程序存储器,改变的是 PC 的内容,相对转移类指令

(1) 寄存器寻址

指令中给出寄存器名,以寄存器的内容为操作数的寻址方式。能用寄存器寻址的寄存器包括累加器 A、寄存器 B、数据指针 DPTR、进位位 CY 以及工作寄存器 R0～R7。例如,

```
MOV A,R3      ;(A)←(R3),将寄存器 R3 中的内容传送到累加器 A
MOV 30H,R0    ;(30H)←(R0),将寄存器 R0 中的内容传送到片内 RAM 的 30H 单元
```

(2) 直接寻址

由指令直接给出操作数所在的地址。指令操作数就是存储单元的地址，真正的数据在存储单元中。例如，

```
MOV A,30H        ;A←(30H),即将片内 RAM 30H 单元中的内容传送到累加器 A
ANL 30H,#30H     ;(30H)←(30H)∧#30H,将片内 RAM 30H 单元的内容与 30H
                 ;数值按位相与,之后的结果存放在片内 RAM 的 30H 单元
```

注意：立即数前面加“#”，用来与直接地址相区别。

直接寻址方式只能给出 8 位地址，能用这种寻址方式的地址空间：①内部 RAM 低 128 字节单元(00H～7FH)，在指令中直接以单元地址执行时给出。②特殊功能寄存器 SFR，指令中除了可以用单元直接地址外，更习惯使用特殊功能寄存器的符号，但是这种表达形式只是为了书写记忆方便，在机器码中仍是按直接寻址进行编码的。③位寻址空间(20H.0～2FH.7，特殊功能寄存器 SFR 中的可寻址位)。

(3) 直接寻址

指令直接给出参与实际操作的数据，即操作数是一个常数。例如，

```
ADD A,#0F0H          ;(A)←(A)+0F0H,即累加器 A 中的数据加上立即数
                     ;F0H,和保存在累加器 A 中
MOV DPTR,#2000H      ;(DPTR)←2000H,DPTR 的赋值语句,将 2000H 立即数
                     ;值传送到寄存器 DPTR
```

(4) 寄存器间接寻址

在指令中给出的寄存器内容是操作数的所在地址，从该地址中取出的才是操作数。这种寻址方式称为寄存器间接寻址。为了区别寄存器寻址和寄存器间接寻址，在寄存器间接寻址中，需在寄存器符号名称前面加前缀“@”，例如，

```
MOV A,@R0       ;(A)←((R0)),将 R0 中的内容作为片内 RAM 的存储单元的地
                ;址,将该单元中的内容传送给累加器 A
```

寄存器间接寻址的寻址范围：

① 片内 RAM 的低 128 字节单元、高 128 字节单元，采用 R0 或 R1 作为间址寄存器，其形式为@Ri(i=0,1)。其中高 128 字节单元只能采用寄存器间接寻址方式。

增强型单片机的片内 RAM 高 128 字节单元(80H～FFH)，其地址范围与特殊功能寄存器 SFR 地址空间是一致的，系统规定：对于高 128 字节单元(80H～FFH)，若采用直接寻址方式，访问的是特殊功能寄存器；若采用寄存器间接寻址方式，访问的是片内 RAM 的高 128 字节。

② 扩展片外 RAM 单元：若地址小于 256，可以使用 Ri(i=0,1)或者 DPTR 作为间址寄存器，其形式为@Ri 或@DPTR；若大于 256 字节，则必须使用 DPTR 作为间址寄存器，其形式为@DPTR。例如，

MOVX A,@DPTR ;将 DPTR 所指的扩展 RAM 单元中的数据传送到累加器 A 中

MOV A,@R1 ;将 R1 所指的扩展 RAM 单元中的数据传送到累加器 A 中

5. 变址寻址

基址寄存器+变址寄存器间接寻址是以 DPTR 或 PC 为基址寄存器,累加器 A 做变址寄存器,将两者内容相加,形成 16 位程序存储器地址作为操作数地址,简称变址寻址。例如,

MOVC A,@A+DPTR

其功能是把 DPTR 和 A 的内容相加所得到的程序存储器的地址单元中的内容送到 A 中,寻址示意如图 4.1 所示。

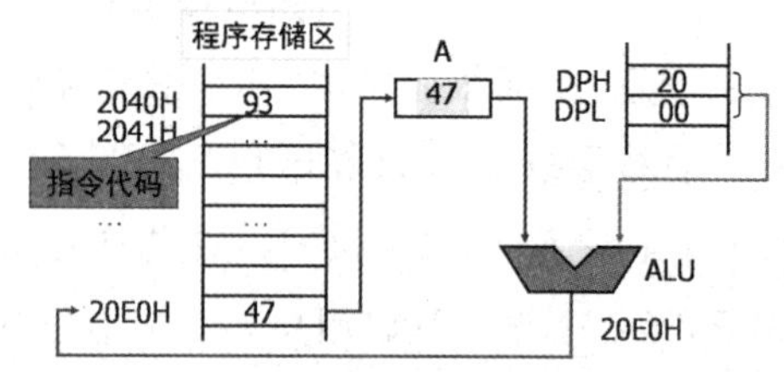

图 4.1 变址寻址示意图

6. 位寻址

8051 具有位处理功能,可以对片内 RAM 20H~2FH 的 128 位和可以位操作的 11 个 SFR 的 83 位进行位操作。位寻址指令中直接使用位地址,也属于直接寻址,为了与字节操作相区别,将这一类的寻址方式归为位寻址方式。

位地址地表示方法有以下 5 种:

直接使用位地址。例如,PSW 寄存器位 5 地址为 D5H。

位名称表示方法。例如,PSW 寄存器位 5 是 F0 标志位,则可以使用 F0 表示该位。

单元地址加位数的表示方法。例如 20H.0 与 00H 位都指向 20H 单元的最低数据位;D5H.5 也指向了 F0 位。

专用寄存器符号加位数的表示方法。例如 PSW.5 位,也表示 PSW 寄存器位 5。

用自定义的位符号地址表示,如“LED0 BIT P2.0”定义了位符号地址 LED0,则可用 LED0 代替 P2.0。

7. 相对寻址

前面的 6 种寻址方式主要是解决操作数的给出问题,相对寻址是为转移指令所采取的,属于指令寻址。

在相对寻址方式的转移指令中,地址偏移量(用 rel 表示)都是符号地址。目标地址的计算公式:

转移的目标地址=转移指令地址+转移指令字节数+rel

rel 是一个带符号的 8 位数(-128~+127)。因此相对转移指令是以转移指令所在地址为基点,向前最大可转移 127 个单元地址,向后最大可转移 128 个单元地址。

51 系列单片机的指令系统,往往按指令的功能分类进行讲解和使用,即数据传送类指令(29 条)、算术运算类指令(24 条)、逻辑运算及移位类指令(24 条)、控制转移类指令(17 条)、位操作类指令(17 条)。

4.2　数据传送类指令

数据传送类指令是 8051 单片机指令系统中最基本，也是包含指令最多的一类指令。数据传送类指令共有 29 条，用于实现寄存器、存储器之间的数据传送，即把“源操作数”中的数据传送到“目的操作数”，源操作数不变，目的操作数被传送过来的源操作数所代替。

1. 片内 RAM 传送指令(16 条)

指令助记符：MOV。

指令功能：将源操作数传送到目的操作数地址单元中。片内 RAM 传送指令路径如图 4.2 所示。

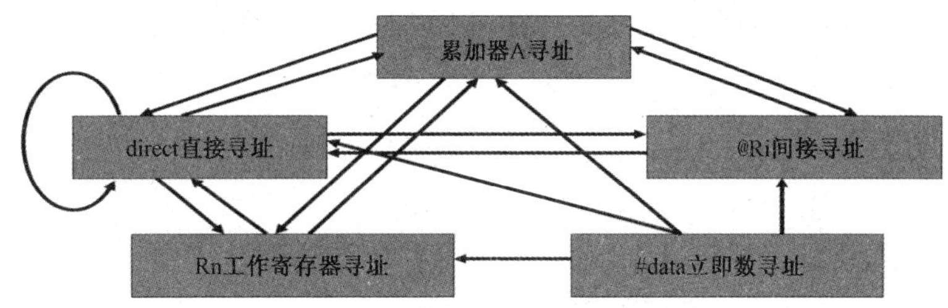

图 4.2　片内 RAM 传送指令路径

寻址方式：包含寄存器寻址、直接寻址、立即寻址和寄存器间接寻址。片内 RAM 数据传送指令如表 4.2 所示。

表 4.2　片内 RAM 传送指令

序号	指令分类	指令形式	指令功能	源操作数的寻址方式	字节数	指令执行时间
1	A 为目的操作数	MOV A，direct	direct 单元的内容送 A	直接寻址	2	2
2		MOV A，Rn	Rn 的内容送 A	寄存器寻址	1	1
3		MOV A，# data	data 常数送 A	立即寻址	2	2
4		MOV A，@Ri	Ri 指示单元的内容送 A	寄存器间址	1	2
5	Rn 为目的操作数	MOV Rn，A	A 的内容送 Rn	寄存器寻址	1	1
6		MOV Rn，direct	direct 单元的内容送 Rn	直接寻址	2	2
7		MOV Rn，# data	data 常数送 Rn	立即寻址	2	2
8	direct 为目的操作数	MOV direct，A	A 的内容送 direct 单元	寄存器寻址	2	2
9		MOV direct1，direct2	direct2 的内容送 direct1 单元	直接寻址	3	2
10		MOV direct，Rn，	Rn 的内容送 direct 单元	寄存器寻址	2	2
11		MOV direct，# data	data 常数送 direct 单元	立即寻址	3	2
12		MOV direct，@Ri	Ri 指示单元的内容送 direct 单元	寄存器间址	2	2

（续表）

序号	指令分类	指令形式	指令功能	源操作数的寻址方式	字节数	指令执行时间
13	@Ri 为目的操作数	MOV @Ri,A	A 的内容送 Ri 指示单元	寄存器寻址	1	2
14		MOV @Ri,direct	direct 单元的内容送 Ri 指示单元	直接寻址	2	2
15		MOV @Ri,＃data	data 常数送 Ri 指示单元	立即寻址	2	2
16	16 位数传送	MOV DPTR,＃data16	16 位常数送 DPTR	立即寻址	3	2

例 4.1 分析执行下面程序段后各寄存器及存储单元中的结果。

```
MOV   A,#50H
MOV   40H,A
MOV   R0,#30H
MOV   @R0,A
MOV   32H,R0
MOV   DPTR,#2000H
```

解：分析如下：

```
MOV   A,#50H          ;(A)=50H
MOV   40H,A           ;(40H)=50H
MOV   R0,#30H         ;(R0)=30H
MOV   @R0,A           ;(30H)=50H
MOV   32H,R0          ;(32H)=30H
MOV   DPTR,#2000H     ;(DPTR)=2000H
```

所以程序段执行后：(A)＝50H，(40H)＝50H，(R0)＝30H，(30H)＝50H，(32H)＝30H，(DPTR)＝2000H

2. 累加器 A 与扩展 RAM 之间的数据传送(4 条)，指令如表 4.3 所示

表 4.3 累加器 A 与片外扩展 RAM 传送指令

序号	指令分类	指令形式	指令功能	源操作数的寻址方式	字节数	指令执行时间
17	读扩展 RAM	MOVX A,@Ri	Ri 指示的扩展片外 RAM 单元的内容送 A	寄存器间址	1	2

（续表）

序号	指令分类	指令形式	指令功能	源操作数的寻址方式	字节数	指令执行时间
18	读扩展 RAM	MOVX A,@DPTR	DPTR 指示的扩展片外 RAM 单元的内容送 A	寄存器间址	1	2
19	写扩展 RAM	MOVX @Ri,A	A 的内容送 Ri 指示的扩展片外 RAM 单元	寄存器寻址	1	2
20		MOVX @DPTR,A	A 的内容送 DPTR 指示的扩展片外 RAM 单元	寄存器寻址	1	2

说明：在 51 中，与外部存储器 RAM 打交道的只可以是 A 累加器。访问片外扩展 RAM 时，地址范围在 00H～FFH 空间时，用 Ri 或 DPTR 做指针寄存器进行寄存器间址访问都是合法的，地址范围在 100H～FFFFH 空间时，必须用 DPTR 做间址指针寄存器进行访问。

例 4.2　将外部 RAM 中 100H 单元中的内容送入外部 RAM 中 102H 单元中。

```
ORG     0000H
MOV     DPTR,#0100H      ;将 16 位地址 100H 赋值给 DPTR
MOVX    A,@DPTR          ;读片外 RAM 100H 单元的数据至累加器 A
MOV     DPTR,#0102H      ;将 16 位地址 102H 赋值给 DPTR
MOVX    @DPTR,A          ;将累加器 A 中的数据写到片外 RAM 102H 单元
END
```

利用 Keil 建立工程和源程序，将上述代码进行编译连接，进入调试界面，设置被传送单元的初始数据，如图 4.3 所示。单步或全速运行这段程序，观察程序运行完写指令后，片外 RAM 102H 单元的内容，如图 4.4 所示。由上例可以看出，数据的传送实际上是数据的复制过程，具有“新值充旧值”的特点。单片机的学习，尽可能使用 Keil 集成开发环境对指令和程序进行仿真，以加深对指令功能的理解，提高 Keil 集成开发环境的熟练程度和应用能力。

例 4.3　将外部 RAM 中 2000H 单元中的内容送入内部 RAM 中 20H 单元中。

```
ORG     0000H
MOV     DPTR,#2000H      ;将 16 位地址 2000H 赋值给 DPTR
MOVX    A,@DPTR          ;读片外 RAM 2000H 单元的数据至累加器 A
MOV     R0,#20H          ;利用 R0 做数据指针寄存器，将地址 20H 赋值给 R0
MOV     @R0,A            ;将累加器 A 中的数据写到片内 RAM 20H 单元
END
```

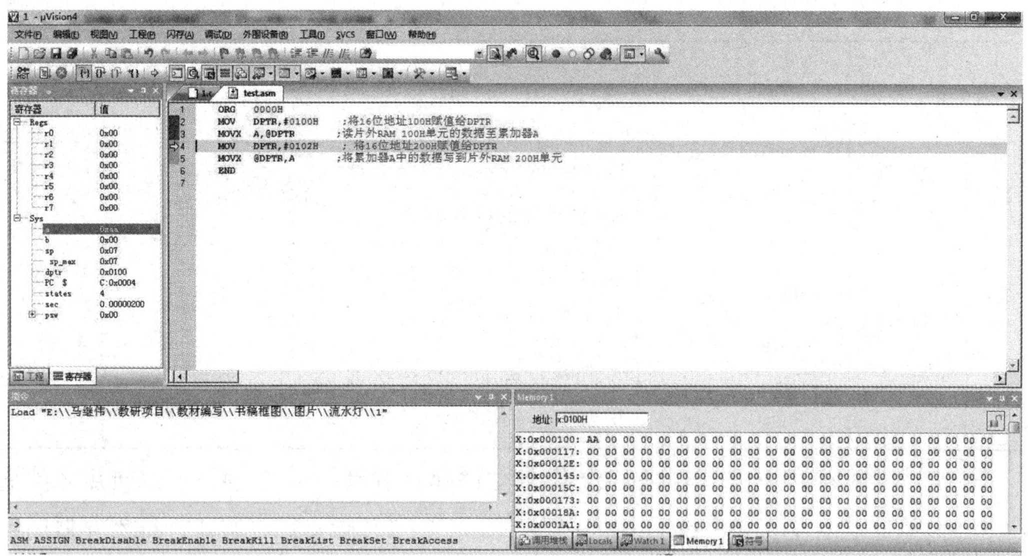

图 4.3 读片外 RAM 操作结果

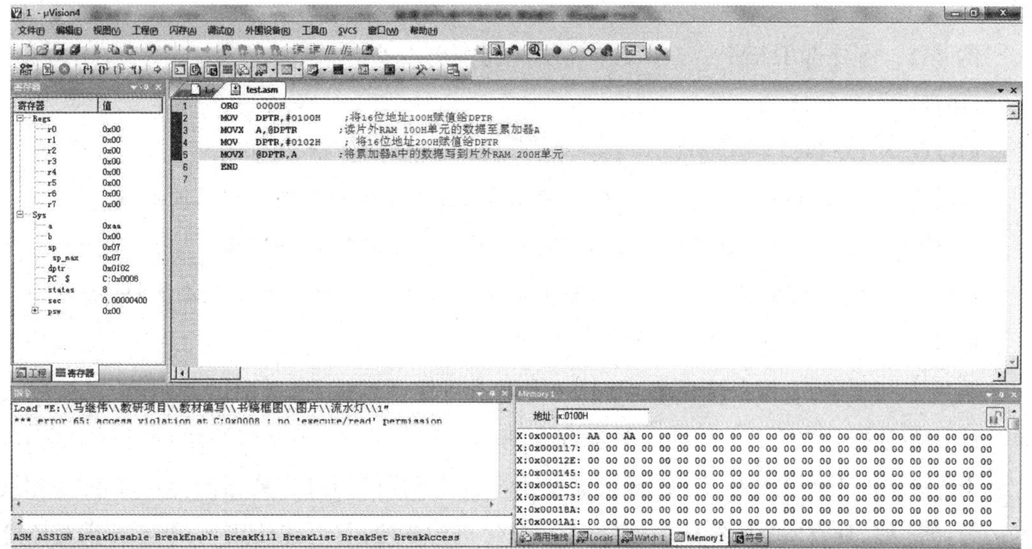

图 4.4 写片外 RAM 操作结果

3. 程序存储器读指令(也称查表指令)(2 条),指令如表 4.4 所示

指令助记符:MOVC。

指令功能:实现从程序存储器读取数据到累加器 A。

寻址方式:采用基址加变址间接寻址方式。

以 DPTR 为基址寄存器的查表指令又称为远程查表。因为 DPTR 的位置可以任意设定,所以 A+DPTR 的值与查表指令在程序存储器中的存放地址无关,其查表范围为 64KB 程序存储器的任意空间。

表 4.4　利用累加器 A 读取程序存储器 ROM 数据指令(查表指令)

序号	指令分类	指令形式	指令功能	源操作数的寻址方式	字节数	指令执行时间
21	DPTR 为基地址	MOVC A,@A+DPTR	A 的内容与 DPTR 内容之和所指向的程序存储器单元的内容送 A	变址寻址	1	2
22	PC 为基地址	MOVC A,@A+PC	A 的内容与 PC 内容之和所指向的程序存储器单元的内容送 A	变址寻址	1	2

但是因为 MOVC A,@A+PC　;PC←(PC)+1,A←((A)+(PC))是单字节指令,CPU 读取本指令后 PC 的值已经加 1,指向下一条指令的首字节地址,所以 PC 的值是一个定值,查表范围只能由累加器 A 的内容确定,因此常数表只能在查表指令后 256B 范围内,所以又称为近程查表指令。与远程查表指令相比,本条指令易读性差,编制程序要求技巧性高,但占用寄存器资源少。

例 4.4　假设 ROM 2000H 单元开始连续存放了 0～9 的平方值,请编程用查表法求出 5 的平方值,传送到片内 RAM 30H 单元。

解:

方法一,远程查表法

```
ORG     0000H               ;伪指令,指定后面程序存放的地址
MOV     A,#5                ;累加器赋值 5
MOV     DPTR,#2000H         ;将 16 位地址 2000H 赋值给 DPTR
MOVC    A,@A+DPTR           ;读 ROM 2005H 单元的数据至累加器 A
MOV     30H,A               ;将累加器 A 中的数据写到片内 RAM 30H 单元
SJMP    $                   ;程序动态停止
ORG     2000H
DB      0,1,4,9,16,25,36,49,64,81
END
```

说明:在读程序存储器前,必须保证存放 5 的平方值的地址,即 A+DPTR=2005H,一般访问地址的低 8 位赋值给 A,剩下的 16 位地址 2005H－5=2000H 赋值给 DPTR。编程与指令所在的地址无关。

方法二,近程查表法

```
          ORG 1FE0H       ;伪指令,这段程序存放的地址不能距离平方表太远
1FE0H: MOV A,#5           ;2 个字节,读取这条指令后 PC←(PC)+2,PC=1FE2H
```

```
1FE2H: ADD A,#1BH       ;2 个字节,必须进行偏移地址的调整
                        ;调整值=表头地址-查表指令读取后的 PC 值,2000H
                        ;-1FE5H=1BH
1FE4H: MOVC A,@A+PC     ;1 个字节,读取这条指令后 PC←(PC)+1,PC=1FE5H
1FE5H:MOV 30H,A         ;2 个字节,将累加器 A 中的数据写到片内 RAM 30H 单元
1FE7H: SJMP $           ;2 个字节,程序动态停止
       ORG 2000H
       DB 0,1,4,9,16,25,36,49,64,81
       END
```

说明:因为平方值表从 2000H 开始,所以查表指令不能距离平方表超过 256 个单元,如上代码设计当 A 赋值 5,准备查得 5 的平方值,为了执行近程查表指令后访问到 2005H 地址,必须要进行偏移地址的调整,调整值即为查表指令执行后 PC 距离表头地址的差值,2005H-1FE5H=1BH。因该指令与指令所在的地址和指令的字节数有关,不利于程序修改,故不建议使用。

4. 交换指令(5),如表 4.5 所示

指令助记符:XCH、XCHD、SWAP。

指令功能:实现指定单元的内容互换。

寻址方式:有寄存器寻址、直接寻址、寄存器间接寻址。

表 4.5 累加器 A 与片内 RAM 之间的交换指令

序号	指令分类	指令形式	指令功能	源操作数的寻址方式	字节数	指令执行时间
23	字节交换	XCH A,Rn	A 的内容与 Rn 寄存器的内容互换	寄存器寻址	1	1
24		XCH A,direct	A 的内容与 direct 所指的单元内容互换	直接寻址	2	1
25		XCH A,@Ri	A 的内容与 Ri 所指示的单元内容互换	寄存器间址	1	1
26	半字节交换	XCHD A,@Ri	A 的低 4 位与 Ri 所指示的单元的低 4 位内容互换	寄存器间址	1	1
27		SWAP A	A 的高 4 位、低 4 位互相交换	寄存器寻址	1	1

例 4.5 已知:片内 20H 单元有一个数为 x,片外 20H 单元有一个数为 y,编程把两个数相互交换。

解:片内、片外没有直接的交换指令,必须经过累加器 A 的中转,才能实现。代码如下:

```
ORG     0000H
MOV     R0 ,#20H     ;R0←20H,R0 作为指针寄存器
MOVX    A ,@R0       ;A←y,将片外 20H 单元的数据读到累加器 A
XCH     A ,@R0       ;A←x ,(20H)←y,完成累加器 A 与片内 20H 单元的数据交换
MOVX    @R0 ,A       ;(20H)←x,将累加器 A 中的数据写到片外的 20H 单元
SJMP $               ;停止
END
```

5. 堆栈操作指令(2 条),如表 4.6 所示

指令助记符:PUSH、POP。

指令功能:实现指定单元的内容压入堆栈,或堆栈内容弹出到指定的内存单元中。

指令寻址方式:直接寻址,隐含寄存器间接寻址(间接寻址指针 SP)。

表 4.6 堆栈操作指令

序号	指令分类	指令形式	指令功能	源操作数的寻址方式	字节数	指令执行时间
28	入栈操作	PUSH direct	direct 单元的内容压入 SP 指向单元(堆栈)中	直接寻址	2	2
29	出栈操作	POP direct	SP 指向单元(堆栈)中弹出到 direct 单元中	隐含寄存器间接寻址	2	2

堆栈是单片机片内基本 RAM 区中,可设定一个对于数据进行“后进先出”的区域,主要用来保护现场和断点。51 单片机复位后,SP=07H,即栈底为 08H。应用中通常重新给 SP 赋值,将堆栈设定在用户区。SP 指针始终指向堆栈的栈顶。

例 4.6 已知:片内 20H 单元有一个数为 x,30H 单元有一个数为 y,利用堆栈操作指令编程实现两个数据相互交换。

解:根据堆栈数据区数据先进后出的存取原则,利用压栈弹栈指令可以实现两内存单元数据互换。代码如下:

```
ORG  0000H
MOV   SP ,#60H   ;SP←60H,将堆栈栈底设置为 61H
PUSH  20H        ;SP←SP+1,将 20H 单元的数据压入堆栈,(61H)=x
PUSH  30H        ;SP←SP+1,将 30H 单元的数据压入堆栈,(62H)=y
POP   20H        ;将栈顶数据弹到 20H 单元,SP←SP-1,(20H)=y
POP   30H        ;将栈顶数据弹到 30H 单元,SP←SP-1,(30H)=x
SJMP $           ;停止
END
```

入栈操作、出栈操作主要用于子程序、中断服务程序中，入栈操作用于保护现场和断点，出栈操作用于恢复现场和断点。堆栈中有无数据主要看栈顶和栈底的地址，如果栈顶地址大于栈底地址，那么栈顶与栈底之间的存储空间即为堆栈区，如果栈顶地址等于栈底地址，堆栈则为空栈。在堆栈操作指令中累加器 A 要用 ACC 表示，即采用直接寻址方式。

4.3 算术运算类指令

8051 单片机算术运算指令包括加(ADD、ADDC)、减(SUBB)、乘(MUL)、除(DIV)、加 1(INC)、减 1(DEC)和十进制调整指令(DA)，共 24 条。多数算术运算指令会影响程序状态字 PSW 中的 CY、AC、OV、P 位。如表 4.7 所示。

表 4.7 算术运算类指令

序号	指令分类	指令形式	指令功能	源操作数寻址方式	字节数	周期数	对标志位的影响			
							CY	AC	OV	P
30	不带进位位的加法	ADD A,Rn	A←A+(Rn)	寄存器寻址	1	1	√	√	√	√
31		ADD A,direct	A←A+(direct)	直接寻址	2	1	√	√	√	√
32		ADD A,@Ri	A←A+((Ri))	寄存器间址	1	1	√	√	√	√
33		ADD A,#data	A←A+data	立即寻址	2	1	√	√	√	√
34	带进位位的加法	ADDC A,Rn	A←A+(Rn)+(CY)	寄存器寻址	1	1	√	√	√	√
35		ADDC A,direct	A←A+(direct) +(CY)	直接寻址	2	1	√	√	√	√
36		ADDC A,@Ri	A←A+((Ri)) +(CY)	寄存器间址	1	1	√	√	√	√
37		ADDC A,#data	A←A+data+(CY)	立即寻址	2	1	√	√	√	√
38	带借位位的减法	SUBB A,Rn	A←A-(Rn)-(CY)	寄存器寻址	1	1	√	√	√	√
39		SUBB A,direct	A←A-(direct)-(CY)	直接寻址	2	1	√	√	√	√
40		SUBB A,@Ri	A←A-((Ri))-(CY)	寄存器间址	1	1	√	√	√	√
41		SUBB A,#data	A←A-data-(CY)	立即寻址	2	1	√	√	√	√
42	乘法指令	MUL AB	BA←(A)×(B)，B 中放乘积的高 8 位，A 中放乘积的低 8 位	寄存器寻址	1	4	√	×	√	√
43	除法指令	DIV AB	A/B→A…B，A 中放商，B 中放余数	寄存器寻址	1	4	√	×	√	√
44	十进制调整指令	DA A	对 BCD 码加法运算调整，调整结果放 A 中	寄存器寻址	1	1	√	√	×	√

（续表）

序号	指令分类	指令形式	指令功能	源操作数寻址方式	字节数	周期数	对标志位的影响			
							CY	AC	OV	P
45	加 1 指令	INC A	A←(A)+1	寄存器寻址	1	1	×	×	×	√
46		INC Rn	Rn←(Rn)+1	寄存器寻址	1	1	×	×	×	×
47		INC direct	direct←(direct)+1	直接寻址	2	1	×	×	×	×
48		INC @Ri	((Ri))←((Ri))+1	寄存器间址	1	1	×	×	×	×
49		INC DPTR	DPTR←(DPTR)+1	寄存器寻址	1	2	×	×	×	×
50	减 1 指令	DEC A	A←(A)−1	寄存器寻址	1	1	×	×	×	√
51		DEC Rn	Rn←(Rn)−1	寄存器寻址	1	1	×	×	×	×
52		DEC direct	direct←(direct)−1	直接寻址	2	1	×	×	×	×
53		DEC @Ri	((Ri))←((Ri))−1	寄存器间址	1	1	×	×	×	×

1. 加法指令

加法指令有不带进位位的加法指令 ADD、带进位位的加法指令 ADDC、加 1 指令和十进制调整指令 DA 等。

(1) 不带进位位的加法指令组

指令的功能是将累加器 A 中的数与源操作数的值相加，运算结果存放到累加器 A 中。对 PSW 的影响如下：

进位标志 CY：当数据位 D7 有进位时，CY 置 1，即所求的和超出了 8 位无符号数的表示范围（和>255），向高一字节有进位。

辅助进位位 AC：标志数据位 D3 有无进位，即低半字节向高半字节有进位则 AC 置 1，否则清零。

溢出标志位 OV：当运算结果超出了 8 位有符号数的表示范围（−128～+127），溢出标志置 1，此时运算结果无效，否则 OV 为 0。通常采用数据 D7 和 D6 的进位情况判断运算结果溢出与否，即 C6 与 C7 有且只有一个有进位时，OV 为 1，否则为 0。

奇偶标志位 P：若运算结果累加器 A 中 1 的个数为奇数个，P=1；否则，P=0。

(2) 带进位位的加法指令组

指令的功能是将累加器 A 中的数与源操作数的值、CY 的当前值相加，运算结果存放到累加器 A 中。对 PSW 的影响与不带进位位的加法指令相同。

带进位位的加法指令通常用在多字节加法运算中。因为 51 单片机是 8 位机，一条指令只能完成 8 位数的数学运算，为了扩大数的运算范围，实际应用时通常利用程序段实现多字节的组合运算。例如 16 位数的加法运算，先算低字节，再算高字节，低字节采用不带进位位的加法,高字节采用带进位位的加法指令。

例 4.7 编程实现 2 个 16 位的求和运算,假定和超出了双字节。具体要求(21H)(20H)+(31H)(30H)→(42H)(41H)(40H)。

解:先做低字节不带进位位求和,再做高字节带进位位求和,最后处理向高字节的进位。

代码如下:

```
      (21H)(20H)
  +   (31H)(30H)
 (42H)(41H)(40H)
```

```
        ORG   0000H
        LJMP  START
        ORG   0030H
START:  MOV A,20H
        ADD A,30H           ;不带进位位的低字节求和
        MOV 40H,A
        MOV A,21H
        ADDC A,31H          ;带进位位的高字节求和
        MOV 41H,A
        MOV A,#0
        ADDC A,#0           ;向高一字节进位和的处理:0+0+(CY)
        MOV 42H,A
        SJMP $              ;原地踏步,动态停机,停止程序
        END
```

2. 减法指令

这组指令的功能是 A 的内容减去指令中指定的源操作数以及进位位 CY,求得的差存入 A 中。

(1) 在 MCS-51 指令系统中,没有不带借位位的减法指令,如果需要做不带借位位的减法,可以先执行 CY 清零指令,之后再执行带借位位的减法指令。

(2) 对 PSW 字的影响:若最高位有借位,则 CY=1,否则 CY 为 0;若低 4 位向高 4 位有借位,则 AC=1,否则 AC 为 0;若最高位或次高位有且只有一个有借位,则 OV=1,否则 OV 为 0;运算结果存于 A 中,若运算结果中 1 的个数为奇数个则 P=1,否则 P 为 0。

例 4.8 若(A)=57H,(30H)=23H,(CY)=1,指令"SUBB A,30H"执行结果如下:

运算结果(A)=33H,(CY)=0,(AC)=0,(OV)=0,(P)=0。

```
     0101 0111    累加器 A
  -  0010 0011    (30H)
  -          1    (CY)
  ---------------------
     0011 0011
```

例 4.9 编程实现 2 个 16 位的求差运算，假定被减数够减。具体要求(21H)(20H)－(31H)(30H)→(41H)(40H)。

解：先做低字节不带借位位求差，再做高字节带进位位求差。

代码如下：

```
      (21H)(20H)
  －  (31H)(30H)
  ─────────────
      (41H)(40H)
```

```
        ORG   0000H
        LJMP  START
        ORG   0030H
START:  CLR C           ;CY 清零
        MOV A,20H
        SUBB A,30H      ;低字节求差
        MOV 40H,A       ;将差的低字节存到指定的 40H 单元
        MOV A,21H
        SUBB A,31H      ;带借位位的高字节求差
        MOV 41H,A       ;将差的高字节存到指定的 41H 单元
        SJMP $          ;原地踏步，动态停机，停止程序
        END
```

3．乘法指令(1 条)

MUL AB ;BA←(A)×(B)，B 中放乘积的高 8 位，A 中放乘积的低 8 位

这条指令的功能是把累加器 A 和寄存器 B 中的两个 8 位无符号数相乘，乘积扩大成 16 位，其中乘积的高 8 位存放到寄存器 B 中，乘积的低 8 位存放到累加器 A 中。当乘积高 8 位有有效数字，即(B)≠0 时，溢出标志位 OV＝1，当积的高 8 位字节(B)＝0 时，OV＝0。乘除法指令使进位标志位 CY 清 0，AC 标志位保持不变。奇偶标志位标志乘积低 8 位 A 中 1 的个数。

4．除法指令(1 条)

DIV AB ;A/B→A…B，A 中放商，B 中放余数

这条指令的功能是将 A 中的 8 位无符号数除以 B 中的 8 位无符号数，所得的商存放在 A 中，余数存放到 B 中。标志位 CY 和 OV 都为 0，如果在做除法前 B 中的值是 0，即除数为 0，那么(OV)＝1。

5．BCD 加法调整指令(1 条)

DA A

指令的功能是对 BCD 码加法运算后，根据运算结果进行调整。如果 4 位的 BCD 值出现非法码或有进位，则对这 4 位进行“加 6 修正”，使其转换成压缩的 BCD 码形式。

注意：

(1) 该指令必须紧紧跟在加法指令(ADD/ADDC)后进行。

(2) 两个加数必须是 BCD 码。

(3) 调整指令中的操作数只能是 A,且调整后的运算结果也存放到 A 中。

例 4.10 编程实现 2 个单字节 BCD 码加法运算,89+38→(40H)。

解:89 的 BCD 值为 89H,38 的 BCD 值为 38H。

```
   1000 1001
+  0011 1000
-----------
   1100 0001      低 4 位有进位,
                  高 4 位出现非法码
+  0110 0110      高低 4 位都要加 6 调整
-----------
+1 0010 0111      最高的进位为百位,
                  和为 27H
```

代码如下:

```
        ORG   0000H
        LJMP  START
        ORG   0030H
START:  MOV A,#89H     ;89 的 BCD 值送 A
        ADD A,#38H     ;2 个 BCD 数相加
        DA A           ;对 2 个 BCD 值相加的结果进行调整,调整后(A)=27H
        MOV 40H,A      ;将 2 个 BCD 值相加的 BCD 结果存到 40H 单元,此时
                       ;(CY)=1,代表结果有百位
        SJMP $
        END
```

最后 89+38=127,40H 单元中的内容为 27H,即十进制数 27 的 BCD 码值。

例 4.11 编程实现 2 个单字节 BCD 码减法运,(40H)-(41H)→(42H)。

解:51 单片机指令系统中没有十进制减法调整指令,减法的十进制运算,需要通过加法来实现,即被减数加上减数的补数,再进行十进制加法调整即可。

代码如下:

```
        ORG   0000H
        LJMP  START
        ORG   0030H
START:  CLR C
        MOV A,#9AH     ;一个字节的 BCD 值范围 00H～99H,其模值 99H+1=
                       ;9AH
        SUBB A,41H     ;减数的补码为(模值-减数)100-减数
        ADD A,40H      ;被减数与减数的补码相加
        DA A           ;十进制加法调整
        MOV 42H,A      ;存十进制减法结果
        SJMP $
        END
```

6. 加 1 指令(5 条)

这组指令的功能是将操作数指定单元的内容加 1。除了“INC A”影响奇偶标志位外，其他指令对 PSW 没有影响。若执行指令前操作数的内容为 FFH，则加 1 后溢出为 00H，但不影响 CY 位。

7. 减 1 指令(4 条)

这组指令的功能是将操作数指定单元的内容减 1。除了“DEC A”影响奇偶标志位外，其他指令对 PSW 没有影响。

注意：不存在“DEC DPTR”，实际应用时可用指令“DEC DPL”实现 DPTR 内容减 1(前提是 DPL≠0)。

4.4 逻辑运算与循环移位类指令

逻辑运算类指令可实现与、或、异或、清零和取反操作，移位指令能完成累加器 A 的循环移位(左移或右移)操作，如表 4.8 所示。逻辑运算类与移位指令一般不影响 PSW，只有在操作中直接涉及累加器和 CY 时，才会影响到标志位 P 和 CY。

表 4.8 逻辑运算类与循环移位类指令

序号	指令分类	指令形式	指令功能	源操作数寻址方式	字节数	周期数	对标志位的影响			
							CY	AC	OV	P
54	逻辑与	ANL A,Rn	A 和 Rn 的内容按位相与送 A	寄存器寻址	1	1	×	×	×	√
55		ANL A,direct	A←A∧(direct)	直接寻址	2	1	×	×	×	√
56		ANL A,@Ri	A←A∧((Ri))	寄存器间址	1	1	×	×	×	√
57		ANL A,#data	A←A∧data	立即寻址	2	1	×	×	×	√
58		ANL direct,A	(direct)←(direct) ∧A	寄存器寻址	2	1	×	×	×	×
59		ANL direct,#data	(direct)←(direct) ∧ data	立即寻址	3	2	×	×	×	×
60	逻辑或	ORL A,Rn	A 和 Rn 的内容按位相或送 A	寄存器寻址	1	1	×	×	×	√
61		ORL A,direct	A←A∨(direct)	直接寻址	2	1	×	×	×	√
62		ORL A,@Ri	A←A∨((Ri))	寄存器间址	1	1	×	×	×	√
63		ORL A,#data	A←A∨data	立即寻址	2	1	×	×	×	√
64		ORL direct,A	(direct)←(direct) ∨A	寄存器寻址	2	1	×	×	×	×
65		ORL direct,#data	(direct)←(direct) ∨ data	立即寻址	3	2	×	×	×	×

（续表）

序号	指令分类	指令形式	指令功能	源操作数寻址方式	字节数	周期数	对标志位的影响			
							CY	AC	OV	P
66	逻辑异或	XRL A,Rn	A 和 Rn 的内容按位相异或送 A	寄存器寻址	1	1	×	×	×	√
67		XRL A,direct	A←A ⊕(direct)	直接寻址	2	1	×	×	×	√
68		XRL A,@Ri	A←A ⊕((Ri))	寄存器间址	1	1	×	×	×	√
69		XRL A,＃data	A←A ⊕ data	立即寻址	2	1	×	×	×	√
70		XRL direct,A	(direct)←(direct)⊕ A	寄存器寻址	2	1	×	×	×	×
71		XRL direct,＃data	(direct)←(direct)⊕ data	立即寻址	3	2	×	×	×	×
72	清零	CLR A	A 内容清零	寄存器寻址	1	1	√	×	×	×
73	非	CPL A	A 内容取反	寄存器寻址	1	1	×	×	×	×
74	循环左移	RL A	A 的内容循环左移一位	寄存器寻址	1	1	×	×	×	×
75		RLC A	A 的内容以及 CY 位循环左移一位	寄存器寻址	1	1	×	×	×	×
76	循环右移	RR A	A 的内容循环右移一位	寄存器寻址	1	1	×	×	×	×
77		RRC A	A 的内容以及 CY 位循环右移一位	寄存器寻址	1	1	×	×	×	×

1. 逻辑与、或、异或指令(6＋6＋6 条)

在 51 单片机汇编语言指令系统中，这三组指令系统的格式非常相似，都是将源操作数指定的内容与目的操作数指定的内容按位进行相应的逻辑运算，运算结果存入目的操作数指定的单元。可以做目的操作数的只能是累加器 A 和直接寻址的内存指定单元，源操作数必须是累加器 A 或内存单元中的数据或立即数。

其中逻辑与运算主要实现字节数据某些位清“0”的功能；逻辑或运算主要实现字节数据某些位添“1”的功能，逻辑或运算也有完成字节装配的功能；逻辑异或主要实现字节数据某些位取“反”的功能。在控制系统中，经常要实现一些逻辑功能，对于二进制数来说，无非就是使某位保持、取反、清零、置位这几种需求，下面用一些练习来熟练这些逻辑指令的功能。

例 4.12 编程实现将 30H 单元内容的高四位保持不变，低四位清零，从 P1 口输出。

```
解：ANL 30H,＃0F0H    ；高四位与“1”相与保持不变，低四位与“0”相与清零
MOV P1,30H            ；结果从 P1 输出
```

例 4.13 编程实现累加器 A 中的内容的第 7,5 位添加 1，从 P1 口输出。

```
解：ORL A,＃0A0H      ；第 7,5 位与“1”相或添加“1”，其他位与“0”相或保持不变
MOV P1,A              ；结果从 P1 输出
```

例 4.14　编程实现将30H,31H单元的非压缩的BCD码值进行处理(31H单元为高位数),整理成压缩的BCD码,存放到40H单元。

解:所谓非压缩的BCD码,指的是一个字节仅存放一位BCD数,高四位为0,低四位为数值;压缩型的BCD数是指一个字节存放2位BCD数,高四位代表十位数,低四位代表个位数。

按题目要求先将31H单元的数实现高低四位互换位置,再与30H单元的数据进行装配,即可实现非压缩的BCD码转换成压缩型的BCD码数。

```
MOV A,31H      ;半字交换指令的操作数只能是A,所以先将要实现高四位互换的
               ;字节数据送A
SWAP A         ;实现高四位数据互换
ORL A,30H      ;完成压缩型BCD码的字节装配
MOV 40H,30H    ;结果保存到指定单元
```

例 4.15　编程实现累加器A中的内容的第7,5,1,0位取反,从P1口输出。

```
解:XRL A,#0A3H ;A的第7,5,1,0位与"1"异或实施取反操作,其他位与0异或
                ;保持不变
MOV P1,A        ;结果从P1口输出
```

2. 累加器A清零和取反指令(1+1条)

在51单片机汇编语言指令系统中,只有一条指令可以完成字节数据清零的功能,只有一条指令可以完成字节数据逐位取反的功能。这两条指令中的操作数只能是A。

3. 循环移位指令(4条)

循环移位指令分为左移指令和右移指令,其中左、右移指令各为2条,指令中的操作数只能是累加器A。指令功能示意图如图4.5所示。

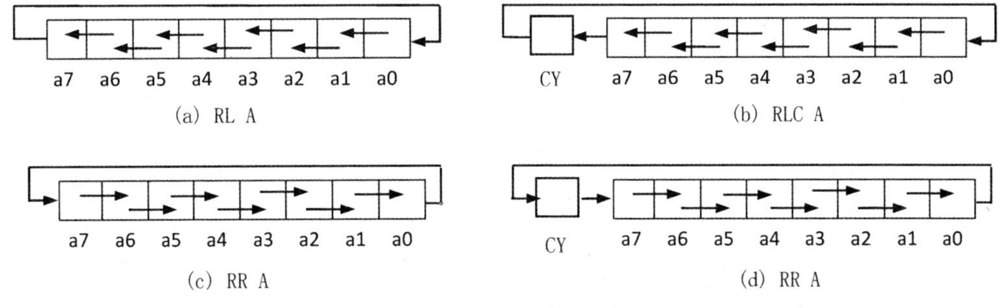

图 4.5　循环移位示意图

例 4.16　已知(A)=32H,CY=1,执行下列指令段的结果如何?

```
RL A      ;(A) =64H,CY=1
RLC A     ;(A)=C9H,CY=0
RR A      ;(A)=E4H,CY=0
```

RRC A ;(A)=72H,CY=0

循环移位指令还可以实现算术运算中乘除法的功能:当 A 的最高位为"0"时,对 A 进行循环左移,A 的内容扩大一倍;当 A 的最低位为"0"时,对 A 进行循环右移,A 的内容缩小一半。

4.5 控制转移类指令

转移类指令都是用来改变程序的执行顺序的,即改变 PC 值,使 PC 有条件、无条件或者通过其他方式,从当前位置转移到一个指定的程序地址单元,从而改变程序的执行方向。

转移指令分为四大类:无条件转移指令、条件转移指令、子程序调用指令及返回指令。这类指令对 PSW 都没有影响。

1. 无条件转移类指令(5 条)

程序执行该类指令时,程序无条件地转移到指令所指定的目标地址,因此分析控制转移指令时,应重点关注其转移的目标地址(见表 4.9)。

表 4.9 无条件转移类指令

序号	指令分类	指令形式	指令功能	字节数	周期数
78	长转移	LJMP addr16	程序存储器直接寻址,目标地址是 addr16	3	2
79	绝对转移	AJMP addr11	目标地址为下一指令首地址的高 5 位与 addr11 合并	2	2
80	短转移	SJMP rel	程序存储器相对寻址,目标地址是下一指令首地址与 rel 相加,rel 为有符号数	2	2
81	分散转移	JMP @A+DPTR	程序存储器变址寻址,目标地址是 A 的内容与 DPTR 内容之和	1	2
82	空指令	NOP	机器只是消耗一个机器周期,常用于程序调试或一些时序的实现上	1	1

(1) 长转移类指令。指令形式

LJMP addr16 ;PC←addr15~0

该指令为三字节指令。执行该指令时,16 位目标地址 addr16 装入 PC,程序无条件转向指定的目标地址。转移指令的目标地址可以在 64KB 程序存储空间的任意位置。

例 4.17 已知用户程序存放在 0030H 处,如何保证系统一上电,就可执行到用户程序?

解:系统上电复位后 PC=0000H,为了保证系统一上电,就可运行到用户程序,只需要在程序存储器 0000H 处放一条长跳转语句即可。

```
ORG 0000H
LJMP START
ORG 0030H
START:…
END
```

(2) 绝对转移指令。指令形式

AJMP addr11 ;PC←(PC)+2,(PC10～0)←addr10～0,PC15～11 保持不变

该指令是双字节指令，执行该指令时，先将 PC 的值加 2，然后把指令中给出的 11 位地址 addr11 送入 PC 的低 11 位(即 PC10～0)，PC 的高 5 位保持原值。这样由 addr11 和 PC 的高 5 位形成新的 16 位目标地址，程序随即转移到该地址处。

因为指令只提供了低 11 位地址，PC 的高 5 位保持原值，所以转移的目标地址必须与 PC+2 后的值(即 AJMP 指令的下一条指令首地址)位于同一个 2KB 区域内。

(3) 短转移指令，又称为相对转移指令。指令形式

SJMP rel ;PC←(PC)+2,PC←(PC)+rel

该指令是双字节指令，执行指令时，先将 PC 的值加 2，再把指令中带符号的偏移量加到 PC 上，得到跳转的目的地址送入 PC。目的地址 =(PC)+2+rel。

相对偏移量 rel 是一个 8 位有符号数，因此本指令的转移范围在 SJMP 指令的下一条指令首字节前 128 个字节和后 127 个字节的范围之间。

上面三条无条件跳转指令的区别在于转移范围不同，LJMP 可以在 64KB 范围内实现转移，而 AJMP 只能在 2KB 范围内转移，SJMP 则只能在 256 个字节范围转移。实际编程时 addr16、addr11、rel 都是用转移目标地址的符号地址(标号)来表示。程序在汇编时，汇编系统会自动计算出执行该指令转移到目标地址所需的 addr16、addr11、rel 值。例如，编程时通常使用指令：

SJMP $;相当于指令 WAIT:SJMP WAIT

该指令实现了程序的动态停止，是个死循环语句。通常用在程序的结束或用来等待中断，当有中断申请时，CPU 转去执行中断程序，中断返回时仍然返回该指令继续等待中断。$ 符号代表当前的地址。

(4) 分散转移指令。指令形式：

JMP @A+DPTR ;PC←(A)+(DPTR)

该指令是把累加器 A(取值范围 0～255)的内容加上数据指针寄存器 DPTR 的内容之和作为目标地址送给 PC。当 DPTR 的值固定后，依据 A 所赋值的不同，实现多路分支程序的分散转移。

通常 DPTR 中基地址是一个确定的数值，常常是一张转移指令表的起始地址，累加器 A 中的值为表的偏移量地址(与分支号相对应)，根据分支号，通过间接转移指令转移到指

令分支表中，再执行转移指令分支表的无条件转移指令（LJMP 或 AJMP），转移到该分支对应的程序中，即完成了多路散转功能。

例 4.18 已知累加器 A 中放有待处理命令，编号 0～4，试用多路分支散转指令编程实现机器按照累加器 A 中的命令号转去执行相应的命令程序。

```
START:MOV R1,A            ;将程序分支号保存到 R1
      RL A                ;(A)=2*路号
      ADD A,R1            ;(A)=3*路号
      MOV DPTR,#TAB       ;转移指令表的起始地址赋值给 DPTR
      JMP @A+DPTR         ;多路散转
TAB:  LJMP LOOP0          ;利用长跳转语句转移到相应分值
      LJMP LOOP1
      LJMP LOOP2
      LJMP LOOP3
LOOP0:….
      LJMP START          ;分支程序功能执行完成后，程序根据需要跳转
LOOP1:….
      LJMP START
LOOP2:….
      LJMP START
LOOP3:….
      LJMP START
      END
```

(5) 空操作指令(1 条)

```
NOP   ;PC←(PC)+1
```

空操作指令是一条单字节单机器周期指令，CPU 不做任何操作，只做时间上的消耗，常用于程序调试或时序控制的实现。

2. 条件转移指令

根据条件是否成立来实现转移的指令称为条件转移指令。在执行这类指令时，先检测指令指定的条件是否成立，如果条件成立则程序转移到目标地址去执行，否则程序顺序执行。这一类指令只有比较不相等指令会影响到 CY 位，其他不会影响 PSW。

8051 指令系统的条件转移指令都是相对寻址方式的短转移，其转移的目标地址为转移指令的下一条指令的首字节地址加上 rel 偏移量，rel 是一个有符号的 8 位数。这一类指令的跳转范围在转移指令的下一条指令的前 128 个字节和后 127 个字节内，转移空间不超过 256 个字节。

条件转移指令可分为三类:累加器 A 判零转移指令,比较不相等转移指令,循环减一不等于零转移指令。为了区别字节与位操作,针对位判断转移指令归纳到位操作类指令中。

表 4.10 条件转移类指令

序号	指令分类	指令形式	指令功能	字节数	周期数
83	累加器 A 判 0 转移	JZ rel	A 为 0 转移	2	2
84		JNZ rel	A 不为 0 转移	2	2
85	比较不相等转移	CJNE A,#data,rel	A 的内容与常数不相等转移	3	2
86		CJNE A,direct,rel	A 的内容与 direct 单元内容不相等转移	3	2
87		CJNE Rn, #data,rel	Rn 的内容与常数不相等转移	3	2
88		CJNE @Ri, #data,rel	Ri 指示单元内容与常数不相等转移	3	2
89	减 1 不等于 0 转移	DJNZ Rn,rel	Rn 内容减 1 不为 0 转移	2	2
90		DJNZ direct,rel	direct 单元的内容减 1 不为 0 转移	3	2

(1) 转移指令(2 条)。指令形式:

```
JZ rel        ;若(A)=0,则 PC←PC+2,PC←(PC)+rel
              ;若(A)≠0,则 PC←PC+2
JNZ rel       ;若(A)≠0,则 PC←PC+2,PC←(PC)+rel
              ;若(A)=0,则 PC←PC+2
```

转移目标地址=转移指令首址+2+rel,实际应用时,通常使用标号作为目标地址。

例 4.19 将片外 RAM buffer1 开始的数据块搬到片内 RAM buffer2 开始的数据区,遇到数据 0 就停止传送。

解:

```
      ORG 0000H
      MOV DPTR,#buffer1     ;给源数据地址指针 DPTR 赋值
      MOV R0,#buffer2       ;给目的数据地址指针 R0 赋值
LOOP1:MOVX A,@DPTR          ;读片外 RAM 数据送到累加器 A
      JZ STOP               ;判断读到的数据,为 0 则停止数据传送
      MOV @R0,A             ;A 中数据不为 0,则将数据传送到片内 R0 所指的
                            ;单元
      INC DPTR              ;源数据指针加 1,为读取下一个数据做准备
      INC R0                ;目的数据指针加 1,为传送下一个数据做准备
      SJMP LOOP1            ;程序跳转号循环入口,继续传送下一个数据
```

```
STOP:SJMP $                 ;动态停机,程序结束
    END
```

(2) 比较转移指令(4 条)。指令形式:

```
CJNE A,#data,rel
CJNE A,direct,rel
CJNE Rn,#data,rel
CJNE @Ri,#data,rel
```

比较转移指令有 3 个操作数,这类指令具有比较和判断双重功能,比较的本质是做减法运算,即第一操作数的内容减去第二操作数的内容,但是不会产生差值(即第一操作数的内容不会受到影响),只会影响到 CY 位。该类指令的基本功能:

第一操作数>第二操作数,PC←(PC)+3+rel,(CY)=0,程序转移;

第一操作数<第二操作数,PC←(PC)+3+rel,(CY)=1,程序转移;

第一操作数=第二操作数,PC←(PC)+3,(CY)=0,程序顺序执行。

这类指令后面往往跟着 CY 是否为 0 的条件判定转移指令,用来判定两个无符号数的大小,即利用 CJNE 和 JC 指令来完成三分支程序:相等分支,大于分支,小于分支。

例 4.20 编程实现如下分支函数:

$$Y=\begin{cases}5, \text{当 } X>a \text{ 时} \\ 0, \text{当 } X=a \text{ 时} \\ -5, \text{当 } X<a \text{ 时}\end{cases}$$

解:

```
    ORG 0000H
    MOV A,#X
    CJNE A,#a,NOEQU
    MOV Y,#0                ;若 X=0,则 Y 赋值 0
    SJMP STOP
NOEQU:JC LESS               ;若比较后 CY=1,有借位,说明 X<a
    MOV Y,#5                ;若比较后 CY≠1,没有借位,说明 X>a
    SJMP STOP
    LESS:MOV Y,#-5
    STOP:SJMP $
      END
```

(3) 减 1 不等于 0 转移指令(2 条)。指令形式:

```
DJNZ Rn,rel        ;PC←(PC)+2,Rn←(Rn)-1;
                   ;若(Rn)≠0,PC←(PC)+rel,程序跳转;若(Rn)=0,程序顺序执行
```

```
DJNZ direct,rel   ;PC←(PC)+2,direct←(direct)-1;
                  ;若(direct)≠0,PC←(PC)+rel,程序跳转;若(direct)=0,程序顺
                  ;序执行
```

指令功能是:每执行一次本指令,先将指定的 Rn 或 direct 单元的内容减 1,再判断其内容是否为 0。若不为 0,则转向目标地址,继续执行循环程序;若为 0,则结束循环程序段,程序往下执行。实际应用中,往往将循环次数赋值给源操作数,使之起到一个计数器的功能,控制循环的次数。

例 4.21　将片外 RAM buffer1 开始的数据块搬到片内 RAM buffer2 开始的数据区,数据块的长度为 len。

解:

```
    ORG 0000H
    MOV DPTR,#buffer1       ;给源数据地址指针 DPTR 赋值
    MOV R0,#buffer2         ;给目的数据地址指针 R0 赋值
    MOV R7,#len             ;数据块的长度赋值给计数器 R7,用于控制程序循
                            ;环的次数
LOOP1:MOVX A,@DPTR          ;读片外 RAM 数据送到累加器 A
    MOV @R0,A               ;将数据传送到片内 R0 所指的单元
    INC DPTR                ;源数据指针加 1,为读取下一个数据做准备
    INC R0                  ;目的数据指针加 1,为传送下一个数据做准备
    DJNZ R7,LOOP1           ;计数器 R7 减 1,不等于 0 继续传送下一个数据
STOP:SJMP $                 ; 计数器 R7 减 1 等于 0,动态停机,程序结束
  END
```

3. 子程序的调用和返回指令

在实际应用中,经常需要在程序的多处使用完全相同的程序段。为了缩短源代码的长度,可把这段程序独立出来,称为子程序,原来的程序称为主程序。当主程序需要使用子程序时,采用一条调用指令即可进入子程序执行。子程序结束处放一条返回指令,执行完子程序后能自动返回主程序的断点处继续执行。

为保证正确返回,调用和返回指令具有自动保护断点地址及恢复断点地址的功能,即执行调用指令时,CPU 自动将下一条指令的地址(断点地址)保存到堆栈,然后去执行子程序;当遇到返回指令时,按“先进后出”的原则把断点地址弹出,送到 PC 中。这一类指令不会影响到 PSW。

表 4.11　子程序调用和返回指令

序号	指令分类	指令形式	指令功能	字节数	周期数
91	子程序长调用	LCALL addr16	调用 addr16 地址处子程序	3	2
92	子程序绝对调用	ACALL addr11	调用 addr11 地址处子程序	2	2
93	子程序返回	RET	返回子程序调用指令下一条指令处	1	2
94	中断返回	RETI	返回到中断断点处	1	2

(1) 子程序调用指令(2 条)。指令形式:

```
LCALL addr16      ;PC←(PC)+3
                  ;SP←(SP)+1,(SP)←(PCL)
                  ;SP←(SP)+1,(SP)←(PCH)
                  ;PC←addr16
ACALL addr11      ;PC←(PC)+2
                  ;SP←(SP)+1,(SP)←(PCL)
                  ;SP←(SP)+1,(SP)←(PCH)
                  ;PC10-0←addr11
```

其中,addr16 和 addr11 都是子程序的入口地址,编程时可用调用子程序的首地址(入口地址)标号代替。

第一条指令为长调用指令,三字节指令,执行时首先(PC)+3,获得下一条指令的地址,即断点地址并入栈保护。然后将子程序的入口地址给 PC,程序转入子程序运行。调用的子程序可以在 64KB 范围内。

第二条指令为相对调用指令,是一条二字节指令,执行时首先(PC)+2,获得下一条指令的地址,即断点地址并入栈保护。然后将子程序入口地址给 PC10-0,程序转入子程序运行。由于该指令只能提供子程序入口地址的 11 位,因此相对调用指令调用的子程序只能与 ACALL 后面指令的第一个字节在同一个 2KB 范围内。

例 4.22　已知(SP)=70H,分析执行下列指令后的结果:

```
2000H:ACALL 2400H   ;(SP)=72H,(71H)=02H,(72H)=20H,(PC)=2400H
2000H:LCALL 5000H   ;(SP)=72H,(71H)=03H,(72H)=20H,(PC)=5000H
```

(2) 返回指令(2 条)。指令形式:

```
RET      ;PC15-8←((SP)),SP←(SP)-1
         ;PC7-0←((SP)),SP←(SP)-1
RETI     ;PC15-8←((SP)),SP←(SP)-1
         ;PC7-0←((SP)),SP←(SP)-1
```

第一条指令为子程序返回指令,执行时表示子程序已经结束了,将栈顶的断点地址送

PC，使程序恢复到原断点地址处继续执行。

第二条指令为中断返回指令，执行时表示中断服务程序已经结束了，将栈顶的断点地址送 PC，使程序恢复到原断点地址处继续执行，并清除内部相应的中断状态寄存器。在使用时两者不可混淆。

4.6　位操作类指令（17 条）

8051 单片机的硬件结构中，有一个位处理器（又称布尔处理器），它有一套位变量的处理指令集，它的操作对象是位，以进位位 CY 为位累加器。位处理指令可以完成以位为对象的数据传送、运算、控制转移等操作。位操作指令的对象是内部基本 RAM 的位寻址区 20H～2FH 的 128 个位和 11 个可以位操作的 83 位（可位操作的 SFR 的物理地址均可被 8 整除）。

表 4.12　位操作类指令

序号	指令分类	指令形式	指令功能	字节数	周期数
95	位传送	MOV C，bit	bit 值送 CY	2	2
96		MOV bit，C	CY 值送 bit	2	2
97	位清 0	CLR C	CY 值清 0	1	1
98		CLR bit	bit 值清 0	2	1
99	位置 1	SETB C	CY 值清 1	1	1
100		SETB bit	bit 值清 1	2	1
101	位逻辑与	ANL C，bit	CY 与 bit 值相与，结果送 CY	2	2
102		ANL C，$\overline{\text{bit}}$	CY 与 bit 取反值相与，结果送 CY	2	2
103	位逻辑或	ORL C，bit	CY 与 bit 值相或，结果送 CY	2	2
104		ORL C，$\overline{\text{bit}}$	CY 与 bit 取反值相或，结果送 CY	2	2
105	位取反	CPL C	CY 值取反	1	1
106		CPL bit	bit 值取反	2	1
107	判 CY 转移	JC rel	CY 为 1 则转移	2	2
108		JNC rel	CY 不为 1 则转移	2	2
109	判 bit 转移	JB bit，rel	bit 值为 1 则转移	3	2
110		JNB bit，rel	bit 值不为 1 则转移	3	2
111		JBC bit，rel	bit 值为 1 则转移，同时 bit 位值清 0	3	2

1．位数据传送指令（2 条）

```
MOV C, bit      ;CY←(bit)
MOV bit, C      ; (bit)←CY
```

位传送指令的两个操作数，一个是指定的位地址，另一个必须是 CY 位。

例 4.23 编程实现 00H 位的内容与 07H 位的内容互换。

解：因为位传送指令离不开 C，所以若实现 2 个指定的位内容互换，必须借助第三个空闲的位地址，这里选择 01H 位。编程如下：

```
ORG 0000H
MOV C,00H
MOV 01H,C
MOV C,07H
MOV 00H,C
MOV C,01H
MOV 07H,C
SJMP $
END
```

2. 位变量修改指令（4 条）

(1) 位清 0（2 条）

```
CLR C
CLR bit
```

(2) 位置 1（2 条）

```
SETB C
SETB bit
```

例如，使 P2 口的最低位为 0，P2 口的最高位为 1

```
CLR P2.0
SETB P2.7
```

3. 位逻辑运算指令（6 条）

(1) 位逻辑与指令（2 条）

ANL C,bit ;CY←(CY)∧(bit)

ANL C,$\overline{\text{bit}}$;CY←(CY)∧($\overline{\text{bit}}$)

指令中的“/”表示对该位地址内容取反，再参与运算，但不改变位地址的原有内容。

(2) 位逻辑或指令（2 条）

ORL C,bit ;CY←(CY)∨(bit)

ORL C,$\overline{\text{bit}}$;CY←(CY)∨($\overline{\text{bit}}$)

(3) 位取反指令（2 条）

CPL C ;CY←($\overline{\text{CY}}$)

CPL bit　　　;bit←$(\overline{\text{bit}})$

例如,已知 C=0,P2=CBH,执行下列指令后,结果如何?

CPL P2.0

CLR C

执行结果为 P2=CAH,(CY)=1。

4. 位条件转移指令(5 条)

(1) 以 CY 内容为条件的转移指令

```
JC rel      ;若(CY)=1,则(PC)←(PC)+2+rel
            ;若(CY)=0,则(PC)←(PC)+2
JNC rel     ;若(CY)=0,则(PC)←(PC)+2+rel
            ;若(CY)=1,则(PC)←(PC)+2
```

第一条指令的功能是如果(CY)=1 则转移到目标地址处执行,否则顺序执行。第二条指令的功能与第一条指令相反,如果(CY)=0 则转移到目标地址处执行,否则顺序执行。这两条指令执行都不会影响 PSW 的任何位。

例如:无符号数 X,编程实现若 $X>=5$ 则(30H)=0FFH,否则(30H)=0。

```
     MOV A,X
CMP:CJNE A,#5,EQU      ;条件成立,说明 A=5
     JC   NEXT         ;(CY)=1,说明 X<5,程序转到 NEXT
EQU:MOV 30H,#0FFH      ;否则,说明 X>=5
     SJMP STOP
NEXT:MOV 30H,#0
STOP:SJMP $
  END
```

(2) 以位地址内容为条件的转移指令

```
JB rel      ;若(bit)=1,则(PC)←(PC)+3+rel
            ;若(bit)=0,则(PC)←(PC)+3
JNB rel     ;若(bit)=0,则(PC)←(PC)+3+rel
            ;若(bit)=1,则(PC)←(PC)+3
JBC rel     ;若(bit)=1,则(PC)←(PC)+3+rel,且(bit)←0
            ;若(bit)=0,则(PC)←(PC)+3
```

第一条指令的功能是如果(bit)=1 则转移到目标地址处执行,否则顺序执行。第二条指令的功能与第一条指令相反,如果(bit)=0 则转移到目标地址处执行,否则顺序执行。第三条指令的功能与第一条指令相近,如果(bit)=1 则转移到目标地址处执行,并且将该 bit 位的内容清零,否则顺序执行。这两条指令执行都不会影响 PSW 的任何位。

例如：设置 P1 中的内容为 F7H，执行指令：

JNB P1.0，K1

JNB P1.3，K3

程序将转到标号 K3 去执行。

4.7 伪指令(8 条)

为了便于编程和对汇编语言源程序进行汇编，各种汇编程序都会提供一些特殊的指令，供人们编程使用，这些指令通常称为伪指令。所谓“伪”指令，即不是真正的可执行指令，只能在对源程序进行汇编时起控制作用，例如设置程序的起始地址，定义符号，给程序存储器分配存储空间赋初值等。汇编时伪指令并不产生机器指令代码，不影响程序的执行。常用的伪指令共 8 条，下面分别介绍：

1. 设置起始地址指令 ORG

指令格式为：ORG 16 位地址

该指令的作用是指明后面的程序或数据块的起始地址，它总是出现在每段源程序或数据块的开始。一个汇编源程序中可以有多条 ORG 伪指令，但后一条 ORG 伪指令指定的地址应大于前面机器码已占用的存储地址。

例 4.24 分析 ORG 在下面程序段中的控制作用。

```
      ORG 0000H
      LJMP START
      ORG 0030H
START:MOV DPTR,#TAB
      MOV A,#5
      MOVC A,@A+DPTR
……
      ORG 0500H
TAB: DB 0,1,4,9,16,25,36,49,64,81
      END
```

解：系统一复位 PC＝0000H，即从程序存储器 0000H 处开始运行程序，执行 0000H 处的指令，跳转到经汇编后机器码从 0030H 单元开始连续存放的主程序，主程序不能超过 0500H 单元。在 0500H 单元开始连续 10 个单元存放了 0～9 的平方值，每个平方值占一个字节存放。该段程序实现了利用查表指令取得 5 的平方值。

2. 汇编语言程序结束指令 END

指令功能表示源程序到此结束，END 指令以后的指令汇编程序将不予处理。一个源程序只能在末尾有一个 END 指令。

例 4.25　分析 END 在下面程序段中的控制作用。

```
START:MOV A,#30H
      ……
      END
NEXT:
      ……
      RET
```

解:汇编程序对该程序进行汇编时,只将 END 伪指令前面的程序转换为对应的机器码文件,而以 NEXT 标号为起始地址的子程序将忽略。因此若要 NEXT 标号为起始地址的子程序是本程序的子程序的话,应将 END 伪指令放到这段子程序的后面。

3. 定义字节伪指令 DB

指令格式:

[标号:] DB 字节常数表

DB 伪指令的功能是从指定的地址单元开始,为若干个程序存储单元赋字节类型的值。字节常数可以采用二进制、十进制、十六进制和 ASCII 码等多种形式。例如:

```
     ORG 2000H
TAB:DB  56H,86,10010001B,'B'
```

汇编结果:(2000H)=56H,(2001H)=56H,(2002H)=91H,(2003H)=42H

4. 定义字伪指令 DW

指令格式:

[标号:] DW 字常数表

DW 伪指令的功能是从指定的地址单元开始,定义若干个 16 位数据。高八位存入低地址,低八位存入高地址。例如:

```
     ORG 2000H
TAB:DW 1234H,78H,25
```

汇编结果:(2000H) = 12H,(2001H) = 34H,(2002H) = 00H,(2003H) = 78H,(2004H)=00H,(2005H)=19H

5. 预留存储区伪指令 DS

指令格式:

[标号:] DS 字常数表达式表

指令功能是从指定的地址单元开始,保留一定数量的存储单元,以备使用。汇编时,对这些单元不赋值。例如:

```
     ORG 2000H
     DS  10
```

TAB:DB 12H

汇编结果:从 2000H 地址开始保留 10 个字节单元,以备源程序另用。(200AH)=12H

注意:DB、DW、DS 伪指令只能用于程序存储器,不能用于数据存储器。

6. 赋值伪指令 EQU

指令格式:

字符名称 EQU 数值或汇编符号

指令功能是使指令中的"字符名称"等价于给定的"数值或汇编符号"。赋值后的字符名称可在整个源程序中使用。字符名称必须先赋值后使用,通常将赋值指令放在源程序的开头。

例 4.26 分析下列程序中 EQU 指令的作用。

```
HOUR   EQU   R1
WEEK   EQU   30H
YEAR   EQU   31H
       MOV P1,HOUR
       MOV P2,WEEK
       MOV P3,YEAR
       SJMP $
  END
```

解:经过 EQU 定义后,HOUR 等效于 R1,WEEK 等效于 30H,YEAR 等效于 31H,该程序在汇编时,自动将程序中的 HOUR 换成 R1,WEEK 换成 30H,YEAR 换成 31H,再汇编为机器代码文件。

使用 EQU 赋值伪指令的好处在于程序占用的资源数据符号或寄存器符号用占用资源的英文或英文缩写字符名称来定义,后续编程中凡是出现该数据符号或寄存器符号就用该字符名称代替,这样用有意义的字符名称进行编程,更容易记忆和不容易混淆,也便于阅读修改。

7. 数据地址赋值伪指令 DATA

指令格式:

字符名称 DATA 表达式

指令功能是将指定的数据地址赋予规范的字符名称。例如,HOUR DATA 00H

汇编时,将程序中的 HOUR 字符名称用 00H 取代。DATA 伪指令与 EQU 伪指令的功能相似,其主要区别是:

(1) DATA 伪指令定义的字符名称可先使用后定义,放在程序开头结尾均可;而 EQU 伪指令定义的字符名称只能是先定义后使用。

(2) EQU 伪指令可以将一个汇编符号赋值给字符名称,但是 DATA 伪指令只能将数据地址赋值给字符名称。

8. 位定义伪指令 BIT

指令格式:

字符名称 BIT 位地址

指令功能是将位地址赋值给指定的符号名称,通常用于位符号地址的定义。

例如,LED0 BIT P2.0

LED0 等效于 P2.0,在后面的编程中 LED0 即为 P2.0。

本章小结

指令系统的功能强弱体现了计算机性能的高低。指令由操作码和操作数组成。操作码用来规定要执行的操作性能,操作数用于给指令的操作提供数据和地址。

8051 指令系统按功能有传送类指令、算术运算类指令、逻辑运算类指令、控制转移类指令、位操作类指令,共 42 种助记符,33 种功能,指令功能助记符与操作数各种寻址方式结合,共构造出 111 条指令。

数据传送类指令是单片机进行算术逻辑运算指令的基础;算术逻辑运算指令是指令系统的核心;控制转移类的指令控制程序的转移、子程序的调用和返回、中断返回等;8051 单片机具有较强的位处理能力,大量的数字控制信号可以通过位运算实现相应的控制逻辑。算术运算指令会影响程序状态字的标志状态,其他功能指令仅在涉及累加器 A 时才对奇偶标志 P 位产生影响。

伪指令不同于指令系统中的指令,只有在汇编程序对用户程序进行编译时起控制作用,汇编时不生成机器代码,主要有 ORG、DB、DW、DS、EQU、DATA、END 等。习惯使用伪指令方便编程、记忆、程序阅读。

习题 4

4.1 何谓寻址方式? MCS-51 的寻址方式有几种? 各适用于什么地址空间?

4.2 MCS-51 指令系统按功能分为哪几类? 每类指令的作用是什么?

4.3 变址寻址和相对寻址中的地址偏移量有何异同?

4.4 指出执行下列程序后的操作结果:

(1)
```
MOV A,#60H
MOV R0,#40H
MOV @R0,A
MOV 41H,R0
```

(2)
```
MOV DPTR,#2000H
MOV A,#20H
MOV 20H,#35H
MOV R0,#20H
```

(3) 已知片内 RAM(30H)=5AH,(5AH)=40H,(40H)=X0C0HHA,P,@1 R 端 0 口输入数据为 7FH,问执行下列指令后各有关存储单元的内容如何?

```
MOV R0,#30H
MOV A,@R0
MOV R1,A
MOV B,R1
MOV @R1,P1
MOV A,P1
MOV 40H,#20H
MOV 30H,40H
```

(4) 执行下列指令后,A、B、SP 的内容是多少?堆栈中还有数据吗?若有数据,数据内容是?若没有说明理由。

```
MOV SP,#60H
MOV A,#55H
MOV B,#66H
PUSH ACC
PUSH B
MOV A,B
MOV B,#33H
POP ACC
POP B
```

4.5 编写程序段,完成如下功能:

(1) 将 R1 的内容传送到 R5。

(2) 内部 RAM 30H 单元内容传送到内部 RAM 20H 单元。

(3) 外部 RAM 30H 单元内容传送到内部 RAM 20H 单元。

(4) 外部 RAM 3000H 单元内容传送到外部 RAM 20H 单元。

(5) 程序存储器 ROM 0100H 单元内容传送到内部 RAM 20H 单元。

(6) 程序存储器 ROM 2000H 单元内容传送到外部 RAM 2000H 单元。

(7) 内部 RAM 30H 单元内容与内部 RAM 20H 单元内容互换。

(8) 外部 RAM 3000H 单元内容与外部 RAM 2000H 单元内容互换。

4.6 已知(30H)=66H,(40H)=85H,PSW=80H,指出执行下列程序后的操作结果:

(1) MOV R0,#30H　　　MOV R1,#40H　　　MOV A,@R0

```
ADD A,@R1              (2) MOV R0,#30H          (3) MOV R0,#30H
MOV @R0,A                  MOV R1,#40H              MOV R1,#40H
                           MOV A,@R0                MOV A,@R0
                           ADDC A,@R1               SUBB A,@R1
                           MOV @R0,A                MOV @R0,A
```

4.7 指出执行下列程序后的操作结果，若取消“DA A”指令，结果如何？

```
MOV A,#58H
ADD A,#17H
DA A
MOV R0,A
```

4.8 编程实现 2 个无符号 16 位数的加法运算，两个加数分别在片内 RAM 的相应单元存放，即(21H)(20H)+(31H)(30H)→(22H)(21H)(20H)。

4.9 编程实现乘法运算。被乘数是 16 位无符号数，乘数是 8 位无符号数，分别存放在片内 RAM 指定单元，即(21H)(20H) * (30H)→(22H)(21H)(20H)。

4.10 编程实现除法运算。被除数、除数是 8 位无符号数，分别存放在片内 RAM 指定单元，并将运算结果从 P1、P2 口输出，即(20H)/(30H)→P1……P2。

4.11 试编写程序指令段，完成如下要求：

(1) 使片内 RAM 20H 单元中数的第 3、4 位保持不变，其余位清零，并将结果从 P0 口输出。

(2) 使片内 RAM 20H 单元中数的第 0、5 位保持不变，其余位置 1，并将结果从 P1 口输出。

(3) 使片内 RAM 20H 单元中数的第 6、7 位保持不变，其余位取反，并将结果从 P2 口输出。

(4) 使片内 RAM 20H 单元中数的所有位数取反，并将结果从 P3 口输出。

4.12 分析执行下列各条指令后的结果。

```
MOV 30H,#30H
MOV A,#56H
MOV R0,#30H
MOV R2,#4AH
ANL A,R2
ORL A,@R0
SWAP A
CPL A
XRL A,#55H
```

```
ORL 30H,A
```

4.13　下列指令执行后，分析程序运行结果：

```
(1) 2000H: LJMP 3000H          ;(PC)=
(2) 1000H: SJMP 20H            ;(PC)=
(3) ORG 1000H
    MOV DPTR,#2000H
    MOV A,#20H
    JMP @A+DPTR                ;(PC)=
(4) 已知(A)=30H
1000H: MOVC A,@A+PC   ;(PC)=          ,(A)=(          )
(5) 已知(A)=30H
    ORG 0000H
    MOV DPTR,#2000H
    MOV A,#5
    MOVC A,@A+DPTR             ;(A)=
    SJMP $                     ;(PC)=
    ORG 2000H
    DB 0,1,4,9,16,25,36,49,64,81
    END
```

4.14　请编程实现片内 RAM 20H 开始的 10 个数据传送到片内 30H 单元开始的空间(使用 DJNZ 指令控制循环次数)。

4.15　请利用子程序编程实现使片内 RAM 20H～23H、30H～35H、40H～44H 三片内存区域清零。

4.16　若(CY)=1,P1=7EH,P3=55H,运行下列程序后,CY、P1、P3 的内容如何？

```
MOV P1.7, C
MOV C,P1.0
MOV P3.2,C
CPL C
MOV P3.7,C
```

4.17　编程实现片外 RAM 30H 单元开始的 20 个有符号的字节据传送到片内 RAM 区,正数传送到 20H 单元开始的地方,负数传送到 40H 单元开始的地方。

4.18　编程实现片外 RAM 30H 单元开始的 20 个无符号的字节数据传送到片内 RAM 区,奇数传送到 20H 单元开始的地方,偶数传送到 40H 单元开始的地方。

4.19　简述伪指令 ORG、END 的控制作用。

4.20 伪指令 EQU 和 DATA 都是用于定义字符名称，试说明它们有什么不同点。

4.21 伪指令 DB、DW、DS 都是用于定义程序存储空间，试问有什么不同点？试用伪指令定义、从程序存储器 2000H 起预留 10 个地址空间，接着存储数据 20、100，接着再存储字符 W 和 Q 的 ASCII 码。

第 5 章　80C51 单片机的程序设计

单片机应用系统是硬件系统与软件系统的有机结合，软件是用于完成系统任务指挥 CPU 等硬件系统工作的程序。

8051 单片机的程序设计主要采用两种语言：汇编语言和高级语言(C51)。汇编语言生成的目标程序占用存储空间小，运行速度快，具有效率高、实时性强的特点，适合编写短小高效的实时控制程序。采用高级语言程序设计，对系统硬件资源的分配较汇编语言简单，程序的阅读、修改、移植比较容易，适合编写规模较大的程序，尤其适合编写运算量较大的程序。

5.1　汇编语言程序设计

汇编语言是面向机器的语言，对单片机的硬件资源操作直接方便，概念清晰，尽管对编程人员的硬件知识要求较高，但对于学习和掌握单片机的硬件结构以及编程技巧极为有利，因此在采用高级语言进行单片机开发为主流的今天，我们仍然坚持从汇编语言开始学习。本节介绍汇编语言程序设计，下节介绍 C 语言程序设计，后续的单片机应用程序的学习将采用汇编语言和 C51 语言对照讲解，以此达到在单片机学习中，汇编语言和 C 语言程序设计相辅相成、相互促进的目的。

5.1.1　程序编制的方法和技巧

程序编制的步骤：

(1) 系统任务分析。首先，要对单片机应用系统任务作深入分析，明确系统的设计任务、功能要求和技术指标。其次，要对系统的硬件资源和工作环境进行分析。这是单片机应用系统程序设计的基础和条件。

(2) 提出算法和算法优化。算法是解决问题的具体方法。一个应用系统经过分析、研究、明确任务后，对应实现的功能和技术指标可以利用严密的数学方法或数学模型来描述，从而把一个实际问题转化成由计算机进行处理的问题。同一个问题的算法有多种，也都能达到目标完成任务，但程序的运行速度、占用单片机资源以及操作方便性会有较大的区别，所以应对各种算法进行比较分析，给予合理的优化。

(3) 程序总体设计与绘制程序流程图。经过任务分析、算法优化后，就可以进行程序的总体构思，确定程序的结构和数据形式，并考虑资源的分配和参数的计算等。然后根据程序运行的过程，勾画出程序执行的逻辑，用图形符号将总体设计思路和程序流向绘制在平面图上，从而使程序的结构关系直观明了，便于检查和修改。

通常，应用程序依据功能可以分为若干部分，即进行程序的模块化设计。通过流程图将具有一定功能的各个模块有机地联系起来，并由此抓住程序的基本线索，对全局有一个完整的了解和把握。清晰正确的流程图是编制正确应用程序的基础和条件，所以绘制一个好的流程图，是程序设计的一项重要内容。

流程图可分为主程序流程图和子程序流程图。主程序流程图侧重反映程序的逻辑结构和各模块子程序之间的相互关系。子程序流程图反映子程序模块的具体实施细节。对于简单的应用程序，可以不用画流程图。习惯画流程图是编程的一个良好习惯。

常用的流程图符号有开始或结束符号、工作任务符号（肯定性工作内容）、判断分支符号（疑问性工作内容）、程序连接符号、程序流向符号等，如图 5.1 所示。

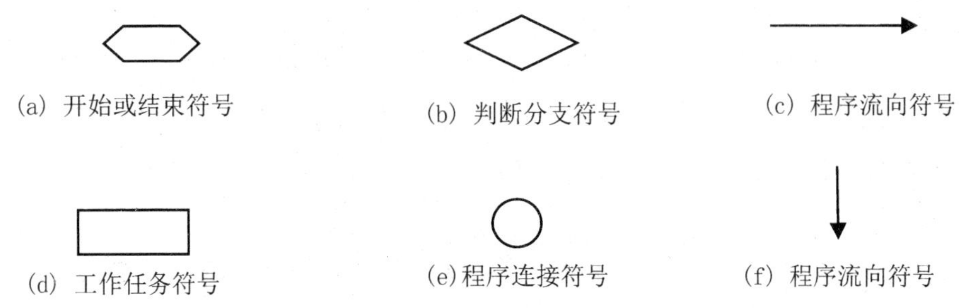

图 5.1　常用程序流程图符号

此外还有编制资源（寄存器、程序存储器与数据存储器等）分配表，包括数据结构和形式、参数计算、通信协议、各自程序的入口和出口说明等。

5.1.2　程序的模块化设计

1. 采用模块化设计方法

单片机应用系统的程序一般由包含多个模块的主程序和各种子程序组成，每一个程序模块都要完成一个明确的任务，实现某个具体的功能，常用的程序模块如数据显示、键盘扫描、定时中断、延时子程序、数据采集子程序、控制子程序、数据发送/接收子程序、打印子程序等。采用模块化的程序设计方法，就是将这些不同的具体功能程序进行独立的设计和分别调试，最后将这些模块程序装配成整体程序并进行联调。

模块化的程序设计方法把一个多功能、复杂的程序划分为若干个简单、功能单一的程序模块，有利于程序的设计与调试，有利于程序的优化和分工，提高了程序的可读性和可靠性，使程序的结构层次一目了然。所以程序设计的学习，首先要树立模块化的程序设计思想。

2. 尽量采用循环结构和子程序

采用循环结构和子程序可以使程序的长度减少，程序简单化，占用内存空间减少。对于多重循环，要注意各循环的初始值、循环结束条件与循环体，避免出现程序陷入死循环。对于通用的子程序，除了用于存放入口参数的寄存器外，子程序用到的其他寄存器的内容应该压入堆栈进行现场保护，并要特别注意堆栈操作的压入和弹出的顺序。对于中断处理子程序除了要保护程序中用到的寄存器外，还应保护标志寄存器，这是由于中断处理过程中难免对标志寄存器中的内容产生影响，而中断处理结束后返回主程序时可能会遇到以中断前的状态标志为依据的条件转移指令，如果标志位被破坏，则程序的运行就会发生混乱。

5.2 基本程序设计结构与程序设计举例

所谓模块化程序设计，是指各模块程序都要按照基本程序结构进行编程，主要有 4 种基本结构：顺序结构、分支结构、循环结构和子程序结构。

1. 顺序结构举例

顺序结构程序是指无分支、无循环结构的程序，其执行流程是依据指令在程序存储器中的存放顺序逐条进行的。该结构简单，一般不需要绘制程序流程图，直接编程即可。

例 5.1 试将 8 位无符号二进制数转换为非压缩的 BCD 码，百、十、个位分别存放到 30H、31H、32H 单元。

解：8 位无符号二进制数据对应的最大十进制数是 255，如何对其进行拆分，用 3 位的 BCD 码来表示，最常用的方法就是除法。

```
ORG 0000H
MOV A,40H        ;将 8 位二进制数做被除数
MOV B,#100
DIV AB
MOV 30H,A        ;百位数放到 30H 单元
MOV A,B          ;余数做被除数
MOV B,#10
DIV AB
MOV 31H,A        ;十位数放到 31H 单元
MOV 32H,B        ;个位数放到 32H 单元
SJMP $
END
```

上述程序经常配合显示程序，先将要显示的数值进行拆分，然后再逐位显示。程序的执行顺序与指令的编写顺序是一致的，称为顺序结构程序。

2. 分支结构程序

有时程序的执行需要对某种条件进行判断决定程序的不同走向，这就是所谓的分支

结构。分支结构可以分为单分支、双分支和多分支几种情况，各分支之间相互独立。各种情况程序的执行情况如图 5.2 所示。

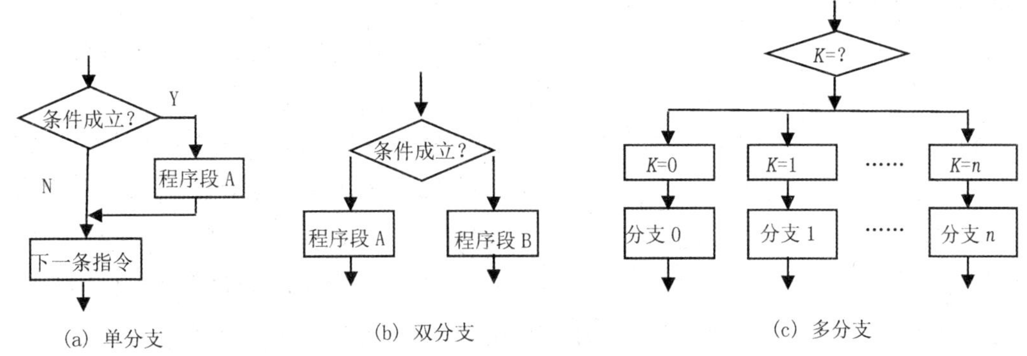

图 5.2　分支结构程序流程图

例 5.2　片内 RAM30H 单元有一符号数，将其转换成补码。

解：对于有符号数求补，需先区分数的正负，再根据正负数的不同求补。数的最高位表示正负。参考程序如下：

```
        ORG 0000H
        MOV A,30H
        JNB ACC.7,STOP        ;是正数，则不处理
        CPL A                 ;是负数，取反
        ORL A,#80H            ;恢复符号位
        INC A                 ;加 1
        MOV 30H,A
STOP:SJMP $                   ;结束
        END
```

例 5.3　假设采集的温度值在累加器 A 中。30H 单元存放温度下限值，31H 单元存放温度上限值。若采集的温度高于上限值则启动降温控制程序，若采集的温度值低于温度下限值则启动升温控制程序，若采集的温度值在温度上限和下限之间，程序则返回。试编写相关程序。

```
      temp_high EQU 31H
      temp_low EQU 30H
      CJNE A, temp_high,COMPARE1    ;若采集温度不等于温度上限，则继续比较
      LJMP RETURN                   ;若采集温度等于温度上限，则返回
COMPARE1:JNC COOL                   ;若采集温度高于温度上限，则转入降温处
                                     理程序
      CJNE A, temp_low, COMPARE2    ;若采集温度不等于温度下限，则继续比较
```

```
    LJMP RETURN            ;若采集温度等于温度下限,则返回
COMPARE2:JC HEAT_UP        ;若采集温度低于温度下限,则转入升温处理程序
RETURN:RET
```

例 5.4 利用散转指令实现多路分支程序设计。设 R7 中存放各分支的分支号,分支号为 0 开始的递增自然数,编写多分支处理程序。

解:使用 JMP @A+DPTR 散转指令需要配合分支表,分支表中按从 0 开始的分支顺序从起始地址开始存放各分支的一条转移指令(AJMP 或 LJMP,AJMP 占用 2 个字节,LJMP 占用 3 个字节),各转移指令的目标地址就是各分支程序的入口地址。根据各分支程序的分支号,转移到分支表中对应的分支入口处,执行该分支的转移指令,再转到分支程序的真正入口处,从而执行该分支程序。

```
    ORG 0000H
    MOV A,R7            ;分支号送 A
    RL A                ;分支号乘以 2,若分支表中用 LJMP,则分支号要乘以 3
    MOV DPTR,#TAB       ;分支表表首地址送 DPTR
    JMP @A+DPTR         ;转移到分支表该分支的对应入口处
TAB:AJMP BR0            ;分支表,采用 AJMP,每条指令 2 字节
    AJMP BR1            ;各分支的各分支表的入口地址=TAB+分支号×2
    AJMP BR2
    ……
BR0:……                 ;0 分支程序
    LJMP COMMON
BR1:……                 ;1 分支程序
    LJMP COMMON
BR2:……                 ;2 分支程序
    LJMP COMMON
    ……
COMMON:SJMP COMMON      ;各分支的汇总点
    END
```

因为累加器 A 中的数据不能超过 255,这种通过两次转移实现的多分支最多可达 128 个。

3. 循环结构程序

在程序设计中,当需要对某段程序大量重复执行时,可采用循环方法设计,以减少程序代码的长度。循环结构程序主要包括以下四部分:

(1) 循环初始化部分:设置循环开始时的状态,如设置寄存器初始值、设置地址指针、清结果单元、设置循环次数等。

(2) 循环体部分：需要重复执行的程序段，是循环结构的主体。

(3) 循环控制部分：这部分的作用是修改循环变量和控制变量，判断循环是否结束，如果符合结束条件，则跳出循环，否则继续执行循环体。

(4) 结束部分：主要完成程序结果处理，对结果进行分析、处理存储等。

例 5.5　将内部 RAM 中 30H 单元开始的内容送入内部 RAM 70H 开始的单元中，结束符'$'(其 ASCII 码是 24H)，并统计传送字符的个数。

```
      ORG   0000H
      MOV   R0,#30H          ;设置源数据指针寄存器
      MOV   R1,#70H          ;设置目的数据指针寄存器
      MOV   R7,#0            ;统计字符个数寄存器清 0
LOOP: MOV   A,@R0            ;读取源数据
      CJNE  A,#24H,TRAN      ;判断是否是'$'
      SJMP  STOP             ;判断是'$'则停止数据传送
TRAN: MOV   @R1,A            ;判断不是'$'，实现数据传送
      INC   R0               ;修改源数据指针，指向下一个被传送的数据
      INC   R1               ;修改目的数据指针，指向下一个传送目标地址
      INC   R7               ;统计字符个数寄存器加 1
      SJMP  LOOP             ;继续下一个循环
STOP: SJMP  $                ;程序结束
      END
```

例 5.6　将内部 RAM 中 30H 单元开始的以'#'为结束符的字符串内容送入外部 RAM 1000H 开始的单元中('#'ASCII 码是 23H)，并统计传送字符的个数。

解：此程序功能与上题相似，但是题目要求传送字符串，'#'是字符串中的一个字符，需要传送。

```
      ORG   0000H
      MOV   R0,#30H          ;设置源数据指针寄存器
      MOV   DPTR,#1000H      ;设置目的数据指针寄存器
      MOV   R7,#0            ;统计字符个数寄存器清 0
LOOP: MOV   A,@R0            ;读取源数据
      MOVX  @DPTR,A          ;完成一个数据传送
      INC   R0               ;修改源数据指针，指向下一个被传送的数据
      INC   DPTR             ;修改目的数据指针，指向下一个传送目标地址
      INC   R7               ;统计字符个数寄存器加 1
      CJNE  A,#23H,LOOP      ;判断是否是'#'，不是则循环
```

```
STOP:SJMP $                 ;判断是'#'则停止数据传送,程序结束
    END
```

例 5.7 已知单片机的晶振是 12MHz,设计一延时子程序,实现 10ms 延时。

解:软件延时程序是应用编程中的基本子程序,通过循环控制指令 DJNZ 和空操作指令 NOP 指令的运行达到延时的目的。对于时间较长的延时需要通过循环程序来实现。

```
    源程序                  机器周期数
DELAY:MOV R7,#100              2
DEL1:MOV R6,#48                2
DEL2:DJNZ R6,DEL2              2
    DJNZ R7,DEL1               2
    RET                        2
```

上述程序采用了内外两重循环,内循环和外循环的次数分别用 R6、R7 的初始值控制,内循环执行一次外循环执行一步。内循环执行消耗 48×2 个机器周期,整个循环执行消耗 100×(2+48×2+2),再加上返回指令,整个子程序执行消耗的机器周期=2+(2+48×2+2)×100+2=10004,消耗时间 10004×1μs=10ms。

51 单片机中作为计数器的存储单元或寄存器只能放 8 位数。在编程时,需要增加程序的循环次数实现更长时间的延时。延时时间的计算可简化为:内循环体时间×第一重循环次数×第二重循环次数×……也可以利用软件延时计算工具,输入需要延时的时间,自动生成汇编或 C51 的延时源程序代码。见书后附录 5 STC-ISP 下载编程软件应用简介——软件延时计算器的使用说明。

4. 子程序

(1) 子程序的调用与返回。在实际应用中,经常会遇到一些带有通用性的问题,如延时、显示、键盘扫描等,在一个程序中可能要多次使用。这时可以将其设计成通用的子程序供反复调用。利用子程序可以使程序结构更加紧凑,使程序的阅读与调试更加方便。

子程序的主要特点是,在执行过程中需要有其他程序来调用,执行完子程序后需要返回到调用该子程序的主程序中。

主程序调用子程序使用程序调用指令 ACALL 或 LCALL;子程序结尾使用返回指令 RET,这也是判断程序结构为子程序的唯一标志。子程序调用时要注意保护和恢复现场,注意子程序与主程序之间的参数传递。

(2) 现场保护与恢复。在子程序执行过程中常常要用到单片机的一些通用单元,如工作寄存器 R0~R7、累加器 A、数据指针 DPTR 以及有关标志和状态 PSW 中的某些位,而这些单元中的内容在调用结束后的主程序中仍有用,所以需要进行保护,称为现场保护。在执行完子程序、返回继续执行主程序前恢复其内容,称为恢复现场。现场保护与恢复是采用堆栈实现的,保护就是把需要保护的内容压入堆栈,保护必须在执行具体的子程序前

完成;恢复就是把原来压入堆栈的数据弹回原来的位置,恢复必须在执行完具体的子程序后,返回主程序前完成。根据堆栈的工作特性,现场保护与恢复编程时一定要保证弹出顺序相反。例如

```
SUB:PUSH ACC        ;保护现场
    PUSH PSW
    ……              ;子程序任务
    POP PSW         ;恢复现场
    POP ACC
    RET             ;子程序返回
```

(3) 参数传递。由于子程序是主程序的一部分,所以在程序的执行时必然要发生数据上的联系。在调用子程序时,主程序应通过某种方式把有关参数(即子程序的入口参数)传给子程序。当子程序执行完毕后,又需要通过某种方式把有关参数(即子程序的出口参数)传递给主程序。传递参数的方法主要有三种。

① 利用累加器或寄存器传递。在这种方式中,要把欲传递的参数存放在累加器A或工作寄存器R0～R7中,即在主程序调用子程序时,应事先把子程序需要的数据送入累加器或指定的工作寄存器中,当子程序执行时,可以从指定的单元取得数据,执行运算。反之,子程序也可以通过同样的方法把结果传送给主程序。

② 利用存储器传递(指针传递)。当传递的数据量比较大时,可以利用存储器实现参数的传递。在这种传递方式中,事先要建立一个参数表,用指针指示参数表所在的位置,也称指针传递。但参数表建立在内部基本RAM时,用R0或R1作为参数表的指针。当参数表建立在外部RAM时,用DPTR作为参数表的指针。

③ 利用堆栈。这种方法是子程序嵌套中常采用的一种方法。在调用子程序前,用PUSH指令将子程序所需要的数据压入堆栈。进入执行子程序时,再用POP指令从堆栈中弹出数据。

例5.8　利用累加器A实现参数传递。利用子程序结构,编程实现 $c=a^2+b^2$。设 a,b,c 分别存放于片内RAM M开始的连续三个单元中。

解:由题目可知 a,b,c 均为单字节数据,a,b 的平方值也为单字节数据。下面子程序的入口参数与出口参数均是通过 A 传递的。参考程序如下:

```
      M EQU 31H
      ORG 0000H
START:MOV A,M            ;读取数值a
      LCALL SQUARE       ;调用子程序求得a²
      MOV 30H,A          ;将a²暂存于30H单元
      MOV A,M+1          ;读取数值b
```

```
    ADD A,30H           ;A=b²+a²
    MOV M+2,A           ;保存结果
    SJMP $
SQUARE:MOV B,A          ;进行乘法运算,由于积不超过 8 位数,
    MUL AB              ;乘积的有效值部分在 A 中
    RET
    END
```

例 5.9 利用子程序结构,编程实现片内 30H~33H 单元,40H~45H 单元,50H~58H 单元清 0。

解:R0 作为子程序的入口地址,指向操作数据区。R7 寄存器作为计数器控制子程序循环次数。参考程序如下:

```
    ORG 0000H
START:MOV R0,#30H           ;设置指针寄存器
    MOV R7,#4               ;设置操作单元个数,作为计数器初始值
    LCALL CLEAR             ;调用清 0 子程序
    MOV R0,#40H
    MOV R7,#6
    LCALL CLEAR
    MOV R0,#50H
    MOV R7,#9
    LCALL CLEAR
    SJMP $
CLEAR:MOV @R0,#0            ;R0 做指针的单元清 0
    DJNZ R7,CLEAR           ;判断 R0 做指针的连续单元清 0 是否完成
    RET
    END
```

一般来说,当相互传递的数据较少时,采用寄存器传递方式可以获得较快的传递速度,当传递的数据较多时,宜采用存储器传递;如果是子程序嵌套,宜采用堆栈方式。

5.3 C51 程序设计

采用高级语言程序编程,对系统硬件资源的分配比汇编语言简单,程序的阅读、修改和移植更容易,适合于编写规模较复杂的程序,尤其适合编写运算量较大的程序。

C51 是在 ANSI C 基础上,根据 51 单片机的特点开发的专门用于 51 及 51 兼容单片机的 C 语言。C51 在功能、结构上以及可读性、可移植性、可维护性,相比汇编语言,都有

非常明显的优势。目前最先进、功能最强大、国内用户最多的 C51 编译器是 Keil Software 公司推出的 Keil C51，所以一般说 C51 就是 Keil C51。

C 语言程序设计作为普通高校理、工科专业学生的必修课，同学们在学习单片机时已有了良好的 C 语言程序设计能力，有关 C 语言程序设计的基础内容，在此就不再赘述。下面结合 51 单片机的特点，针对 C51 的一些新增特性介绍 C51 程序设计。

5.3.1　C51 基础

标识符是用来标识源程序中的某个对象的名字，这些对象可以是语句、数据类型、函数、变量、常量、数组等。

一个标识符由字符串、数字和下划线组成，第一个字符必须是字母和下划线，通常以下划线开头的标识符是编译系统专用的，因此在编写 C 语言程序时一般不使用以下划线开头的标识符，而将下划线用作分段符。C51 编译器在编译时，只对标识符的前 32 个字母编译，因此在编写源程序时标识符的长度不要超过 32 个字符。在 C 语言程序中，区分字母的大小写。

关键字是编程语言保留的特殊标识符，也称为保留字，它们具有固定名称和含义。在 C 语言的程序编写中，不允许标识符与关键字相同。ANSI C 标准一共规定了 32 个关键字，如表 5.1 所示。

表 5.1　ANSI C 规定的关键字

关键字	类型	作用
auto	存储种类说明	用于说明局部变量，默认值为此
break	程序语句	退出最内层循环体
case	程序语句	switch 语句中的选择项
char	数据类型说明	单字节整形数据或字符型数据
const	存储类型说明	在程序执行过程中不可更改的常量值
continue	程序语句	转向下一次循环
default	程序语句	switch 语句中的失败选择项
do	程序语句	构成 do-while 循环结构
double	数据类型说明	双精度浮点数
else	程序语句	构成 if-else 选择结构
enum	数据类型说明	枚举
extern	存储种类说明	在其他程序模块说明了的全局变量
float	数据类型说明	单精度浮点数
for	程序语句	构成 for 循环结构
goto	程序语句	构成 goto 循环结构

（续表）

关键字	类型	作用
if	程序语句	构成 if-else 选择结构
int	数据类型说明	基本整型数据
long	数据类型说明	长整型数据
register	存储种类说明	使用 CPU 内部寄存器变量
return	程序语句	函数返回
short	数据类型说明	短整型数据
signed	数据类型说明	有符号数据
sizeof	运算符	计算表达式或数据类型的字节数
static	存储种类说明	静态变量
struct	数据类型说明	结构类型数据
switch	程序语句	构成 switch 选择结构
typedef	数据类型说明	重新定义数据类型定义
union	数据类型说明	联合类型数据
unsigned	数据类型说明	无符号数据
void	数据类型说明	无类型数据
volatile	数据类型说明	该变量在程序执行中可被隐含地改变
while	程序语句	构成 while 和 do-while 循环结构

Keil C51 编译器还根据 51 单片机的特点扩展了相关的关键字。（见表 5.2）

表 5.2　Keil C51 编译器扩展的关键字

关键字	类型	作用
bit	位标量声明	声明一个位标量或位类型的函数
sbit	可寻址位声明	定义一个可位寻址变量地址
sfr	特殊功能寄存器声明	定义一个特殊功能寄存器(8 位)地址
sfr16	特殊功能寄存器声明	定义一个特殊功能寄存器(16 位)地址
data	存储类型说明	直接寻址的单片机内部数据存储器(00H～7FH,128B)
bdata	存储类型说明	可位寻址的单片机内部数据存储器(20H～2FH,16B)
idata	存储类型说明	间接寻址的单片机内部数据存储器，由 MOV@Ri 访问，(00H～FFH,256B)
pdata	存储类型说明	分页寻址的单片机外部数据存储器，由 MOVX @Ri 访问，(00H～FFH,256B)

（续表）

关键字	类型	作用
xdata	存储类型说明	片外数据存储器，由 MOVX @DPTR 访问，(0000H～FFFFH，64KB)
code	存储类型说明	单片机程序存储器，由 MOVC A，@A＋DPTR 访问，(0000H～FFFFH，64KB)
interrupt	中断函数声明	定义一个中断函数
reentrant	再入函数声明	定义一个再入函数
using	寄存器组定义	定义 8051 单片机使用的工作寄存器组

1. C51 数据类型

Keil C51 编译器支持的数据类型如表 5.3 所示。

表 5.3　Keil C51 编译器支持的数据类型

数据类型	字节数	位数	值域
unsigned char	1	8	0～255
signed char	1	8	－128～＋127
unsigned int	2	16	0～65535
signed intp	2	16	－32768～＋32767
unsigned long	4	32	0～4294967295
signed long	4	32	－2147483648～＋2147483647
float	4	32	±1.175494E-38～±3.402823E＋38
*	1～2	8～16	对象的地址
bit	1 位	1	0 或 1
sfr	1	8	0～255
sfr16	2	16	0～65535
sbit	1 位	1	0 或 1

(1) 数据类型说明

① char 字符类型。有无符号和有符号之分，默认的是有符号数，即 signed char 数据类型，其字节的最高位表示数据的正负，数据格式为补码形式，所表示的数值范围－128～＋127，而 unsigned char 所表示的数值范围：0～255。

② int 整型。有无符号和有符号之分，默认的是有符号数，即 signed int，长度为 2 个字节，数据格式仍然为补码形式，所表示的数值范围－32768～＋32767，而 unsigned int 所表示的数值范围：0～65535。

③ long 长整型。有无符号和有符号之分，默认的是有符号数，即 signed long，长度为

4 个字节。

④ float 浮点型。它是符合 IEEE-754 标准的单精度浮点型数据。Float 浮点型数据占用 4 个字节，其存放格式如表 5.4 所示：

表 5.4 存放格式

字节(偏移)地址	+3	+2	+1	+0
浮点数内容	SEEEEEEE	EMMMMMMM	MMMMMMMM	MMMMMMMM

其中：

S 为符号位，存放在最高字节的最高位。“1”表示负数，“0”表示正数。

E 为阶码，占用 8 位，E 值是以 2 为底的指数再加上偏移量 127，这样处理的目的是避免出现负的阶码，而指数是可正可负的。阶码 E 的正常取值范围是 1～254，而实际指数的取值范围是：-126～+127。

M 为尾数的小数部分，用 23 位表示，是规格化的纯小数。

⑤ 指针型。此变量中存放的是指向另一个变量的地址，在 Keil C51 中，指针变量的长度一般为 1～2 字节。如“char * pt”是一个字符型指针变量。在定义指针变量时，在“ * ”前面冠以数据类型符号。

⑥ bit 位变量。这是 C51 编译器的一种扩充数据类型，利用它可以定义一个位标量。

⑦ sfr 定义特殊功能寄存器。这是 C51 编译器的一种扩充数据类型，利用它可以访问单片机内部所有的特殊功能寄存器。其取值范围 00H～FFH。

⑧ sfr16 定义 16 位的特殊功能寄存器。这是 C51 编译器的一种扩充数据类型。其取值范围 0000H～FFFFH。

⑨ sbit 定义可寻址位。这是 C51 编译器的一种扩充数据类型，利用它可以访问单片机内部 RAM 中的可寻址位和特殊功能寄存器的可寻址位。

(2) 变量的数据类型选择原则

① 若能预算出变量的取值范围，则根据变量长度选择，尽量减少变量的长度。

② 若程序中不需要使用负数，则选择无符号数类型的变量。

③ 若程序中不需要使用浮点数，则要避免使用浮点数变量。

(3) 数据类型之间的转换。在 C 语言的表达式或变量的赋值运算中，有时会出现运算对象类型不一样的情况，C 语言程序允许在标准数据类型之间隐式转换，隐式转换按由低到高的优先级别自动进行：

bit→char→int→long→float→signed→unsigned

如果默认的数据转换不能满足设计要求，必须利用数据类型强制转换保证运算结果的正确性。

2. C51 的变量

在使用一个变量或常量之前，必须先对该变量或常量进行定义，指出它的数据类型和存储器类型,以便编译系统为它们分配相应的存储单元。

在C51中对变量的定义格式:

[存储种类] 数据类型 [存储器类型] 变量名表

1　auto　int　　data　x;

2　　　　char　code　y=5;

其中存储种类、存储器类型是可选项,默认的存储种类是auto(自动);如果省略存储器类型,则按Keil C编译器编译模式SMALL、COMPACT、LARGE所规定的默认的存储器的存储区域。变量定义时可以赋初始值。

(1) 变量的存储种类有4种,分别是:auto(自动)、extern(外部)、static(静态)、register(寄存器)。

(2) 变量的存储器种类。Keil C编译器完全支持8051系类单片机的硬件、可以访问单片机硬件系统的各个部分,对于各个变量可以准确地赋予其存储器类型,使之在单片机存储器内准确定位。Keil C编译器支持的存储器类型见表5.5。

表5.5　Keil C51编译器支持的存储器类型

关键字	说明
data	变量存储在直接寻址的单片机内部数据存储器低128B,访问速度最快(00H~7FH,128B)
bdata	变量存储在20H~2FH,采用直接寻址,可位或字节操作(20H~2FH,16B)
idata	变量存储在间接寻址的单片机内部数据存储器,由MOV@Ri访问,(00H~FFH,256B)
pdata	变量存储在分页寻址的单片机外部数据存储器,由MOVX @Ri访问,(00H~FFH,256B)
xdata	变量存储在片外数据存储器,由MOVX @DPTR访问,(0000H~FFFFH,64KB)
code	变量存储在单片机程序存储器,由MOVC A,@A+DPTR访问,(0000H~FFFFH,64KB)

(3) Keil C编译器的编译模式与默认存储器类型

①SMALL。变量被定义在单片机内部RAM区(data),这种变量的访问速度最快。所有对象,包括堆栈都必须嵌入内部数据存储器。

②COMPACT。变量被定义在外部RAM区(pdata),外部数据段长度可达256字节,通过MOVX @Ri寄存器间址访问实现。

③LARGE。变量被定义在外部RAM区(xdata),外部数据段长度可达64K字节,通过MOVX @DPTR寄存器间址访问实现,访问效率不高。

3. 51单片机SFR变量的定义

传统8051单片机的21个特殊功能寄存器零散地分布在片内RAM的高128字节。为了能直接访问这些SFR,C51编译器扩充了关键字sfr和sfr16,利用这两个关键字可以在C语言源程序中直接对SFR进行定义。Keil C编译器包含了单片机厂商编写的特殊功能寄存器头文件，用户只需在编程开始包含相应单片机的头函数即可。如传统8051单片机的头函数reg51.h。

在8051单片机编程中，要经常访问特殊功能寄存器中的某些位，Keil C编译器提供了sbit关键字，利用sbit可以对特殊功能寄存器中的位寻址变量进行定义，常用的定义方法：

sbit 位变量名称＝特殊功能寄存器名^位位置。是用于已经在头函数中定义的特殊功能寄存器位变量的定义，位位置值为0～7.例如，

```
sbit LED0=P2^0;     //定义发光二极管LED0,它是P2口的最低位
sbit KEY0=P1^0;     //定义按键KEY0,它是P1口的最低位
```

4. 中断服务函数

(1) 中断服务函数定义的一般形式

void 函数名()interrupt n [using m]

中断函数也称为中断服务程序、中断例程等。中断函数设计是单片机C语言程序设计技术中的重要内容。其中，中断号由关键字interrupt设置，对于8051单片机，n 的取值范围0～4。编译器从 $8n+3$ 处产生中断向量，具体中断号 n 和中断向量取决于不同的单片机。8051单片机中断源的中断号与中断向量如表5.6所示。

表5.6　8051单片机中断源的中断号与中断向量

中断源	中断号 n	中断向量 $8n+3$
外部中断0	0	0003H
定时器/计数器中断0	1	000BH
外部中断1	2	0013H
定时器/计数器中断1	3	001BH
串行口中断	4	0023H

关键字using用于选择寄存器组，m 为对应寄存器的组号，取值为0～3。这项为可选项，如果没有使用using关键字指明寄存器组，中断函数中的所有工作寄存器将被保存到堆栈中。

(2) 中断函数的编写规则

① 中断函数不能进行参数传递，如果中断函数中包含任何参数声明都将导致编译出错。

② 中断函数没有返回值，如果企图定义一个返回值将得到不正确的结果。因此，最好将中断函数定义为void无返回值类型。

③ 在任何情况下不能调用中断函数，否则会产生编译错误。因为中断函数的返回是

由 RETI 返回指令完成的，RETI 指令影响单片机的硬件中断系统。

④ 如果一般函数 Function1 和中断函数 INT_Fx 都可能调用同一个函数 Comm1，那么 Comm1 必须设置为可重入。虽然这种调用并非递归调用，因为 Function1 正在调用 Comm1 时，中断事件的发生会使中断函数 INT_Fx 打断 Function1 对它的调用，这时 Comm1 必须具有保护现场的能力，因此 reentrant 关键字是必需的。

中断调用了其他函数，则被调用函数所使用的寄存器组必须与中断函数相同。

5. 可重入函数

在 ANSI C 中调用函数时，函数参数及局部变量将被压栈，但由于 8051 单片机内部堆栈空间有限，为提高效率，Keil C51 没有默认提供这种堆栈方式，它为每个函数设置固定空间，用于存放局部变量。所以普通 Keil C51 函数不能被递归调用，函数重入时，此前的参数值和局部变量将被覆盖。如果编写的单片机 C51 函数必须重入，则需要在函数名称后添加 reentrant 关键字。如下所示

```
void Comm1(形参列表)reentrant
{
//局部变量;
//函数代码;
}
```

5.3.2 C51 程序设计

1. C51 程序框架

C51 程序的基本组成部分：预处理部分；全局变量定义与函数声明；主函数；子函数与中断服务函数。

(1) 预处理。所谓编译预处理，是编译器在对 C 语言源程序进行正常编译之前，先对一些特殊的预处理命令做解释，产生一个新的源程序。编译预处理主要是为程序调试、程序移植提供便利。

在源程序中为了区分预处理命令和一般 C 语句的不同，所有预处理命令行都以符号“#”开头，并且结尾不用分号。预处理命令可以出现在程序的任何位置，但习惯上尽可能写在源程序的开头，其作用范围从其出现的位置到文件结尾。

C 语言提供的预处理命令主要有：文件包含、宏定义、条件编译。

包含文件实际就是一个源程序文件可以包含另外一个源程序文件的全部内容。可以包含头文件和用户自己编写的源程序文件。reg51.h 是有关 51 单片机特殊功能寄存器地址以及位地址定义的头文件，相应单片机官网都会随时更新提供不同型号的单片机头文件，用户下载保存即可使用；也可以在 reg51.h 头文件中对新型单片机新增 SFR 进行补充定义。

Keil C51 编译器提供了许多库函数，这些库函数的灵活调用可以大大减少程序编写工作量，提高系统开发效率。在程序的预处理命令处利用 include 命令即可，格式：

#include<文件名>或#include"文件名"

库函数名用<>尖括号括起来，系统将到包含 C 语言库函数的头文件所在目录中寻找(KEIL 安装目录中的 include 子目录)；文件名用双引号括起来，系统先在当前目录寻找，若找不到，再到其他路径中寻找。

常用的库函数如表 5.7 所示。

表 5.7　Keil C51 常用库函数

头文件名称	函数类型	头文件名称	函数类型
CTYPL. H	字符函数	ABSACC. H	绝对地址访问函数
STDIO. H	一般 IO 函数	INTRINS. H	内部函数
STRING. H	字符串函数	STDARG. H	变量参数表
STDLIB. H	标准函数	SETJMP. H	全程跳转
MATH. H	数学函数		

包含文件的包含命令为多个源程序的组装提供了方便。在编写程序时，习惯上将公共的符号常量定义、数据类型定义和 extern 类型的全局变量说明构成一个源文件，保存成".H"文件。其他文件用到这些说明只需包含该文件即可，既减少了编程工作量，又便于程序的修改和调试。

(2) 宏定义。分为带参数的宏定义和不带参数的宏定义。

① 不带参数的宏定义一般格式：

#define 标识符 字符串

在编译与处理时，将源程序中的所有标识符替换成字符串。当需要修改某元素时，只要直接修改宏定义即可，无须修改源程序中所有出现该元素的地方。提高了程序的可读性、便于程序的调试与移植。

② 带参数的宏定义一般格式：

#define 标识符(参数列表)字符串

在编译与处理时，将源程序中的所有标识符替换成字符串，并将字符串中的参数用实际使用的参数替换。比如

#define S(a,b) (a*b)/2

若程序中使用了 S(3,4)，在编译预处理时将替换为(3*4)/2。

(3) 条件编译。条件编译命令允许对程序中的内容选择性地编译，即根据一定的条件选择是否编译。方便程序的调试和移植。

2. 全局变量和函数声明

(1) 全局变量的定义。全局变量是指在程序开始处或各个功能函数的外面所定义的变量,在程序开始处定义的变量在整个程序中有效,可供程序中所有的函数共同使用;在各个功能函数外面定义的全局变量只对定义处开始往后的各个函数有效,即从定义开始处往后的各个功能函数可以使用该变量。

若有些变量是整个程序都需要使用的,比如八段数码管的字型码或位控码,在整个程序中都有效,就应该在程序开始处定义。

(2) 函数声明。一个 C 语言程序包含多个不同功能的函数,一个 C 语言程序中只能包含,并且必须包含一个 main()主函数。主函数的位置可以在其他功能函数的前面,也可以在其他功能函数的后面。当功能函数在主程序后面时,必须先声明,这样主程序才能调用该功能函数。一般功能函数的声明都放在前面。如:

```
#include<reg51.h> //包含头函数
#define uchar unsigned char
#define uint unsigned int //宏定义
void delayms(uint x); //声明功能程序
void display(uchar dat);
uchar keyscan();
/*---------------主程序---------------*/
void main()
{
    //程序初始化
    while(1)
    {
        display(keyscan());
    }
}
/*---------------各个功能函数---------------*/
```

3. C51 程序设计举例

下面结合 51 单片机实例介绍有关常用语句和数组的编程。

例 5.10　实现单片机 P2 口(P2.0～P2.7 分别对应发光管 D1～D8)灌电流输出口控制的 8 只发光二极管的点亮,如图 5.3 所示。D1D8 点亮→D1D2D7D8 点亮→D1D2D3D6D7D8 点亮→全亮→全灭的循环点亮历程,每一点亮状态之间间隔 1s。系统主频 12MHz。

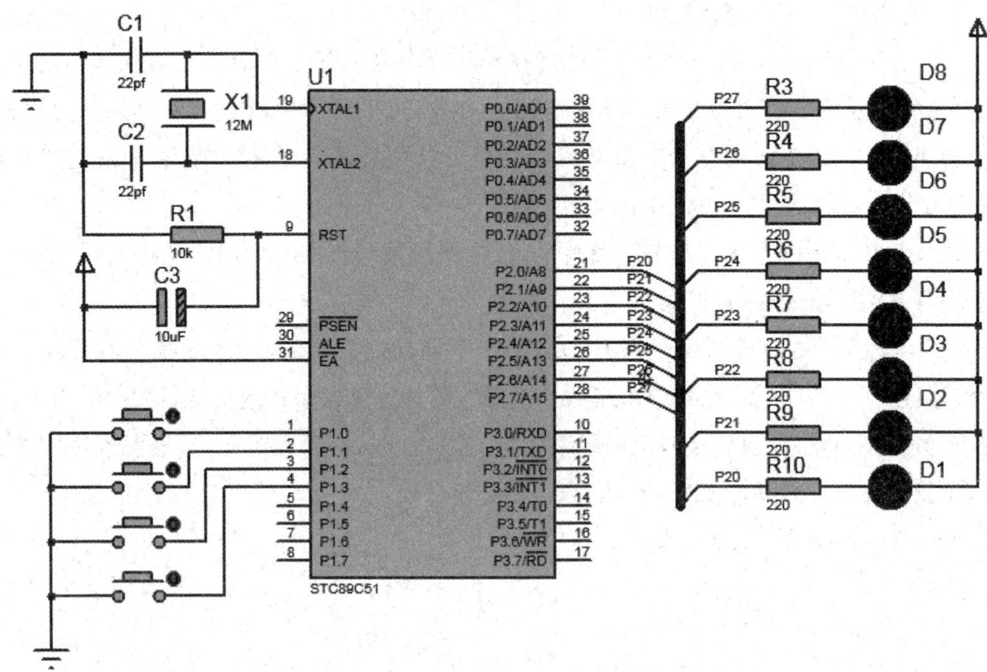

图 5.3　流水灯键盘电路原理图

这里用到了 for 循环语句，将发光二极管的点亮历程控制数据编制成了数组，在主程序中利用数组和循环，控制 P2 输出的 8 位数，从而控制 8 只发光二极管的点亮与熄灭。

参考程序如下：

```
#include<reg51.h> //包含头函数
#define uchar unsigned char
#define uint unsigned int //宏定义
uchar code tab[]={0x7e,0x3c,0x18,0x00,0xff};//控制发光二极管的命令码
void delayms(uint x)//有入口参数的 ms 延时函数
{
uint i,j;
for(i=x;i>0;i--)
    for(j=120;j>0;j--);
}
/*---------------主程序---------------*/
void main()
{
uchar i;
for(i=0;i<5;i++)
    {
    P2=tab[i]; //利用数组查表得到控制发光管点亮熄灭的控制码
```

```
    delayms(1000); //延时 1s
    }
}
```

例 5.11 如图 5.3 所示，用 4 个按键控制 8 只 LED 灯。K1 按下 D1D2 点亮，K2 按下 D3D4 点亮，K3 按下 D5D6 点亮，K4 按下 D7D8 点亮。

这里用到了带有返回值的子程序的编写，设计了键盘扫描子程序，主程序利用 while 循环实现了键盘扫描，根据键值不同实现多路分支，控制不同的发光二极管点亮。重点是 switch 多路分支语句的应用。参考程序如下：

```
#include<reg51.h> //包含头函数
#define uchar unsigned char
#define uint unsigned int //宏定义
uchar keyscan();
void delayms(uint x)//有入口参数的 ms 延时函数
{
uint i,j;
for(i=x;i>0;i--)
    for(j=120;j>0;j--);
}
/*--------------主程序--------------*/
void main()
{
while(1)
{
    switch(keyscan())
    {
        case 1:P2=0xfc;break; //K1 按下,D1D2 点亮
        case 2:P2=0xf3;break; //K2 按下,D3D4 点亮
        case 3:P2=0xcf;break; //K3 按下,D5D6 点亮
        case 4:P2=0x3f;break; //K4 按下,D7D8 点亮
    }
    }
}
/*--------------键盘扫描子程序程序--------------*/
  uchar keyscan()
  {
    uchar key;
```

```
        if(P1! =0xff)
        {
          delayms(10); //延时消抖
          if(P1! =0xff)
          {
            switch(P1)
            {
              case 0xfe:key=1;break;
              case 0xfd:key=2;break;
              case 0xfb:key=3;break;
              case 0xf7:key=4;break;
            }
          while(P1! =0xff); //键盘松手检测
          }
          return key; //如果有按键按下,返回具体键值
        }return key=0; //如果没有按键按下,返回键值为 0
    }
```

例 5.12 利用软件延时、动态扫描显示电路,实现 1234 固定数值的显示。电路如图 5.4 所示。

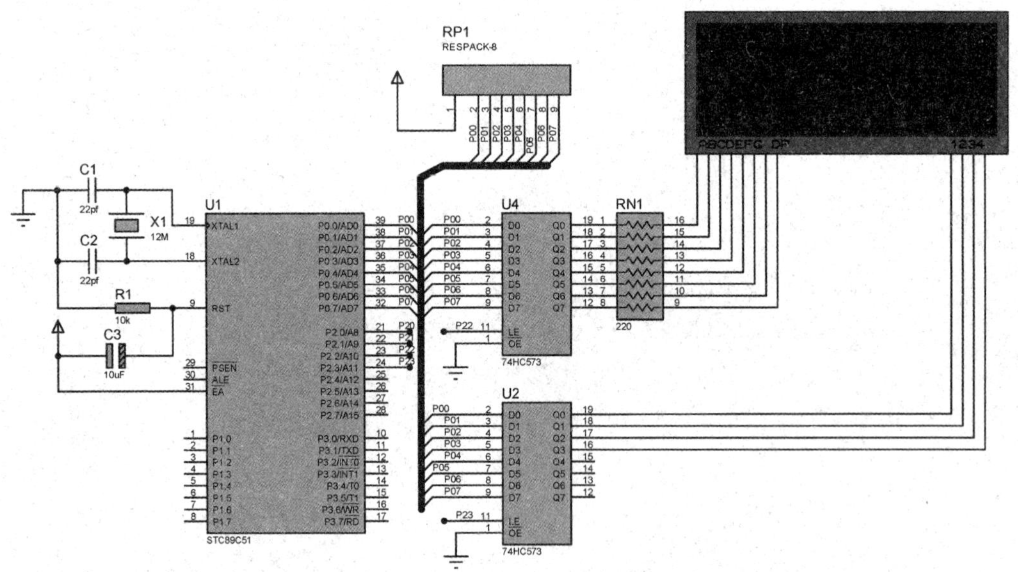

图 5.4 动态扫描显示电路

八段数码管的动态扫描显示原理在第 7 章有详细介绍。这里主要是学习如何将显示的数值进行逐位拆分,再逐位扫描显示。参考程序如下:

```
#include<reg51.h> //包含头函数
#define uchar unsigned char
#define uint unsigned int //宏定义
sbit WK=P2^3;
sbit DK=P2^2;
uchar code ledcode[]={0x3f,0x06,0x5b,0x4f,0x66,0x6d,0x7d,0x07,0x7f,0x6f};//0～9 的共阴型
字型码
void display(uint dat);
void delayms(uint x)//有入口参数的 ms 延时函数
{
uint i,j;
for(i=x;i>0;i--)
    for(j=120;j>0;j--);
}
/*---------------主程序---------------*/
void main()
{
    display(1234);
}
/*---------------显示子程序,入口参数为要显示的数据---------------*/
void display(uint dat)
{
DK=0;WK=0;P0=0xfe;DK=0;WK=1; //送千位位控码
DK=0;WK=0;P0=ledcode[dat/1000];DK=1;WK=0; //送显千位的字型码
delayms(5);

DK=0;WK=0;P0=0xfd;DK=0;WK=1; //送百位位控码
DK=0;WK=0;P0=ledcode[dat%1000/100];DK=1;WK=0; //送显百位的字型码
delayms(5);

DK=0;WK=0;P0=0xfb;DK=0;WK=1; //送十位位控码
DK=0;WK=0;P0=ledcode[dat%100/10];DK=1;WK=0;//送显十位的字型码
delayms(5);

DK=0;WK=0;P0=0xf7;DK=0;WK=1; //送个位位控码
DK=0;WK=0;P0=ledcode[dat%10];DK=1;WK=0; //送显个位的字型码
```

```
delayms(5);
}
```

本章小结

80C51 单片机的程序设计主要采用两种语言：汇编语言和高级语言(C51)。汇编语言生成的目标程序占用存储空间小，运行速度快，具有效率高、实时性强的特点，适合编写短小高效的实时控制程序。采用高级语言程序设计，对系统硬件资源的分配较用汇编语言简单，且程序的阅读、修改以及移植比较容易，适合编写规模较大的程序，尤其适合编写运算量较大的程序。

汇编语言源程序采用结构化程序设计、典型程序模块结构有顺序程序、分支程序、循环程序和子程序。

C51 是在 ANSI C 基础上，根据 51 单片机的特点进行扩展后的语言，主要增加了特殊功能寄存器与可位寻址的特殊功能寄存器寻址位进行地址定义的功能(sfr、sfr16、sbit)、指定变量的存储类型以及中断服务函数等功能。常用 C 语言语句有 if 语句、for 语句、while 语句、switch 语句等。

习题 5

5.1 试编写程序，完成片内 M 单元开始的 10 个无符号数的累加和，并将结果存放到最后一个加数的紧邻存储单元。设最终累加和不超过 255。

5.2 试编写程序，将片内 RAM 31H 单元开始的字符串传送到片外扩展 RAM 2000H 开始的存储空间，字符串以回车符结束。并将字符串中数字 0 的个数统计出来放到片内 30H 单元。(回车符的 ASCII 码为 0DH，数字 0 的 ASCII 码为 30H)

5.3 试编程实现，将片内 RAM 从 buffer 单元开始的一组无序排列的正数中，找出其中最大的数。这组数以－5 为结束符。

5.4 假设系统晶振频率为 12MHz，执行下列程序后，在 P1.7 引脚输出的方波的周期是多少？

```
      SETB P1.7
LOOP: MOV 30H, #200
DEL:  MOV 31H, #100
      DJNZ 31H, $
      DJNZ 30H, DEL
      CPL P1.7
      SJMP LOOP
```

5.5 编程实现比较两个 ASCII 码字符串是否相等。字符串的长度在片内 RAM 41H

单元中，第 1 个字符串的首地址为 42H，第 2 个字符串的首地址为 52H。若两个字符串相等，则置内部 RAM 20H 单元为 FFH；不相等，则置内部 RAM 20H 单元为 00H。

5.6 假定 a,b,c 3 个数分别存放于内部 RAM 的 DA1、DB1、DC1 单元中。请编写平方运算子程序，通过调用平方子程序实现 $c=a^2+b^2$。

5.7 在 C 语言函数中，哪个函数是必需的？

5.8 当主函数与子函数在同一程序文件时，调用时应注意什么？当主函数与子函数不在同一程序文件时，调用时有什么要求？

5.9 函数的调用方式有哪三种，请举例说明。

5.10 全局变量与局部变量的区别是什么？如何定义全局变量与局部变量？

5.11 Keil C 编译器与 ANSI C 相比，多了哪些数据类型？各举例说明，举例说明如何定义特殊功能寄存器的位变量类型数据。

5.12 Keil C 编译器支持哪些存储器类型？Keil C 编译器的编译模式与默认存储器类型的关系是怎样的？在实际应用中，最常用的编译模式是什么？

5.13 数据类型隐式转换的优先顺序是什么？

5.14 说明下列语句实现的功能。

(1)
```
unsigned char m,n;
bit k;
k=(bit)(m+n);
```

(2)
```
#define uint unsigned int
uint x,y,z;
z=(x<y)? x:y;
```

(3)
```
#define uchar unsigned char
uchar temp;
P1=0xff;
temp=P1&0xff;
if(temp! =0xff)
```

(4)
```
#define uchar unsigned char
uchar temp;
P1=0xff;
temp=P1;
switch(temp){
case 0xfe:…;break;
case 0xfd:…;break;
}
```

(5)
```
#define uint unsigned int
```

```
uint x,y;
for(x=5;x>0;x--);
for(y=10;y>0;y--);
```

(6)
```
#define uint unsigned int
uint x,y;
for(x=5;x>0;x--)
   for(y=10;y>0;y--);
```

5.15 利用软件延时实现 8 只发光二极管任意点亮历程的控制。利用开发软件实现任务要求的硬件电路、程序设计与调试。

5.16 用单片机的一个端口接有自锁功能的按键(K1～K8)输入数据,一个端口做输出接 8 只 LED 灯(LED1～LED8)。编程实现 Kn 按键按下,对应的 LEDn 点亮或熄灭(改变原有状态)。

(1) 用仿真软件画出硬件电路图;(2)画出程序框图;(3)分别用汇编语言和 C51 编程程序实现题目要求。

第6章　80C51单片机的中断系统与定时器

中断系统既包括硬件部分也包括软件部分。中断技术是计算机灵活、高效工作的保证。现代计算机中操作系统实现的管理调度，其物质基础就是丰富的中断功能和完善的中断系统。一个CPU资源要面向多个任务，中断技术是解决资源竞争的有效方法，所以中断技术实质上是一种资源共享技术。中断技术的出现使得计算机的发展和应用大大地推进了一步，中断功能的强弱已成为衡量一台计算机功能完善与否的重要指标。

单片机所具有的复杂实时控制功能与中断技术密不可分，面对控制对象随机发出的中断请求，单片机必须做出快速响应并及时处理，以使被控对象保持在最佳工作状态，达到预定的控制效果。所以中断技术对单片机来说显得更为重要。

6.1　中断系统概述

6.1.1　中断系统的几个概念

1. 中断

所谓中断是指程序执行过程中，允许外部或内部事件通过硬件打断程序的执行，使其转向为处理外部或内部事件的中断服务程序中去，完成中断服务程序后，CPU返回继续执行被打断的程序。如图6.1所示为中断响应过程示意图，一个完整的中断包括4个步骤：中断请求、中断响应、中断服务、中断返回。

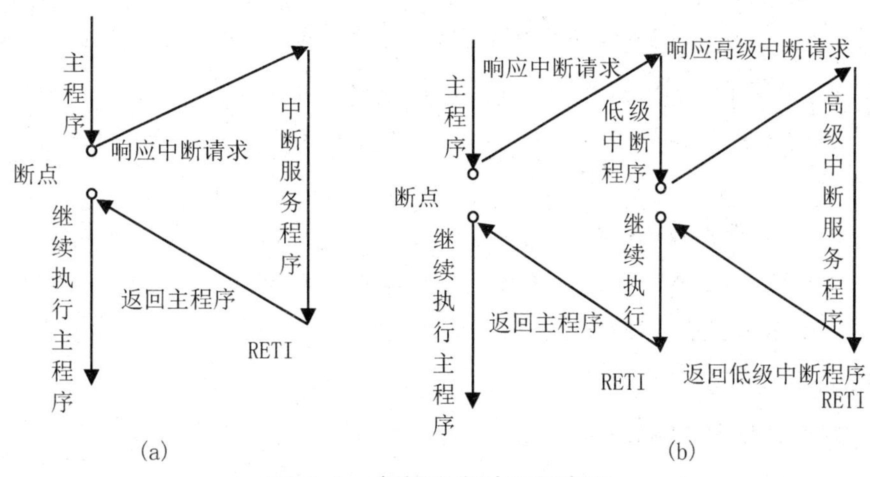

图6.1　中断响应过程示意图

比如，你正在家中复习功课（主程序在执行），电话铃响了（中断请求），此时你在书上做了一个记号（断点地址，即返回地址），暂停学习，去接电话（响应中断），接着处理“电话请求”（服务中断），然后静下心来（恢复中断前状态），接着复习功课（中断返回）……

2. 中断源

引起 CPU 中断的原因即为中断源。中断源向 CPU 提出的处理请求，即为中断请求。中断源通常是计算机在运行程序时会发生一些可预测或不可预测的随机事件。这些随机事件包括：

(1) 与计算机“并行”工作的输入/输出设备发出的中断请求，以进行数据传送；

(2) 硬件故障、运算错误及程序出错时产生的中断请求，以进行故障报警和程序监测；

(3) 当对运行中的计算机进行干预时，通过键盘输入的命令，以进行人机联系；

(4) 来自被控对象的中断请求，以实现自动控制。

3. 中断优先级

当有几个中断源同时申请中断时，那么就存在 CPU 先响应哪个中断请求的问题。为此，中断系统要对各个中断源确定一个优先等级，即中断优先级。CPU 优先响应中断优先级高的中断请求。

4. 中断嵌套

中断优先级高的中断请求可以中断 CPU 正在服务的低优先级中断，等中断优先级高的中断服务程序结束后，再返回被打断的低优先级中断服务程序，即中断嵌套，如图 6.1(b)所示。

6.1.2 中断的技术优势

(1) 解决了快速 CPU 与慢速外设之间的矛盾，可使 CPU 与慢速外设并行工作。由于应用系统的许多外设速度较慢，可以通过中断的方法来协调快速 CPU 与慢速外部设备之间的工作，提高 CPU 的效率。

(2) 可及时处理控制系统中许多随机参数和信息。依靠中断技术能实现实时控制，实时控制要求计算机能及时完成被控对象随机提出的分析和计算服务。在自动控制系统中，要求各控制参量可在任何时刻随机地向计算机发出请求，CPU 必须做出快速响应及时处理。

(3) 具备了处理故障的能力，提高了机器自身的可靠性。由于外界的干扰、硬件或软件设计中存在问题等因素，在实际运行中会出现硬件故障、运算错误、程序运行故障等，有了中断技术，计算机就能及时发现故障并自动处理。

(4) 实现人机联系。

6.1.3 中断系统需要解决的问题

中断技术依赖于中断系统的完善性，一个中断系统需要解决的问题主要有：

（1）当有中断请求时，需要一个寄存器能把中断源的中断请求记录下来。

（2）能够对中断请求信号进行屏蔽，灵活地对中断请求信号实现屏蔽与允许的管理。

（3）当有中断请求时，CPU 能及时响应中断，停下正在执行的程序，自动转去处理中断服务子程序，中断服务处理后能返回断点继续处理原先的任务。

（4）当有多个中断源同时申请中断时，应能优先响应优先级高的中断源，实现对中断优先级的管理。

（5）当 CPU 正在执行低优先级的中断源中断服务程序时，若这时优先级比它高的中断源也提出了中断请求，要求能暂停执行低优先级中断源的中断服务程序转去执行更高优先级中断源的中断服务程序，实现中断嵌套，并能逐级正确返回原断点处。

6.2　80C51 单片机的中断系统

80C51 的中断系统比较简单，是其他单片机中断系统的基础，许多单片机的中断系统都是在此基础上发展起来的。

6.2.1　中断源与中断向量

如图 6.2 所示，80C51 单片机的中断系统有 5 个中断源，2 个优先级，可实现 2 级中断服务嵌套。有特殊功能寄存器中的定时器控制寄存器 TCON、串行口控制寄存器 SCON、中断允许寄存器 IE 控制 CPU 是否响应中断请求；由中断优先级寄存器 IP 控制各中断源的优先级；同一优先级内 2 个以上中断同时提出中断请求时，由内部的查询逻辑（即单片机固有的硬件优先级顺序）确定它们的响应次序。

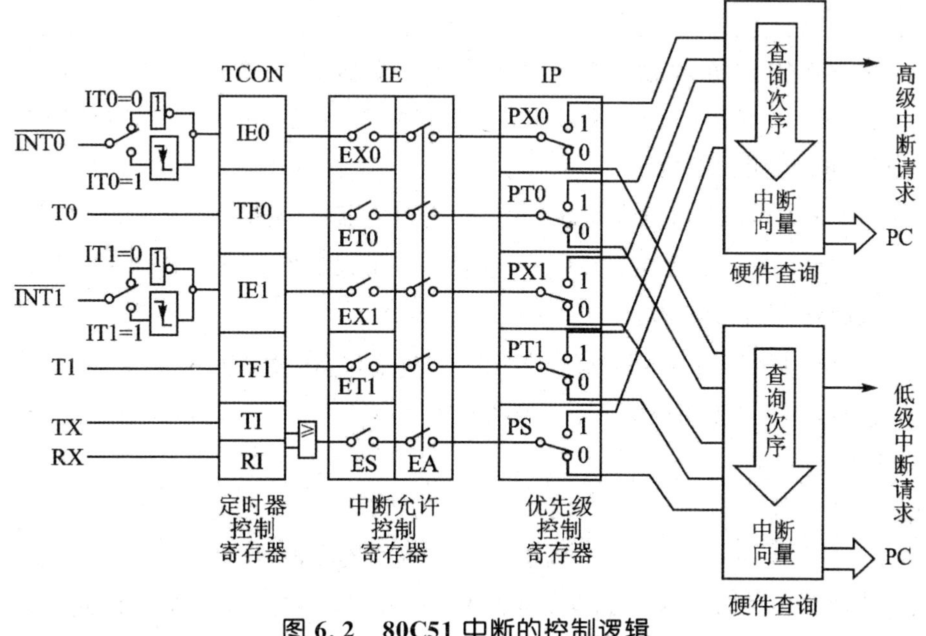

图 6.2　80C51 中断的控制逻辑

1. 中断源与中断向量

80C51 单片机有 5 个中断源，2 个外部输入中断请求，3 个内部中断。其中断向量和中断向量号如表 6.1 所示。各中断源及它们控制逻辑详述如下：

(1) 外部中断 0($\overline{INT0}$)：外部中断请求信号由 P3.2 引脚输入，通过 IT0 来设置中断请求的触发方式。当 IT0 为 1 时，外部中断 0 为下降沿触发；当 IT0 为 0 时，外部中断 0 为低电平触发。一旦输入有效的中断信号，其中断标志位 IE0 置 1，向 CPU 发出中断请求。只要其中断允许位 EX0 为 1，EA 中断总允许，CPU 就可以响应其中断请求。

(2) 外部中断 1($\overline{INT1}$)：外部中断请求信号由 P3.3 引脚输入，通过 IT1 来设置中断请求的触发方式。当 IT1 为 1 时，外部中断 1 为下降沿触发；当 IT1 为 0 时，外部中断 1 为低电平触发。一旦输入有效的中断信号，其中断标志位 IE1 置 1，向 CPU 发出中断请求。只要其中断允许位 EX1 允许，EA 中断总允许，CPU 就可以响应其中断请求。

表 6.1　80C51 的中断

中断名称	中断向量	中断向量号	硬件固有优先级
外部中断 0	0003H	0	最高 ↓ 最低
定时器 0 中断	000BH	1	
外部中断 1	0013H	2	
定时器 1 中断	001BH	3	
串行发送中断	0023H	4	
串行接收中断	0023H	4	

(3) 定时器/计数器 T0 溢出中断：当定时器/计数器 T0 计数产生溢出时，其中断请求标志位 TF0 置 1，向 CPU 发出中断请求。只要其中断允许位 ET0 允许，EA 中断总允许，CPU 就可以响应其中断请求。

(4) 定时器/计数器 T1 溢出中断：当定时器/计数器 T1 计数产生溢出时，其中断请求标志位 TF1 置 1，向 CPU 发出中断请求。只要其中断允许位 ET1 允许，EA 中断总允许，CPU 就可以响应其中断请求。

(5) 串行口中断：串行口接收完一串行帧时，标志位 RI 置 1，或发送完一串行帧时，标志位 TI 置 1，向 CPU 发出中断请求。只要其中断允许位 ES 允许，EA 中断总允许，CPU 就可以响应其中断请求。

2. 中断控制

80C51 单片机对中断的请求、中断响应、中断服务与中断返回的四个阶段提供给用户的控制手段即中断控制，这些控制主要分布在 4 个控制寄存器中，包括：中断允许寄存器、定时器控制寄存器、串行控制寄存器和中断优先级寄存器。中断的控制是通过硬件并配合软件的设置实现的。

(1) 中断请求标志位(表 6.2)

表 6.2 80C51 的中断请求标志位

	地址	B7	B6	B5	B4	B3	B2	B1	B0	复位值
TCON	88H	TF1	TR1	TF0	TR0	IE1	IT1	IE0	IT0	0000 0000
SCON	98H	SM0	SM1	SM2	REN	TB8	RB8	TI	RI	0000 0000

TCON 寄存器中的中断请求标志。TCON 为定时器 T0 和 T1 的控制寄存器,也是锁存 T0,T1 溢出的中断请求标志和外部中断 0 和 1 的中断请求标志等的特殊功能寄存器。

① IT0:外部中断 0 的中断触发方式控制位,软件设置。当 IT0=1 时,/INT0 引脚的输入为下降沿触发方式。这种方式下,当 CPU 检测到/INT0 引脚出现下降沿信号,则认为有中断请求,随即使 IE0 为 1。中断响应后,中断标志会自动清 0,无须作其他处理。

当 IT0=0 时,/INT0 引脚的输入为低电平触发方式。这种方式下,当 CPU 检测到/INT0 引脚出现低电平信号,则认为有中断请求,随即使 IE0 为 1。中断响应后,中断标志会自动清 0,无须作其他处理。

② IE0:外部中断 0 的中断请求标志位。当/INT0 引脚的输入符合中断触发要求时,置位 IE0,外部中断 0 向 CPU 申请中断。中断响应后中断请求标志自动清 0。

③ IT1:外部中断 1 的中断触发方式控制位。其操作与 IT0 相同。

④ IE1:外部中断 1 的中断请求标志位。其操作与 IE0 相同。

⑤ TF0:T0 溢出中断请求标志位。T0 启动计数后,从初始值开始加 1 计数,计数溢出后由硬件置位 TF0,同时向 CPU 提出中断请求,此标志一直保持到 CPU 响应中断后才由硬件自动清 0。也可由软件查询该标志位,并由软件清 0。

⑥ TF1:T1 溢出中断请求标志位。其操作功能与 TF1 相同。

SCON 寄存器中的中断请求标志。SCON 是串行口控制寄存器,其低 2 位为 RI 和 TI 锁存串行口的接收和发送中断请求标志。

① RI:串行口接收中断标志位。在串行接受允许时,每接收完一帧串行数据,硬件使 RI 置位。CPU 响应中断时不会清除 RI,必须由软件清除该标志位。

② TI:串行口发送中断标志位。CPU 将数据写入发送缓冲器 SBUF 时,就启动发送,每发送完一帧串行数据,硬件使 TI 置位。CPU 响应中断时不会清除 TI,必须由软件清除该标志位。

(2) 中断允许的控制

计算机中断系统按能否使用软件方法对中断加以屏蔽进行分类:有非屏蔽中断,可屏蔽中断。80C51 的所有中断都是可屏蔽类中断源。中断允许寄存器 IE 用于控制各中断源的开放与屏蔽,并设置有 2 级开关控制。如表 6.3 所示。

表 6.3　80C51 的中断允许控制位

	地址	B7	B6	B5	B4	B3	B2	B1	B0	复位值
IE	A8H	EA	--	--	ES	ET1	EX1	ET0	EX0	0000 0000

① EA:中断允许总控制位。EA=1,开放所有中断,各中断源的允许与禁止需要再通过相应的中断允许位单独加以控制;EA=0,禁止所有中断。

② EX0:外部中断 0(/INT0)中断允许位。此位为 1,允许外部中断 0 中断;此位为 0,禁止外部中断 0 中断。

③ ET0:定时器 0 中断允许位。此位为 1,允许 T0 中断;此位为 0,禁止 T0 中断。

④ EX1:外部中断 1(/INT1)中断允许位。此位为 1,允许外部中断 1 中断;此位为 0,禁止外部中断 1 中断。

⑤ ET1:定时器 1 中断允许位。此位为 1,允许 T1 中断;此位为 0,禁止 T1 中断。

⑥ ES:串行口中断允许位。此位为 1,允许串口中断;此位为 0,禁止串行口中断。

(3) 中断优先级的控制

中断优先级(Interrupt Priority)控制,即中断服务有先后之分。这种先后次序在中断响应和中断嵌套过程中都有体现。中断优先级控制寄存器 IP 可把 80C51 的中断源分为高、低两个优先等级。对应位为 1 表示高优先级,为 0 表示低优先级。如表 6.4 所示。

表 6.4　80C51 的中断优先级控制寄存器

	地址	B7	B6	B5	B4	B3	B2	B1	B0	复位值
IP	B8H	--	--	--	PS	PT1	PX1	PT0	PX0	0000 0000

① PX0:外部中断 0 优先级设定位。

② PT0:定时器 0 中断优先级设定位。

③ PX1:外部中断 1 优先级设定位。

④ PT1:定时器 1 中断优先级设定位。

⑤ PS:串行口中断优先级设定位。

系统复位后,IP=00H,所有中断源均设定为低优先级中断。几个同一优先级的中断源同时向 CPU 申请中断,CPU 通过内部硬件查询逻辑,按硬件固有的优先级顺序确定先响应哪个中断请求,即中断号越小中断优先等级越高。

6.2.2　80C51 单片机的中断响应

1. 中断响应

中断响应是 CPU 对中断源中断请求的响应,包括断点地址的保护和程序转向中断服务程序的入口地址。在每个指令周期的末尾,CPU 对各个中断源的中断源进行采样,并设置相应的中断标志位；CPU 在下一条指令周期的末尾按优先级顺序查询各中断标志位，如查到某个中断标志为 1，将在下一指令周期按优先级的高低顺序进行处理。

（1）中断响应时间。当中断源在中断允许的条件下发出中断请求后，CPU 肯定会响应中断，但若有下列情况存在，则中断响应将受到阻断，会不同程度地增加 CPU 响应中断的时间。

①CPU 正在执行同级或高级优先级的中断。

②正在执行 RETI 中断返回指令或访问与中断有关的寄存器的指令，如访问 IE 和 IP 的指令。

③当前指令未执行完。

(2)中断响应过程。中断响应过程包括保护断点和中断服务程序的入口地址给 PC。

CPU 响应中断时，将相应的优先级状态触发器置 1，然后由硬件自动产生一个长调用指令 LCALL，将断点地址压入堆栈保护，再将中断服务程序的入口地址给 PC，使程序转向相应的中断服务程序。

使用时，通常在这些中断入口地址处存放一条长跳转语句，使用户跳转到用户安排的中断服务程序的起始地址上去。比如，

```
ORG 000BH
LJMP TIMER0
```

其中，中断号是在 C51 编写中断函数时使用的，在中断函数中中断号与各中断源是一一对应的，不能混淆。比如，

```
void INT0_ISR( )interrupt 0{ } //外部中断 0 中断函数
void TIMER0_ISR( )interrupt 1{ } //定时器 0 中断函数
void INT1_ISR( )interrupt 2{ } //外部中断 1 中断函数
void TIMER1_ISR( )interrupt 3{ } //定时器 1 中断函数
void UART_ISR( )interrupt 4{ } //串行口通信中断函数
```

（3）中断请求的撤除问题。CPU 响应中断请求后即进入中断服务程序，在中断返回前，应撤除该中断请求，否则会引起重复响应中断而导致错误。80C51 单片机各中断源中断请求撤除的方法各不相同，分别为：

① 外部中断 0、外部中断 1 中断请求的撤除。无论外部中断采取边沿触发还是低电平触发方式，CPU 在响应中断后由硬件自动清除其中断标志位 IE0 或 IE1，无须采取其他措施。

② 定时器/计数器 0、定时器/计数器 1 中断标志的撤除。对于定时器/计数器 T0 或 T1 的溢出中断，CPU 在响应中断后即由硬件自动清除其中断标志位 TF0 或 TF1，无须采取其他措施。

③ 串行口中断请求的撤除。对于串行口中断，CPU 在响应中断后，硬件不会自动清

除中断标志位 RI 或 TI，必须在中断服务程序中，在判断出是 TI 还是 RI 引起的中断后，再用软件将其清除。

2．中断服务与中断返回

中断服务与中断返回是通过执行中断服务程序完成的。中断服务程序从中断入口地址开始执行，到返回指令“RETI”为止，一般包括四部分内容：保护现场，中断服务，恢复现场，中断返回。

保护现场：通常主程序和中断服务程序都会用到累加器 A、程序状态字寄存器 PSW 及其他一些寄存器，当 CPU 进入中断服务程序用到上述寄存器时，会破坏原来存储在寄存器中的内容，一旦中断返回，将会导致主程序混乱，因此进入中断服务程序后，一般要先保护现场，即用入栈操作指令将需要保护的寄存器内容压入堆栈。

中断服务：中断服务程序的核心部分，是中断源中断请求之所在。

恢复现场：在中断服务程序结束之后，中断返回之前，用出栈指令将保护现场中压入堆栈的内容弹回到相应的寄存器中，注意弹出顺序必须与压入顺序相反。

中断返回：中断返回是指中断服务完成后，计算机返回原来断开的位置（断点），继续执行原来的程序。中断返回由指令“RETI”来实现，该指令的功能是把断点地址从堆栈中弹出，送回到程序计数器 PC 中，此外还要通知中断系统已完成中断处理，并同时请求清除优先级状态触发器。故不能用子程序返回指令“RET”代替“RETI”。

编写中断服务程序时的注意事项：

（1）各中断源的中断入口地址之间只相隔 8 个字节，中断服务程序往往大于 8 个字节，因此常常在中断入口地址处放一条长跳转指令，转向存放在 ROM 区的中断服务程序。

（2）若要在执行当前中断程序时禁止其他更高优先级中断，需先关闭 CPU 中断允许，在中断返回前再开放中断。

（3）在保护和恢复现场时，为了不使现场数据遭到破坏或造成混乱，一般规定此时 CPU 不再响应新的中断请求，因此在编写中断服务程序时，要注意在保护现场前关闭中断，在保护现场后再打开中断。同样，在恢复现场前也应关闭中断，恢复之后再开中断。

6.2.3 80C51 中断应用举例

例 6.1 利用 INT0 中断按键，将连接到 P2 口的发光二极管循环点亮。电路原理如图 6.3 所示。

解：由题意可知，按键采用 INT0 中断，选择下降沿触发方式，设 LED 灯控制点亮的初始值为 FEH。汇编语言程序如下：

```
ORG   0000H
LJMP  MAIN
ORG   0003H
```

```
        LJMP  INT0_ISR
        ORG   0030H
    MAIN:
        MOV   A,#0FEH        ;设置 LED 灯起始控制信号
        SETB  IT0            ;设置 INT0 为下降沿触发方式
        SETB  EA             ;开放总中断允许
        SETB  EX0            ;开放 INT0 中断允许
        SJMP  $
INT0_ISR:                    ;外部中断 0 中断服务程序
        MOV   P2,A           ;输出点亮 LED 灯控制信号
        RL    A              ;控制信号左移,为下一次按键按下点亮下一个 LED 灯做准备
        RETI                 ;中断返回
        END
```

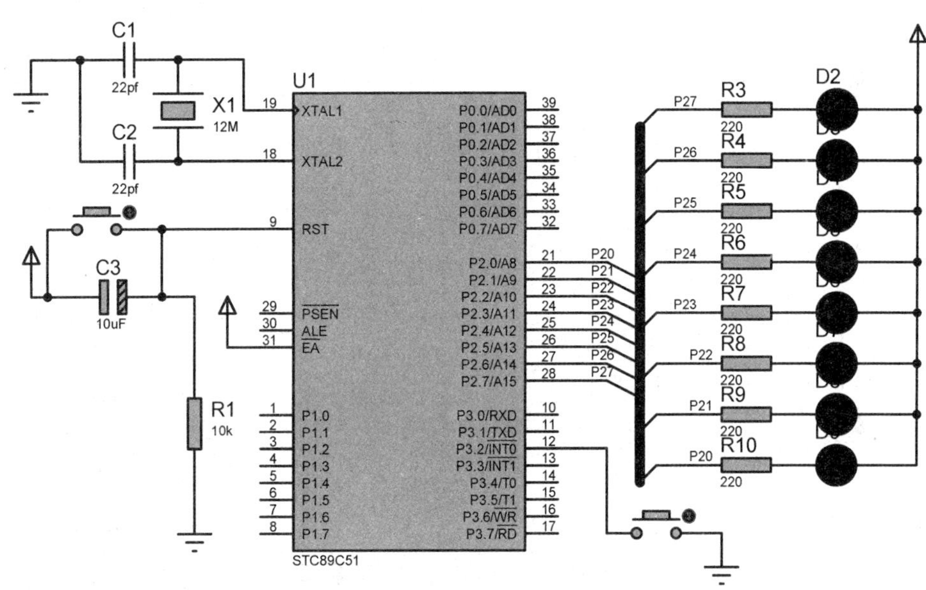

图 6.3　中断键盘控制 LED

C51 参考程序如下:

```
#include<reg51.h> //包含单片机的寄存器定义头函数
//包含 intrins.h 头函数,可以调用字符数字循环移位等库函数,空指令函数等
#include<intrins.h>
unsigned char a=0xfe;
void main(){
    IT0=1;
    EX0=1;
    EA=1; //INT0 中断初始化
```

```
    while(1); //等待中断
}
void INT0_ISR()interrupt 0{
    P2=a;
    a=_crol_(a,1); //对字符型变量 a 循环左移一位
}
```

6.3 80C51 单片机外部中断的扩展

80C51 单片机只有 2 个外部中断输入引脚,在实际应用中,若外部中断源数量超过 2 个时,则需要扩充外部中断源。

1. 利用外部中断加查询的方法扩展外部中断源

利用外部中断输入线($\overline{INT0}$ 或 $\overline{INT1}$ 引脚),每一中断输入线可以通过逻辑与的关系连接多个外部中断源,同时利用并行输入端口线作为多个中断源的识别线。

例 6.2 如图 6.4 所示,利用 4 中断键盘控制对应的 LED 灯点亮(可将按键理解为不同的故障,对应的小灯为不同故障指示灯)。K1～K4 分别控制 LED0～LED3 的点亮与熄灭,哪个按键按下,对应灯受控。这样相当于利用单片机的一个外部中断,扩展管理了 4 个外部中断源。

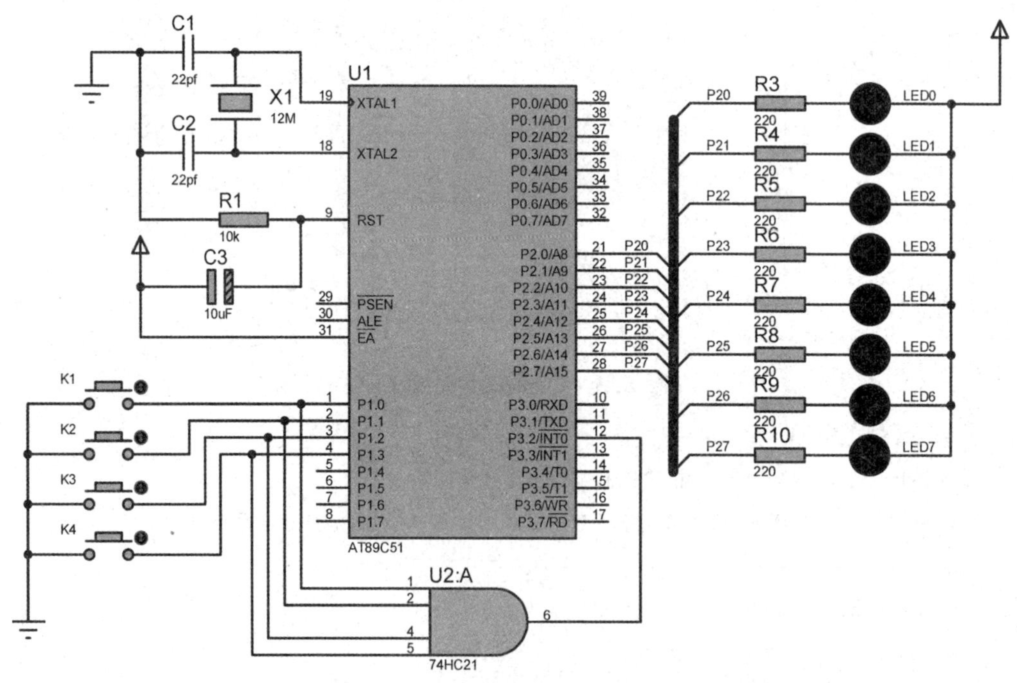

图 6.4 四中断键盘控制流水灯

由图 6.4 可知，4 个独立按键通过与门相与后输入 INT0 引脚，4 个按键有一个或几个按下与门就会输出 0，使 $\overline{\text{INI0}}$ 引脚产生下降沿，发出中断请求。CPU 执行中断服务程序，查询 P1 口低四位中断源输入信息，然后转到相应的中断服务程序，就实现了外部中断源的扩展。

汇编语言参考程序如下：

```
        ORG   0000H
        LJMP  MAIN
        ORG   0003H
        LJMP  INT0_ISR
        ORG   0030H
    MAIN:
        MOV     SP,#60H       ;开堆栈
        SETB    IT0           ;设置 INT0 为下降沿触发方式
        SETB    EA            ;开放总中断允许
        SETB    EX0           ;开放 INT0 中断允许
        SJMP    $
INT0_ISR:                     ;外部中断 0 中断服务程序
        JB      P1.0,K2       ;不是 K1 按下,跳转到判定 K2 是否按下
        XRL     P2,#01H       ;若是 K1 按下,则 LED0 输出取反
        SJMP    RETURN        ;中断返回
    K2:JB       P1.1,K3       ;不是 K2 按下,跳转到判定 K3 是否按下
        XRL     P2,#02H       ;若是 K2 按下,则 LED1 输出取反
        SJMP    RETURN        ;中断返回
    K3:JB       P1.2,K4       ;不是 K3 按下,则转移到 K4 按下
        XRL     P2,#04H       ;若是 K3 按下,则 LED2 输出取反
        SJMP    RETURN        ;中断返回
    K4: XRL     P2,#08H       ;若是 K4 按下,则 LED3 输出取反
RETURN:RETI                   ;中断返回
        END
```

C51 参考程序如下：

```
#include<reg51.h> //包含单片机的寄存器定义头函数
sbit K1=P1^0;
sbit K2=P1^1;
sbit K3=P1^2;
sbit K4=P1^3;
```

```
void main(){
    IT0=1;
    EX0=1;
    EA=1; //INT0 中断初始化
    while(1); //等待中断
}
void INT0_ISR() interrupt 0{
    if(K1==0)P2=P2^0x01; //如果是 K1 按下,LED0 输出取反
    if(K2==0)P2= P2^0x02; //如果是 K2 按下,LED1 输出取反
    if(K3==0)P2= P2^0x04; //如果是 K3 按下,LED2 输出取反
    if(K4==0)P2= P2^0x08;; //如果是 K3 按下,LED3 输出取反
}
```

2. 利用定时器中断扩展外部中断源

定时器中断不用时,可扩展为下降沿触发的外部中断源,具体应用内容见定时器部分。

6.4 80C51 单片机的定时器/计数器

在单片机应用系统中,常常需要实时时钟和计数器,以实现定时(或延时)控制以及对外界事件进行计算。在单片机应用中,可供选择的定时方法有以下几种。

1. 软件定时

让 CPU 循环执行一段程序,通过判断指令和安排循环次数以实现软件定时。软件定时要完全占用 CPU,增加 CPU 开销,降低 CPU 的工作效率,因此软件定时的时间不宜太长,仅适用于 CPU 较空闲的程序中使用。

2. 硬件定时

硬件定时的特点是定时功能全部由硬件电路(例如,采用 555 时基电路)完成,不占用 CPU 时间,但需要改变电路的参数调节定时时间,在使用上不够方便,同时增加了硬件成本。

3. 可编程定时器定时

可编程定时器的定时值及定时范围很容易通过软件来确定和修改。80C51 单片机内部有 2 个 16 位的加 1 定时器/计数器(T0、T1),通过对系统时钟或外部输入信号进行计数与控制,可以方便地用于定时控制,或用作分频器和用于事件记录。

6.4.1　80C51 单片机的定时器/计数器的结构和工作原理

80C51 单片机内部有 2 个 16 位的加 1 定时器/计数器，T0 和 T1，其结构框图如图 6.5 所示，每一个定时器/计数器由高 8 位和低 8 位两个寄存器组成。TH0、TL0 是定时器 T0 的高 8 位、低 8 位寄存器，TH1、TL1 是定时器 T1 的高 8 位、低 8 位的寄存器。TMOD 是定时器/计数器的工作方式寄存器，确定定时器/计数器的工作方式和功能；TCON 是控制寄存器，控制 T0、T1 的启动和停止及记录计数计满溢出标志。T0、T1 作为定时器时，记录机器内部计数脉冲即机器周期脉冲；作为计数器时，P3.4、P3.5 分别为 T0、T1 的外部计数脉冲输入端。

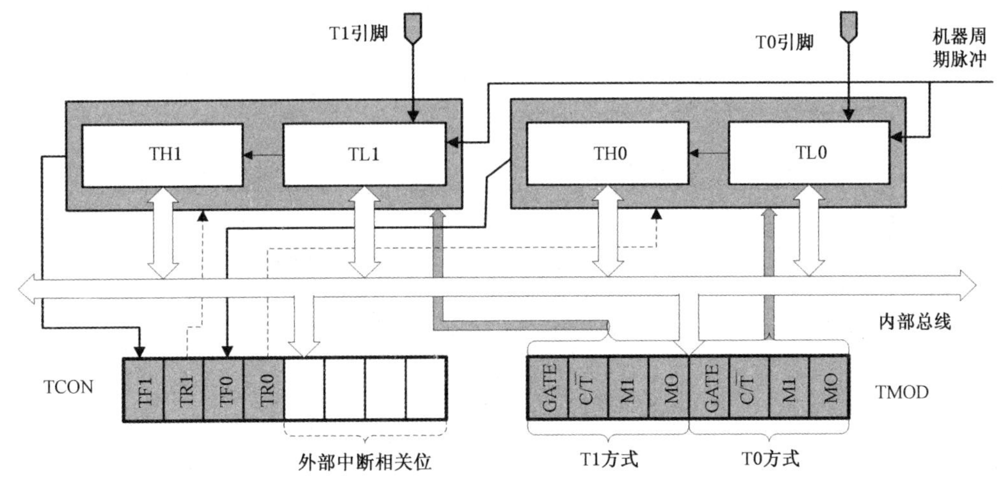

图 6.5　定时/计数(T0/T1)的结构和工作原理

定时器/计数器的核心电路是一个加 1 计数器。做定时器时，使用系统的时钟振荡器输出脉冲经 12 分频后产生的机器周期脉冲作为计数脉冲源；做计数器时对单片机引脚输入的外部随机脉冲源进行输入计数。每输入一个脉冲，计数值加 1，当计数器为全 1 时，再输入一个脉冲就使计数器溢出清零，同时使计数器溢出标志位 TF0 或 TF1 置 1，并向 CPU 发出中断请求。表示定时时间已到或计数值已满。

定时功能：T0 或 T1 作为定时器，机器周期乘以计数脉冲个数就是定时时间。

计数功能：当单片机 T0 或 T1 引脚接入外部事件脉冲时，计数器在 T0/T1 输入端有一个负跳变时计数器的状态值加 1。单片机对外部脉冲的基本要求：脉冲的高低电平持续时间都必须大于 1 个机器周期。因为在每个机器周期的 S5P2 期间采样 T0、T1 引脚电平。当某周期采样到一高电平输入，而下一周期又采样到一低电平时，则计数器加 1，更新的计数值在下一个机器周期的 S3P1 期间装入计数器。由于检测一个从 1 到 0 的下降沿需要 2 个机器周期，因此要求被采样的电平至少要维持一个机器周期。当晶振频率为 12MHz 时，计数脉冲的周期要大于 1 μs。

6.4.2 80C51 单片机的定时器/计数器的控制

80C51 单片机的定时器/计数器的工作方式和控制由 TMOD、TCON 2 个特殊功能寄存器进行管理。TMOD:设置定时器/计数器(T0/T1)的工作方式与功能;TCON:控制定时器/计数器(T0/T1)的启动与停止,并对计数器的溢出进行标志。

1. 定时器/计数器工作方式寄存器 TMOD

TMOD 的低 4 位为 T0 工作方式的控制字段,高 4 位为 T1 工作方式控制字段。此特殊功能寄存器不可位寻址。如表 6.5 所示。

表 6.5 80C51 的中断优先级控制寄存器

	地址	B7	B6	B5	B4	B3	B2	B1	B0	复位值
TMOD	89H	GATE	C/T	M1	M0	GATE	C/T	M1	M0	0000 0000

(1) M1 和 M0:工作方式选择位。如表 6.6 所示。

表 6.6 T0、T1 定时器/计数器工作方式

M1 M0	工作方式	功能说明
0 0	方式 0	13 位定时计数器,计数范围 1～8192
0 1	方式 1	16 位定时计数器,计数范围 1～65536
1 0	方式 2	8 位自动重装初始值的定时计数器,低 8 位 TLx 计数,高 8 位 THx 做初值寄存器,计数范围 1～256
1 1	方式 3	定时器 0:分成两个 8 位定时、计数器 定时器 1:停止计数

(2) C/T:功能选择位。(C/T)=0,设置为定时器模式,(C/T)=1,设置为计数器模式。

(3) GATE:门控位。当(GATE)=0 时,TR0 或 TR1 置 1 即可启动定时、计数器;当(GATE)=1 时,TR0 或 TR1 置 1,同时还需要/INT0(P3.2)或/INT1(P3.3)为高电平方可启动定时器/计数器。用来测量脉冲宽度。外部中断引脚信号为低电平时计数器停止计数。此功能常常用来测量外部中断引脚上正脉冲的宽度。

2. 定时器/计数器控制寄存器 TCON

TCON 的作用是控制定时器/计数器的启动与停止,记录定时器/计数器的溢出标志以及外部中断的控制。

TCON 中的低 4 位用于控制外部中断,与定时器的控制无关,这里不再重复。此特殊功能寄存器可以位操作。如表 6.7 所示。

表 6.7 80C51 的中断优先级控制寄存器

	地址	B7	B6	B5	B4	B3	B2	B1	B0	复位值
TCON	88H	TF1	TR1	TF0	TR0	IE1	IT1	IE0	IT0	0000 0000

(1) TR0:定时器/计数器 0 运行控制位。由软件置 1 或清 0 来启动或关闭定时器/计数器 0。当(GATE)=0 时,TR0 置 1 可启动定时器/计数器 0;当(GATE)=1 时,TR0 置 1 且/INT0 输入引脚为高电平时,才可以启动定时器/计数器 0。

(2) TF0:定时器/计数器 0 溢出标志位。当定时器/计数器计满产生溢出时,由硬件自动置位 TF1,在中断允许时,向 CPU 发出定时器/计数器 0 的中断请求,中断响应后,由硬件自动清除 TF0 标志。也可利用 TF0 标志进行查询,判断计数溢出与否,查询结束后,需要用指令清除 TF0 标志。

(3) TR1:定时器/计数器 1 运行控制位。其功能与操作和 TR0 相同。

(4) TF1:定时器/计数器 1 溢出标志位。其功能与操作和 TF0 相同。

6.4.3　80C51 单片机的定时器/计数器的工作方式

通过对 TMOD 进行设置,可以设置定时器/计数器有四种工作方式,这四种工作方式的区别主要是定时器的计数模值与初始值的加载方式有所不同。定时器 0 可以工作于 0～3 这四种不同的工作方式下,定时器 1 只能工作于 0～2 三种工作方式下。定时器/计数器的工作方式 0 是为了与前期的 MCS-48 兼容,这种工作方式不太常用;工作方式 1 因其计数模值最大,常常应用于定时/计数值比较大的场合;工作方式 2 因其自动加载计数初始值的特点,往往用于时间较短的定时场合,以减少定时误差;定时器 1 用作串口波特率发生器时就工作于方式 2。以下以定时器/计数器 0 为例,详细学习定时器/计数器的 4 中工作方式的特点及应用场合。

1. *方式* 0

工作方式 0 是 13 位计数结构,计数器由 TH0 和 TL0 的低 5 位构成,TL0 的高 3 位不用。其控制逻辑结构如图 6.6 所示。

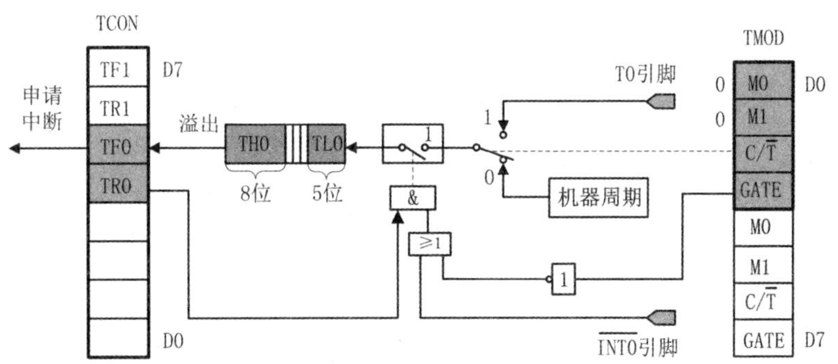

图 6.6　定时器/计数器 0 的工作方式 0

在工作方式 0 下,计数脉冲来源受控于 TMOD 寄存器的 C/T,当 C/T=0 时,定时器的计数脉冲来自芯片内部的机器周期脉冲,是主频的 12 分频,实现定时器的功能;当 C/T=1 时,定时器的计数脉冲来自外部,实现计数器的功能。无论定时/计数,当 TL0 的低 5 位计数溢出时,向 TH0 进位,全部 13 位溢出时,向计数溢出标志位 TF0 进位,将其置 1。

使用定时器 0 其计数值的范围是 1～8192(2^{13})，其定时时间：(2^{13}－计数初值)×机器周期。

定时器/计数器的启停控制包括纯软件方法和软件与硬件相结合的方法。两种方法的选择有门控位(GATE)的设置决定。当 GATE＝0 时，为纯软件启停控制。GATE 信号反相为高电平，经"或"门后打开了"与"门，这样 TR0 的状态就控制了计数脉冲的通断。通过指令设置 TR0＝1，控制开关接通，计数器开始计数；TR0＝0，开关断开，计数器停止工作。

当 GATE＝1 时，定时器/计数器为软、硬件相结合的启停控制。此时计数脉冲的接通与断开由 TR0 的设置和"/INT0"的"与"逻辑决定，即"/INT0"引入的控制信号可以控制计数器的启停，这时可以利用 80C51 的定时器/计数器测量外部脉冲信号的宽度。

例 6.3 设单片机主频为 12MHz，用定时器 0 工作于方式 0，实现周期为 1000μs 的方波信号，由 P1.7 输出。

解：根据题意，采用定时器 0 方式 0 定时，所以 TMOD＝00H。

方波周期为 1000μs，所以 T0 的定时时间应为 500μs，每 500μs P1.7 输出取反，即可实现题目要求。系统采用 12MHz 晶振，定时脉冲为 1μs，则 T0 的初始值为：

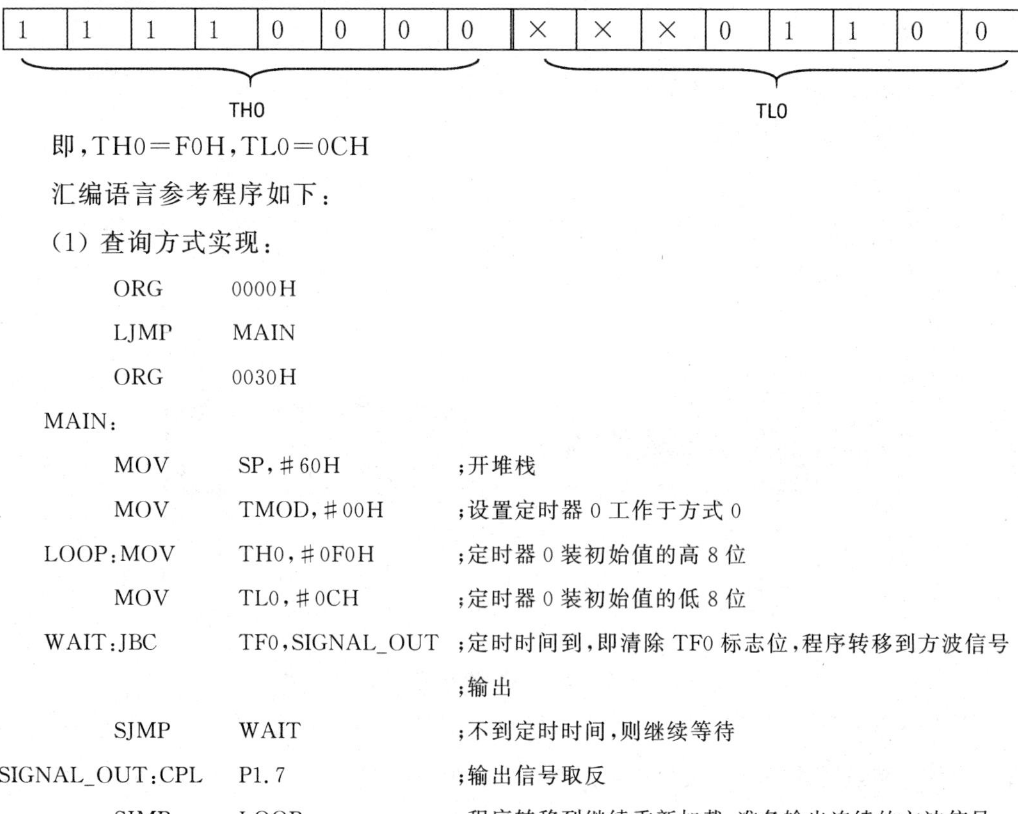

即，TH0＝F0H，TL0＝0CH

汇编语言参考程序如下：

(1) 查询方式实现：

```
        ORG     0000H
        LJMP    MAIN
        ORG     0030H
MAIN:
        MOV     SP,#60H            ;开堆栈
        MOV     TMOD,#00H          ;设置定时器 0 工作于方式 0
LOOP:MOV        TH0,#0F0H          ;定时器 0 装初始值的高 8 位
        MOV     TL0,#0CH           ;定时器 0 装初始值的低 8 位
WAIT:JBC        TF0,SIGNAL_OUT     ;定时时间到，即清除 TF0 标志位，程序转移到方波信号
                                   ;输出
        SJMP    WAIT               ;不到定时时间，则继续等待
SIGNAL_OUT:CPL  P1.7               ;输出信号取反
        SJMP    LOOP               ;程序转移到继续重新加载，准备输出连续的方波信号
        END
```

（2）中断方式实现：

```
        ORG  0000H
        LJMP MAIN
        ORG  000BH
        LJMP TIMER0
        ORG  0030H
    MAIN:
        MOV  SP,#60H        ;开堆栈
        MOV  TMOD,#00H      ;设置定时器0工作于方式0
        MOV  TH0,#0F0H      ;定时器0装初始值的高8位
        MOV  TL0,#0CH       ;定时器0装初始值的低8位
        SETB EA             ;开放总中断允许
        SETB ET0            ;开放 timer0 中断允许
        SETB TR0            ;启动定时器0
        SJMP $
TIMER0:                     ;TIMER0 中断服务程序
        MOV  TH0,#0F0H      ;重新装初始值的高8位
        MOV  TL0,#0CH       ;重新装初始值的低8位
        CPL  P1.7           ;P1.7取反,输出方波信号
RETURN:RETI                 ;中断返回
        END
```

中断方式实现的C51参考程序如下：

```
#include<reg51.h> //包含单片机的寄存器定义头函数
sbit Signal_out=P1^7;
void main(){
    TMOD=0x00; //设置定时器0工作于方式0
    TH0=-500/256<<3|-500%256>>5; //定时器0装初始值的高8位,模值可省略
    TL0=-500%256&0x1f; //定时器0装初始值的低8位
    EA=1;
    ET0=1;
    TR0=1;
    while(1); //等待中断
}
void timer0()interrupt 1{
    TH0=-500/256<<3|-500%256>>5;
    TL0=-500%256&0x1f;
```

```
    Signal_out=! Signal_out;
}
```

2. 方式 1

定时器/计数器 0 在方式 1 是 16 位计数结构，控制逻辑结构如图 6.7 所示。

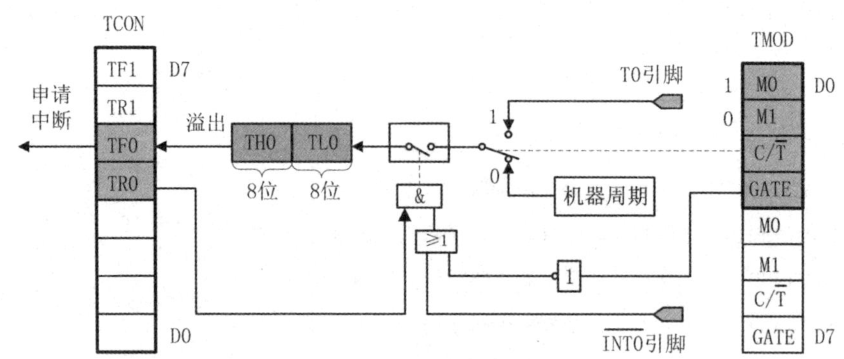

图 6.7 定时器/计数器 0 的工作方式 1

在工作方式 1 下，计数脉冲来源及其设置与工作方式 0 类似。无论定时/计数，当 TL0 计数溢出时，向 TH0 进位，全部 16 位溢出时，向计数溢出标志位 TF0 进位，将其置 1。其计数值的范围是 1～65 536(2^{16})，其定时时间：(2^{16}－计数初值)×机器周期。定时器/计数器的启停控制，门控位的设置及应用与工作方式 0 类似。

例 6.4 设单片机主频为 12 MHz，用定时器 0 工作于方式 1，实现 P2 口控制的 8 只发光二极管间隔 1 s 的循环点亮历程的控制(负逻辑点亮)。

解：根据题意，采用定时器 0 方式 1 定时，所以 TMOD=01H。

主频 12 MHz 的单片机系统定时器一次定时最大 65.536 ms。根据题目要求实现定时 1 s，可采取每次定时 50 ms，配合软件计数实现 1s 定时。则 T0 的初始值为：

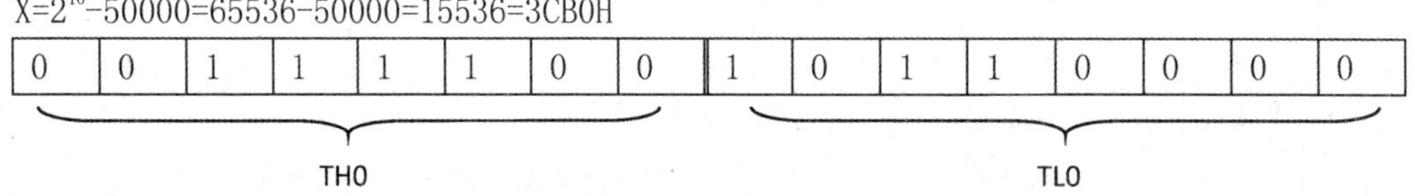

即，TH0=3CHH，TL0=B0H

汇编语言中断方式实现参考程序如下：

```
    ORG   0000H
    LJMP  MAIN
    ORG   000BH
    LJMP  TIMER0
    ORG   0030H
MAIN:
    MOV   SP,#60H          ;开堆栈
```

```
        MOV   TMOD,#01H     ;设置定时器 0 工作于方式 1
        MOV   TH0,#3CH      ;定时器 0 装初始值的高 8 位
        MOV   TL0,#0B0H     ;定时器 0 装初始值的低 8 位
        SETB  EA            ;开放总中断允许
        SETB  ET0           ;开放 timer0 中断允许
        MOV   R2,#20        ;用于软件计数,每次中断定时 50ms,20 次进入中断,实现 1s 定时
        SETB  TR0           ;启动定时器 0
        MOV   A,#0FEH
        MOV   P2,A
        SJMP  $
TIMER0:                     ;TIMER0 中断服务程序
        MOV   TH0,#3CH      ;重新装初始值的高 8 位
        MOV   TL0,#0B0H     ;重新装初始值的低 8 位
        DJNZ  R2,RETURN     ;判断 1s 时间到否? 时间不到则中断返回
        MOV   R2,#20        ;1s 时间到,R2 恢复初值,为下 1s 的定时做准备
        RL    A
        MOV   P2,A          ;输出控制发光二极管
RETURN:RETI                 ;中断返回
        END
```

中断方式实现的 C51 参考程序如下：

```
#include<reg51.h> //包含单片机的寄存器定义头函数
#include<intrins.h>
unsigned char a=0xfe;
void main(){
    TMOD=0x01; //设置定时器 0 工作于方式 1
    TH0=-50000/256; //定时器 0 装初始值的高 8 位,模值可省略
    TL0=-50000%256; //定时器 0 装初始值的低 8 位
    EA=1;
    ET0=1;
    TR0=1;
    P2=a;
    while(1); //等待中断
}
void timer0()interrupt 1{
    unsigned char num;
    TH0=-50000/256;
```

```
    TL0=-50000%256;
    if(num==20){ //1s 时间到,灯控制字改变,从 P2 口输出
        num=0;
        a=_crol_(a,1);
        P2=a;
    }
}
```

3. 方式 2

工作方式 0 和工作方式 1 有一个共同特点,计数溢出后计数器为全 0,因此循环定时应用时需要反复设置计数初值,软件加载初值会影响定时精度。工作方式 2 针对此问题进行设计,实现硬件重新加载初值,免去了软件反复设置计数初值的麻烦。其控制逻辑结构如图 6.8 所示。定时器/计数器 0 在方式 2 下,16 位的计数器被分为两部分,低 8 位 TL0 作为计数器使用,实现 8 位计数;高 8 位 TH 作为寄存器使用。初始化时将技术初始值分别装入 TL 和 TH 中,当 TL 计满溢出后,TH 寄存器中的初始值自动给计数器 TL 重新加载,即实现硬件自动加载计数初值。这种工作方式适合于精度要求高的重复定时计数的应用。T1 工作方式 2 常常应用于串行口通信波特率发生器,将在串口通信章节具体应用。

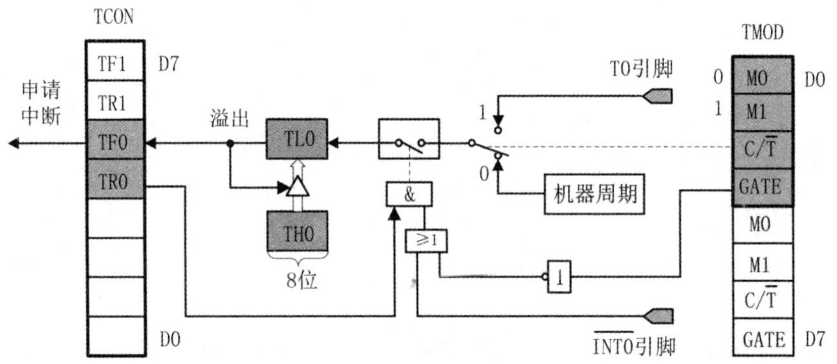

图 6.8　定时器/计数器 0 的工作方式 2

例 6.5　设单片机主频为 12 MHz,用定时器 0 工作于方式 2,实现周期为 100 μs 的方波信号,由 P1.7 输出。

解:根据题意,采用定时器 0 方式 2 定时,所以 TMOD=02H。

方波周期为 100 μs,所以 T0 的定时时间应为 50 μs,每 50 μs P1.7 输出取反,即可实现题目要求。系统采用 12 MHz 晶振,定时脉冲为 1 μs,则 T0 的初始值为:

$$X=2^8-50=256-50=206$$

中断方式实现的 C51 参考程序如下:

```
#include<reg51.h> //包含单片机的寄存器定义头函数
sbit Signal_out=P1^7;
```

```
void main(){
    TMOD=0x02; //设置定时器0工作于方式2
    TH0=206; //定时器0装初始值,或者TH0=-50;
    TL0=206; //定时器0装初始值,或者TL0=-50;
    EA=1;
    ET0=1;
    TR0=1;
    while(1); //等待中断
}
void timer0()interrupt 1{//中断程序不需要软件加载定时初值了
    Signal_out=! Signal_out;
}
```

请同学尝试用汇编语言完成上述要求的程序编制调试。

4. 方式3

前三种工作方式下,对两个定时器/计数器的设置和使用是完全相同的。但在工作方式3下,定时器/计数器1停止计数,效果与将TR1设置为0相同。对定时器/计数器0,此工作方式下TL0和TH0作为2个独立的8位计数器。其控制逻辑如图6.9所示。TL0既可作为定时器也可作为计数器使用,占用定时器0的控制位;TH0只能作为定时器使用,借用定时器1的TR1及TF1为其服务。

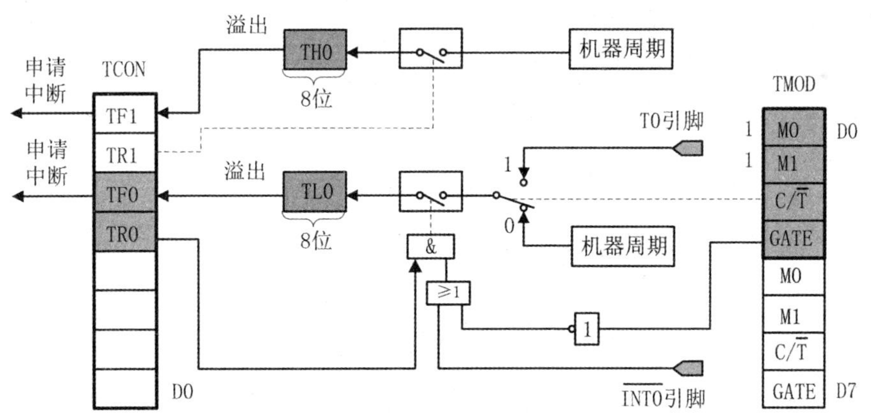

图6.9 定时器/计数器0的工作方式3

工作方式3,定时器/计数器1仍可设置为方式0、方式1、方式2。但由于TR1、TF1已被定时器/计数器0占用,此时定时器/计数器1仅由控制位C/T切换其定时或计数功能,当计数器计数满溢出时,只能将输出送往串行口,在这种情况下,定时器/计数器1一般用作串行口波特率发生器。因定时器/计数器1的TR1被占用,因此其启动和关闭较为特殊,当设置好工作方式时,定时器/计数器1即自动开始运行,若要停止计数,只需送入一个设置定时器1为方式3的方式字即可。

6.4.4 80C51 单片机的定时器/计数器的应用举例

80C51 单片机的定时器/计数器是可编程的。在利用定时器/计数器进行定时和计数之前要进行软件初始化。主要包括如下工作：

(1) 对 TMOD 赋值，确定 T0 和 T1 的工作方式。

(2) 计算初值，并将其写入 TH0、TL0 或 TH1、TL1。

(3) 定时器/计数器为中断方式时，设置 IE 寄存器，开放中断，多个中断源时，还需要设置 IP，确定各中断源的优先等级。

(4) 置位 TR0 或 TR1，启动 T0、T1 开始定时或计数。

1. 80C51 单片机的定时器/计数器的定时应用

例 6.6 设单片机主频为 12 MHz，利用 P0 口接八段数码管的段控口，P2 口接单片机的位控口，循环显示 0～99s，利用一只按键控制秒表的启、停切换。电路如图 6.10 所示。

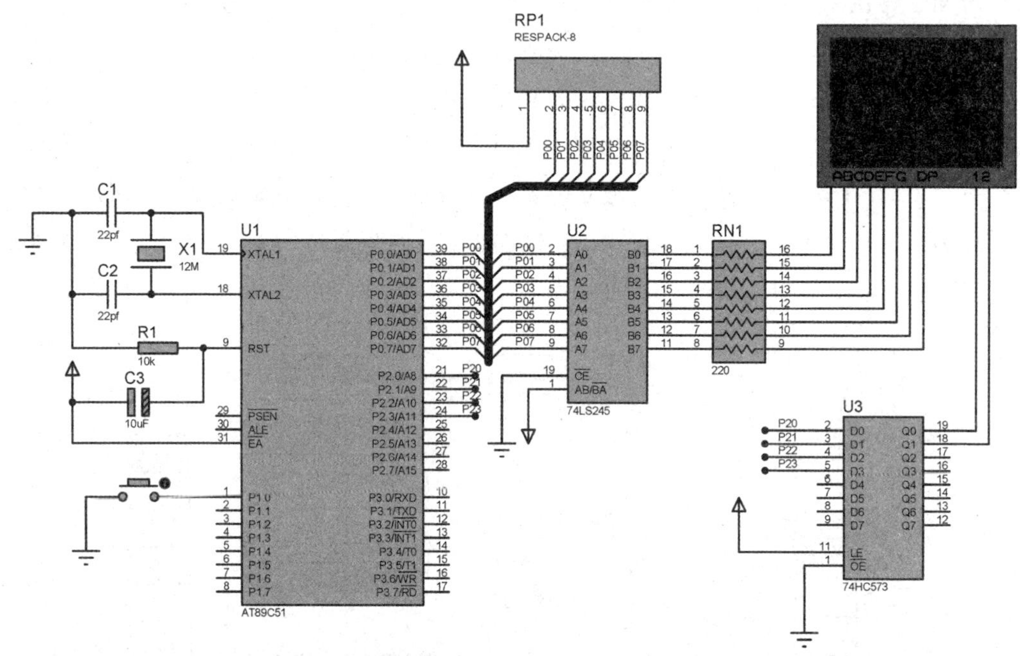

图 6.10 秒表电路原理图

解：程序采用模块化设计，由主程序，显示子程序、定时器中断服务程序等组成。主程序完成定时器初始化后，循环进行键盘判定控制定时器启、停，调用显示程序。采用定时器 0 方式 1 实现中断定时 50 ms，配合软件计数 20 次中断，实现定时 1 s。在中断函数中判定 1 s 时间到与否，若时间到，则秒值加 1，接下来判定秒值是否等于 100，如果秒值等于 100，秒值清 0，从而实现 0～99 秒计时。

TMOD＝01H，TH0＝3CH，TL0＝B0H

汇编语言中断方式实现参考程序如下：

```
K1  BIT   P1.0
```

```
ORG   0000H
LJMP  MAIN
ORG   000BH
LJMP  TIMER0
ORG   0030H
MAIN:                               ;主程序完成了定时器初始化,按键查询,显示子程序的调用
MOV             SP,#60H             ;开堆栈
MOV             TMOD,#01H           ;设置定时器 0 工作于方式 1
MOV             TH0,#3CH            ;定时器 0 装初始值的高 8 位
MOV             TL0,#0B0H           ;定时器 0 装初始值的低 8 位
SETB            EA                  ;开放总中断允许
SETB            ET0                 ;开放 timer0 中断允许
MOV             R2,#20              ;用于软件计数,每次中断定时 50ms,20 次进入中断,实
                                     现 1s 定时
MOV             R5,#0               ;R5 寄存器用于秒计时
SETB            TR0                 ;启动定时器 0
LOOP: JB        K1,DISP             ;如果按键没有按下,则调用显示子程序
CPL             TR0                 ;如果按键按下, TR0 取反,控制定时器启、停
DISP:ACALL DISPLAY
SJMP            LOOP                ;程序循环

DELAY5ms:MOV    R7,#250             ;延时 5ms 子程序
DELAY:MOV       R6,#100
DJNZ            R6,$
DJNZ            R7,DELAY
RET

DISPLAY: //动态扫描显示子程序,其显示原理及编程详解见第 7 章 7.2 节
MOV             DPTR,#TAB
MOV             A,R5
MOV             B,#10
DIV             AB                  ;对秒值进行十位、个位的拆分
MOV             P2,#0FEH            ;十位位控码送 P2 口
MOVC            A,@A+DPTR
MOV             P0,A                ;十位字型码译码后送 P0 口
ACALL           DELAY5ms            ;延时 5ms
```

```
MOV      P2,#0FDH          ;个位位控码送 P2 口
MOV      A,B               ;程序循环
MOVC     A,@A+DPTR         ;个位字型码译码
MOV      P0,A              ;个位字型码译码后送 P0 口
ACALL    DELAY5ms
RET
TIMER0:                    ;TIMER0 中断服务程序
MOV      TH0,#3CH          ;重新装初始值的高 8 位
MOV      TL0,#0B0H         ;重新装初始值的低 8 位
DJNZ     R2,RETURN         ;判断 1s 时间到否？时间不到则中断返回
MOV      R2,#20            ;1s 时间到,R2 恢复初值,为下 1s 的定时做准备
INC      R5                ;秒值加一
CJNE     R5,#100,RETURN    ;判断秒值为 100 否,若不等于 100,则中断返回
MOV      R5,#0             ;若秒值等于 100,将秒值清 0,实现 0～99 的循环计时
RETURN:RETI                ;定时中断返回
//共阴字型码表
TAB:DB 3FH,06H,5BH,4FH,66H,6dh,7dh,07H,7FH,6FH
END
```

中断方式实现的 C51 参考程序如下：

```
#include<reg51.h>
#define uchar unsigned char
#define uint unsigned int
//0～9 的共阴型字型码
uchar code ledcode[]={0x3f,0x06,0x5b,0x4f,0x66,0x6d,0x7d,0x07,0x7f,0x6f};
uchar sec;
sbit K1=P1^0;
void delayms(uint xms)//带参数值的延时,时间可成比例地增加或减少
{
uint i,j; //变量必须先定义后使用
for(i=xms;i>0;i--)
    for(j=120;j>0;j--);
}
void display(uchar dat) //动态扫描显示函数,待显示的数为入口参数
{
P2=0xfe; //十位的位控码送 P2 口
P0=ledcode[dat/10];//十位的段控码送 P0 口
```

```
delayms(5);
P2=0xfd; //个位的位控码送 P2 口
P0=ledcode[dat%10]; //个位的段控码送 P0 口
delayms(5);
}
void main()
{
TMOD=0x01;
TH0=-50000/256;
TL0=-50000%256;
EA=1;ET0=1;TR0=1; //定时器初始化,T0 定时 50ms,工作于中断方式
while(1)
    {
    if(K1==0) TR0=! TR0;//如果按键按下,则 TR0 取反,控制定时器启停
    display(sec);//调用显示函数
    }
}
void timer0()interrupt 1 //定时器 0 中断函数
{
uchar num;
TH0=-50000/256;
TL0=-50000%256;
num++;
if(num==20) //1s 时间到,num 清 0,秒加一
  {
    num=0;
    sec++;
    if(sec==100) //判断秒到 100,秒清 0,秒从 0~99 循环计时
    sec=0;
  }
}
```

2. 80C51 单片机的定时器/计数器的计数应用

定时器/计数器的计数功能可用于检测输入脉冲的频率,也可利用它来扩展外部中断。

例 6.7　设单片机主频为 12 MHz。利用计数器 1 扩展外部中断源。中断按键按下控制发光管 D2 的点亮与熄灭。硬件电路如图 6.11 所示。

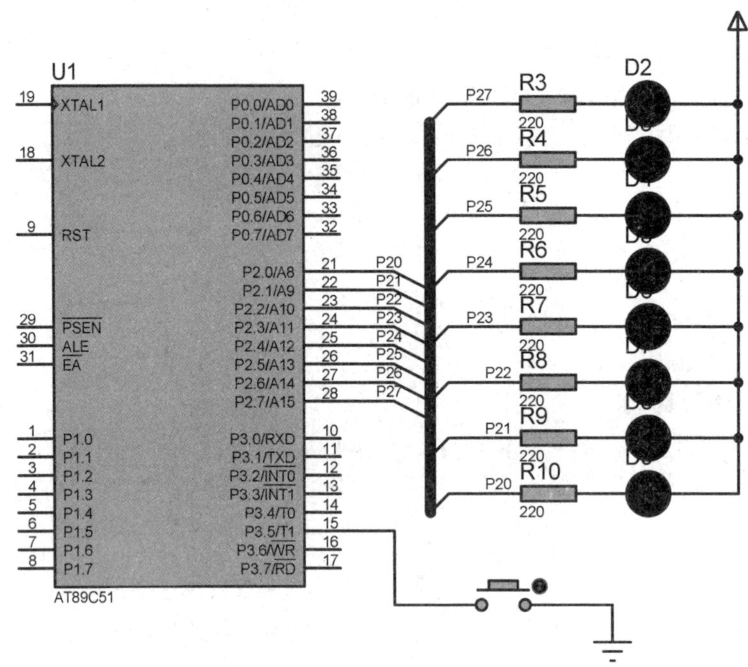

图 6.11 计数器扩展外部中断源电路

解：根据题意，该扩展外部中断的中断请求输入端为 P3.5 引脚，定时器 1 应取工作方式 2，预置初值为 FFH。

汇编语言中断方式实现参考程序如下：

```
    D2   BIT   P2.7
ORG   0000H
LJMP  MAIN
ORG   001BH
LJMP  TIMER1
ORG   0030H
MAIN:
MOV          SP,#60H          ;开堆栈
MOV          TMOD,#60H        ;设置计数器 1 工作于方式 2
MOV          TH1,#0FFH        ;计数器 1 装初始值的高 8 位
MOV          TL1,#0FFH        ;计数器 1 装初始值的低 8 位
SETB         EA               ;开放总中断允许
SETB         ET1              ;开放 timer1 中断允许
SETB         TR1              ;启动计数器 1
LOOP:SJMP   $

TIMER1:                       ;TIMER1 中断服务程序
```

```
CPL         D2            ;控制发光二极管 D2
RETURN:RETI               ;定时中断返回
END
```

中断方式实现的 C51 参考程序如下：

```
#include<reg51.h>
#define uchar unsigned char
#define uint unsigned int
sbit D2=P2^7;
void main()
{
TMOD=0x60;
TH0=0xff;
TL0=0xff;
EA=1;ET1=1;TR1=1; //计数器初始化,T1 工作于方式 2,工作于中断方式
while(1);
}
void timer1()interrupt 3 //计数器 1 中断函数
{
D2=! D2;
}
```

本章小结

中断是计算机的重要技术，中断系统包括硬件和软件系统。中断技术的应用使得计算机的工作更加灵活、高效。现代计算机中操作系统实现的管理调度，其物质基础就是丰富的中断功能和完善的中断系统。一个 CPU 要面向多个任务，中断技术实质上就是资源共享技术。中断技术的出现使得计算机的发展和应用大大地推进了一步。

中断处理一般包括中断请求、中断响应、中断服务和中断返回。

80C51 单片机的中断系统有 5 个中断源、2 个优先级，可实现 2 级中断嵌套。由特殊功能寄存器中的中断允许寄存器 IE 控制 CPU 是否响应中断请求；由中断优先级寄存器 IP 设置各中断源的优先级；几个中断源的中断标志由定时器控制寄存器 TCON 和串行口控制寄存器 SCON 中的相应位标志；同级的中断源同时提出中断请求由内部的查询逻辑确定其响应次序。

80C51 单片机的中断系统有 2 个外部中断源，可设置低电平或下降沿为中断触发信号。

80C51 单片机的中断系统有 2 个可编程的 16 位加 1 定时器/计数器 T0 和 T1，分别对

应特殊功能寄存器中的两个 16 位寄存器 TH0、TL0 和 TH1、TL1。每个定时器/计数器都可以通过 TMOD 中的 C/T 位设定为定时或计数模式，定时器的计数脉冲是单片机内部的机器脉冲，计数器的计数脉冲是单片机计数器引脚输入的外部脉冲。无论是定时器还是计数器，它们都有 4 种工作方式，由 TMOD 中的 M1、M0 进行设置。

习题 6

6.1 什么叫中断？单片机采用中断有什么好处？

6.2 什么叫中断源？STC89C51 有哪几个中断源？写出其固定入口地址。

6.3 什么叫中断嵌套？中断嵌套遵循的原则是什么？STC89C51 单片机本身能实现几级中断嵌套？

6.4 STC89C51 中与中断有关的特殊功能寄存器有几个？它们各自的功能是什么？

6.5 STC89C51 单片机外部中断的触发方式有几种？它们有什么区别？电平触发时，如何防止 CPU 重复响应同一外中断？

6.6 什么是中断优先级？STC89C51 能设置几个优先级？同一级别的中断源同时发出中断请求，CPU 先响应哪一个？怎样确定？

6.7 一个中断请求被响应必须满足什么条件？

6.8 STC89C51 响应某一中断请求后要进行哪些操作？

6.9 若系统只有一个中断源，则中断响应须等待的最短时间和最长时间各是多少？等待时间长的原因都有哪些？

6.10 概述一个中断响应的全部过程。

6.11 现想用两个外中断源 $\overline{\text{INT0}}$ 和 $\overline{\text{INT1}}$ 实现中断嵌套控制，$\overline{\text{INT0}}$ 为高级中断，边沿触发方式；$\overline{\text{INT1}}$ 为低级中断，电平触发方式，试编写其初始化程序。

6.12 现有四台外围设备 X1～X4 需向 STC89C51 申请中断，而 STC89C51 只有 $\overline{\text{INT0}}$ 和 P1 口可供使用，试设计相应的电路并编写程序。

6.13 定时器/计数器的核心电路是什么？工作于定时和计数方式时有何异同？

6.14 定时器/计数器的 4 种工作方式各有何特点？如何设置？

6.15 从定时器/计数器的电路结构进行分析，定时器/计数器的启动与停止是如何实现的？若要求定时器/计数器的运行控制完全由 TR0、TR1 确定其初始化程序应如何处理？若定时器的启停完全由/INT0、/INT1 输入的高低电平控制时，其初始化编程又该如何？

6.16 定时器/计数器用作定时时，其定时时间与哪些因素有关？用作计数时，对外界输入脉冲信号的频率有何限制？

6.17 利用定时器来测量单次正脉冲的宽度，采用何种方式可获得最大的量程？当 fosc＝12 MHz 时，求允许测量的最大脉宽是多少？

6.18　编程实现 P1.0 引脚输出周期为 1s 脉宽为 50 ms 的正脉冲信号。设 fosc＝12 MHz。

6.19　试用计数器 T1 实现外部事件计数，每计数 5，再利用 T0 定时器方式，控制 P2.0 输出一个 20 ms 的正脉冲，然后再利用 T1 做计数器实现外部事件计数，如此循环。设 fosc＝12 MHz。

6.20　编程实现用 T0、T1 配合测量频率为 1 MHz 左右的脉冲频率。

6.21　利用定时器 T1 实现 8 只发光二极管任意点亮历程的控制。利用开发软件实现任务要求的硬件电路、程序设计与调试。

6.22　设计倒计时时钟表，功能要求：

(1) 倒计时时间 90 s。

(2) 一个按键实现定时器的启动、停止、返回功能。

(3) 倒计时时间归零，有声光提示。

第7章 80C51单片机并行人机接口技术

7.1 LED数码管显示接口与应用实例

常用的LED显示器有LED状态显示器(俗称发光二极管)、LED八段显示器(俗称数码管)、LED十六段显示器。发光二极管可显示点亮与熄灭两种状态,用于系统状态指示;数码管用于数字显示;LED十六段显示器用于字符显示。发光二极管在前面章节流水灯点亮控制中做了大量练习,这里重点介绍数码管。

1. 数码管简介

(1) 数码管结构。八段数码管由8个发光二极管构成,通过不同的组合可用来显示数字0~9、字符A~F和小数点“.”。数码管的外形结构如图7.1(a)所示。数码管又分为共阳极和共阴极两种结构,分别如图7.1(b)和图7.1(c)所示。

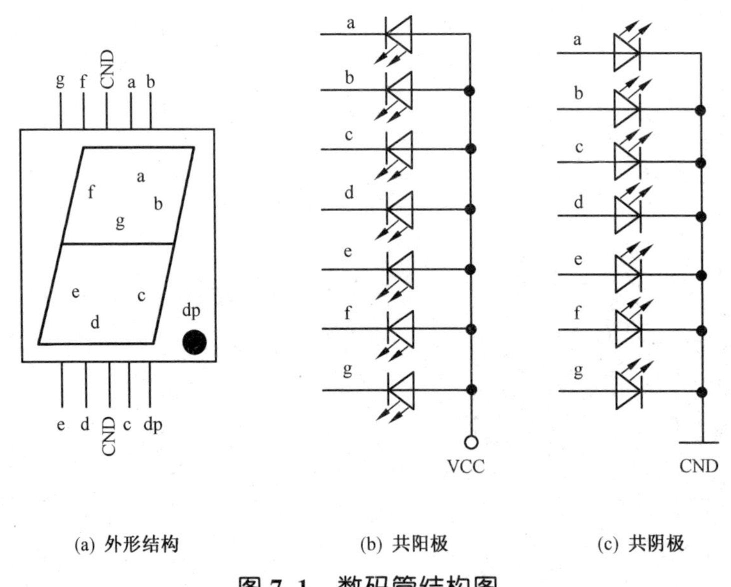

(a) 外形结构　　(b) 共阳极　　(c) 共阴极

图7.1 数码管结构图

(2) 数码管的工作原理。共阳极数码管的8个发光二极管的阳极连接在一起。公共阳极接高电平,其他管脚接段驱动电路输出端。当某段驱动电路的输出端为低电平时,则该端所连接的字段导通点亮,根据发光字段的不同组合可显示出不同数字或字符。此时要求段驱动电路能提供额定的段导通电流,并串入相应的限流电阻,保证发光二极管工作于额定的工作电压。

共阴极数码管的8个发光二极管的阴极连接在一起。它的点亮原理与共阳极数码管相类似,点亮逻辑相反,即公共阴极接低电平,其他管脚接段驱动电路输出端。当某段驱动电路的输出端为高电平时,则该端所连接的字段导通点亮,根据发光字段的不同组合可显示出不同数字或字符。此时也要求段驱动电路能提供额定的段导通电流,并串入相应的限流电阻,保证发光二极管工作于额定的工作电压。

(3) 数码管字型编码。按照数码管点亮原理,以及各段dp、g、f、e、d、c、b、a由高到低的顺序,用一个字节表示,在段码字节中代码位与各段发光二极管的对应关系如表7.1所示。八段数码管点亮显示不同字型的字型码如表7.2所示。编程时,将需要实现的字型码存放到程序存储器的固定区域,做成字型码表(数组)。当要显示某字符时,通过查表指令(数组)获取该字符所对应的字型码,即通常所说的软件译码。

表7.1 各段发光二极管与字型码字节中代码位的对应关系

段码	D7	D6	D5	D4	D3	D2	D1	D0
段名	dp	g	f	e	d	c	b	a

表7.2 十六进制数八段数码管段码表

数字	共阴极段码	共阳极段码	数字	共阴极段码	共阳极段码
0	3FH	C0H	9	6FH	90H
1	06H	F9H	A	77H	88H
2	5BH	A4H	b	7CH	83H
3	4FH	B0H	C	39H	C6H
4	66H	99H	d	5EH	A1H
5	6DH	92H	E	79H	86H
6	7DH	82H	F	71H	8EH
7	07H	F8H	.	80H	7FH
8	7FH	80H	灭	00H	FFH

八段数码管有静态显示和动态显示两种方式,下面分别讲述和举例。

7.1.1 数码管静态显示接口与应用

(1) 静态显示。即数码管显示某一字符时,相应的发光二极管恒定导通或恒定截止。这种显示方式的各位数码管的段输出相互独立,公共端接地(共阴极)或接电源(共阳极),每个数码管的8个字段分别与一个8位的I/O口相连,I/O口输出段码,相应字符立即显示且保持不变,直到I/O口输出新的段码。采用静态显示的优点:数码管亮度较高,占用CPU时间少,编程简单;但是占用I/O口线多,硬件电路复杂,成本高,只适用于位数较少的应用。

(2) 静态显示应用。在单片机应用系统中，经常采用 74LS164 或者 74LS595 等串入并出的接口芯片做显示驱动，只需要单片机提供 2～3 位 I/O 口线，即可实现单片机对八段数码管的静态点亮控制。74LS595 管脚如图 7.2 所示，该芯片内含 8 位串入、串/并出移位寄存器和 8 位三态输出锁存器。寄存器和锁存器分别由各自的时钟输入(SH-CP 和 ST_CP)，都是上升沿有效。

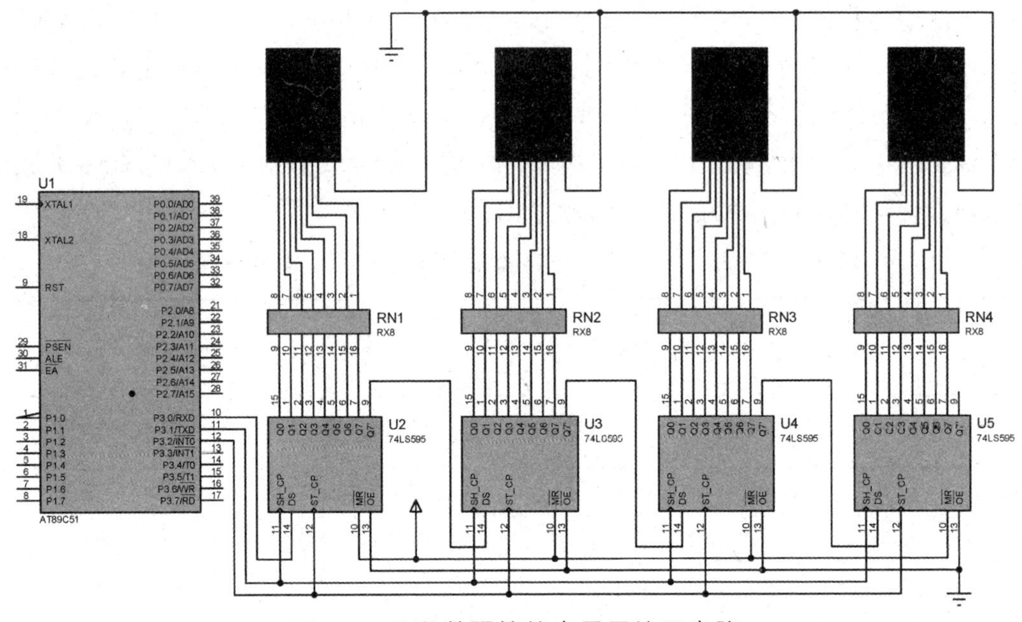

图 7.2　八段数码管静态显示接口电路

① SH-CP(11 脚)用于输入移位时钟脉冲，在上升沿时移位寄存器数据移位，Q0-Q1-Q2-Q3-Q4-Q5-Q6-Q7-Q7′，其中 Q7′用于下一片 74LS595 的级联数据输入。

② ST_CP(12 脚)提供锁存脉冲，在上升沿时移位寄存器的数据被传入锁存器，$\overline{\text{OE}}$ 引脚接地，传入锁存器的数据会直接出现在输出端 Q0～Q7。在串行输入函数完成几个字节的传送后，在 ST_CP 的上升沿完成数据送出。

③ Ds(14 脚)为串行数据输入引脚，利用移位运算由高位到低位将各位数据通过 Ds 引脚串行送入 74LS595 的 Ds 引脚，通过 8 次移位即可完成一个字节的串行传送。

④ $\overline{\text{MR}}$(10 脚)在低电平时将移位寄存器数据清零，对锁存器无影响。电路直接将其连接到 Vcc。

⑤ $\overline{\text{OE}}$(13 脚)在高电平时禁止输出 Q0～Q7(高阻态)，仿真电路中将该引脚接地，锁存器中的内容将直接输出。

74LS595 的输出端为 Q0～Q7，这 8 位输出端可以作为 8 段数码管的段控，Q7′为级联输出端，连接下一片 74LS595 的串行数据输入端 Ds。

74LS595 的主要优点是能锁存数据，在移位过程中，输出端的数据保持不变，这有利于使数码管在串行速度较慢的场合不会出现闪烁感。也有利于74LS595外接机电设备，实现控制对象的启停控制。

利用74LS595作为驱动芯片扩展多个八段数码管显示电路只需要单片机3根口线，如图7.2所示，其中P3.0、P3.1、P3.2分别连接74LS595的DS、SH_CLK、ST_CLK引脚。

程序实现。编程实现0～9999秒计时显示：

```
#include<reg51.h>
#include<intrins.h>
#define uchar unsigned char
#define uint unsigned int
// 0～9的共阴字型码
uchar code ledcode[]={0x3f,0x06,0x5b,0x4f,0x66,0x6d,0x7d,0x07,0x7f,0x6f};
sbit Serial_Data_Pin=P3^0; //74LS595串行数据输入
sbit Shift_CLK_Pin=P3^1; //74LS595移位脉冲
sbit RCK_Pin=P3^2; //74LS595输出锁存器控制
uint sec=0;
bit flag=1; //1秒时间到标志变量
void Serial_Input_Pin(uchar Abyte) //595串行输入1个字节子程序
{
uchar i;
for(i=0;i<8;i++)
  {
    //高位在前,低位在后,74HC595的Q0～Q7顺序连接八段数码管的a～dp
    Abyte<<=1;Serial_Data_Pin=CY;
    Shift_CLK_Pin=1; //移位脉冲,上升沿有效
    _nop_();_nop_();_nop_();_nop_();_nop_();
    Shift_CLK_Pin=0;
  }
}

void display(uint date) //4位8段数码管的显示子程序
{
    RCK_Pin=0;
    Serial_Input_Pin(ledcode[date%10]); //先输出个位数,这个八段数码管离单片机最远
    Serial_Input_Pin(ledcode[date%100/10]); //再输出十位数
    Serial_Input_Pin(ledcode[date%1000/100]); //输出百位数
    Serial_Input_Pin(ledcode[date/1000]); //最后输出千位数,这个八段数码管离单片机最近
```

```
    RCK_Pin=1; //输出锁存控制脉冲,上升沿有效
}
void main() //主函数,定时初始化,1s 钟时间到调显示函数显示计时秒值
{
TMOD=0x01;
TH0=-50000/256;
TL0=-50000%256;
EA=1;ET0=1;TR0=1;
while(1){
    if(flag==1){
        flag=0;
        display(sec);
        }
    }
}
void timer0()interrupt 1{ //定时器 0 中断函数,实现秒计时
uchar num;
TH0=-50000/256;
TL0=-50000%256;
num++;
if(num==20){
    num=0;
    flag=1;
    sec++;
    if(sec==9999)
    sec=0;
  }
}
```

7.1.2 数码管动态显示接口与应用

(1) 动态显示概念。动态显示是逐位点亮各位数码管,即逐位扫描显示。几个八段数码管共用一个 8 位的 I/O 口作为段输出口线;各位的位控制(公共端)由另外的 I/O 口线控制。动态显示时,各数码管分时轮流选通,扫描显示时某一时刻只选通一位数码管,并送出相应的段码,下一时刻选通另一位数码管,并送相应的段码。每位显示时间间隔 5ms 左右,循环扫描显示,利用人眼的视觉暂留效应,就可以给人以同时显示的效果。采用动态扫描显示方式节省 I/O 口资源,硬件电路也简单,但是其亮度不如静态显示方式,CPU

逐位扫描，占用 CPU 较多的时间。

（2）动态显示应用。在单片机较简单的应用系统中，动态显示方案是较为常用的一种显示方法。可选用简单 8 位接口或三极管等器件作为 8 位数码管动态显示的段控、位控驱动电路。如图 7.3 所示，利用 P0 口做段控码输出，P2 口做位控码输出，段和位的驱动均采用了输入输出双向缓冲器 74LS245，实现了 8 位数码管的显示电路。74LS245 的管脚如图所示，它是简单的 8 位接口芯片，控制端 $\overline{CE}$ 作为芯片选择端，低电平有效；AB/BA 控制数据流向，高电平时可实现数据由 A0～A7 输入 B0～B7 输出，低电平时可实现数据由 B0～B7 输入 A0～A7 输出。

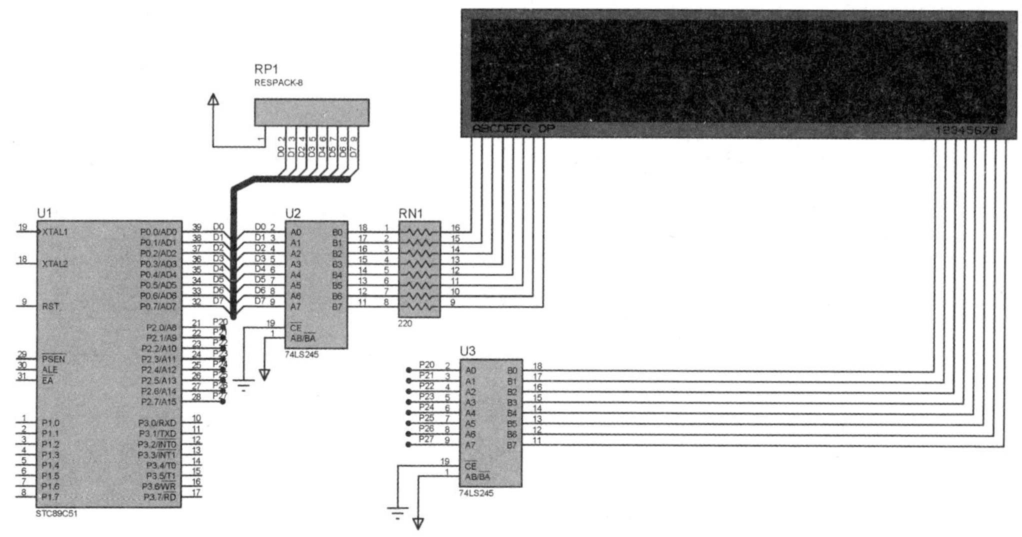

图 7.3　8 位共阴极数码管显示接口电路

程序实现。编程实现时分秒电子时钟的显示

```
＃include＜reg51.h＞
＃define uchar unsigned char
＃define uint unsigned int
uchar hour,min,sec;
//0～9,'-'的共阴型字型码
uchar code ledcode[]={0x3f,0x06,0x5b,0x4f,0x66,0x6d,0x7d,0x07,0x7f,0x6f,0x40};
void delayms(uint xms) //ms 延时函数
{
    uint i,j; //变量必须先定义后使用
    for(i=xms;i>0;i--)
        for(j=120;j>0;j--);
}
//动态扫描显示子程序
```

```
void display(uchar dat1,dat2,dat3)
{          P2=0xfe; //dat1 十位数位控码送 P2 口
        P0=ledcode[dat1/10]; //dat1 十位数段控码送 P0 口
        delayms(5);
        P2=0xfd; //dat1 个位数位控码送 P2 口
        P0=ledcode[dat1%10]; //dat1 个位数段控码送 P0 口
        delayms(5);

        P2=0xfb;
        P0=ledcode[10]; //'-'段控码送 P0 口
        delayms(5);
        P2=0xf7; //dat2 十位数位控码送 P2 口
        P0=ledcode[dat2/10]; //dat2 十位数段控码送 P0 口
        delayms(5);
        P2=0xef; //dat2 个位数位控码送 P2 口
        P0=ledcode[dat2%10]; //dat2 个位数段控码送 P0 口
        delayms(5);
        P2=0xdf;
        P0=ledcode[10]; //'-'段控码送 P0 口
        delayms(5);
        P2=0xbf; //dat3 十位数位控码送 P2 口
        P0=ledcode[dat3/10]; //dat3 十位数段控码送 P0 口
        delayms(5);
        P2=0x7f; //dat3 个位数位控码送 P2 口
        P0=ledcode[dat3%10]; //dat3 个位数段控码送 P0 口
        delayms(5);
}
void main() //主函数,定时初始化,循环调用显示函数,实现时分秒的显示
{
    TMOD=0x01;
    TH0=-50000/256;
    TL0=-50000%256;
    EA=1;ET0=1;TR0=1;
    while(1)
    {
        display(hour,min,sec); //8 位数码管依次显示××-××-××
```

```
    }
}
void timer0()interrupt 1 //定时器 0 中断函数
{
    uchar num;
    TH0=-50000/256;
    TL0=-50000%256;
    num++;
    if(num==20)
    {
    num=0; //1s 时间到,秒加一,num 清零
    sec++;
        if(sec==60) //计时到 60s,秒清零,分加一
        {
            sec=0;
            min++;
            if(min==60) //计时满 60 分,分清零,小时加一
            {
                min=0;
                hour++;
                if(hour==24) //计时满 24 小时,小时清零
                hour=0;
            }
        }
    }
}
```

7.2 LCD显示接口与应用实例

7.2.1 LCD显示器概述

LCD是Liquid Crystal Display的英文缩写,LCD显示器由于类型、用途不同,因而其性能、结构也不可能完全相同,但其基本形态和结构是大同小异的。其工作原理就是利用液晶的物理特性:通电时排列变得有序,使光线容易通过;不通电时排列混乱,阻止光线通过,说简单点就是让液晶如闸门般地阻隔或让光线穿透。

1. LCD显示器的结构

不同类型的液晶显示器的组成可能会有所不同。但是所有液晶的显示器都可以认为

是由两片光刻有透明导电电极的基板夹持一个液晶层，经封装而成的扁平的一个扁平盒（有时在外表面还可能贴装有偏振片）。

构成液晶显示器有三大基本部件：

(1) 玻璃基板。这是一种表面机器平整的浮法生产薄玻璃片，表面蒸镀有一层 In_2O_3 或 SnO_2 透明导电层，即 ITO 膜层，经光刻加工制成透明导电图形，这些图形由像素图形和外引线图形组成，外引线不能进行传统的锡焊，只能通过导电橡胶条或导电胶带等进行连接。如果划伤、割断或腐蚀，则会造成器件报废。

(2) 液晶。液晶材料是液晶显示器的主体，液晶材料大多数是由几种乃至十几种单体液晶材料混合而成的，每种液晶材料都有自己固定的清亮点 T_L 和结晶点 T_S，要求每种液晶显示器必须使用和保存在 $T_L \sim T_S$ 之间的一定温度范围内。如果使用或保存温度过低，则结晶会破坏液晶显示器的定向层；而温度过高，液晶会失去液晶态，即失去液晶显示器的功能。

(3) 偏振片。由塑料膜材料制成，表面涂有一层光学压敏胶，可以贴在液晶盒的表面，前偏振片表面还有一层保护膜，使用时应揭去。偏振膜怕高温高湿，在高温高湿环境下会使其退偏振或起泡。

2. LCD 显示器的特点

(1) 低压微功耗。其工作电压仅为 3～5V，工作电流只有几个微安每平方厘米，因此它成为便携式和手持式仪器仪表的显示屏。

(2) 平板型结构。LCD 显示器内部由两片玻璃组成的夹层盒，面积可大可小，且适合于大批量生产，安装时占用体积小，减少了设备体积。

(3) 被动显示。液晶本身不发光，而是靠调制外界光进行显示，适合人的视觉习惯，不会使人眼睛疲劳。在黑暗的环境下必须使用背光才能使 LCD 正常显示。

(4) 显示信息量大。LCD 的像素可以做得很小，相同面积上可以容纳更多的信息。

(5) 易于彩色化。

(6) 没有电磁辐射。LCD 显示器在显示件上不会产生电磁辐射，对环境无污染，有利于人体健康。

(7) 寿命长。LCD 本身无老化问题，寿命极长。

3. LCD 显示器的分类

LCD 显示器的分类方法很多，按采光方式可分为自然采光、背光源采光 LCD；按驱动方式可分为静态驱动、动态驱动和双拼驱动；按控制器的安装方式可分为含有控制器和不含控制器两类。按显示方式可分为笔段型、字符型和点阵图形型三种。下面分别按显示方式进行简单介绍。

(1) 笔段型。笔段型以长条状显示像素组成一位显示，该类型主要用于数字显示，也可以用于显示西文字母或某些字符。这种字段显示通常有6段、7段、8段、9段、14段、16段等，在形状上总是围绕数字“8”的结构而变化，其中以7段显示最常用，广泛应用于电子表、数字电压表、专用仪表等。

(2) 字符型。液晶的命名通常是按照显示字符的行数或液晶点阵的行、列数来命名的。比如1602的意思是每行显示16个字符，一共显示两行。字符型液晶只能显示ASCII码字符，如字母、数字、符号等。在电极图形设计上它是由若干个5×8或5×11点阵组成的，每一个点阵显示一个字符。这类模块广泛应用于手机、电子笔记本等电子设备中。

(3) 点阵图形型。点阵图形是指在一平板上排列多行多列，形成矩阵的晶格点，点的大小可根据显示的清晰度来设计。比如12232液晶即由122列、32行组成，即共有122×32个点来显示各种图形。类似的还有12864、19264、192128等，根据用户需要，厂家可以设计出任意数组合的点阵液晶。这类液晶显示可广泛应用于图形显示，如游戏机、笔记本电脑和彩色电视机等设备中。

含有控制器的LCD又称为内置式LCD，内置式LCD把控制器和驱动器用厚膜电路做在液晶显示模块印制底板上，只需要通过控制器接口外接数字信号或模拟信号即可驱动LCD显示。因而内置式LCD使用简单、方便，在字符型和点阵图形型LCD中得到了广泛应用。

7.2.2　字符型LCD1602与应用实例

1. LCD1602概述

字符型液晶显示模块是一类专门用于显示字母、数字、符号等的点阵型液晶显示模块，目前常用16×1，16×2，20×2，40×2行等的模块，它由若干个5×8或5×11点阵块组成字符块集，每个字符块是一个字符位，每一位都可以显示一个字符，字符位之间空有一个点距的间隔，起着字符间距和行距的作用。这类模块是专用于字符显示控制与驱动的IC芯片，这类模块的应用范围仅局限于字符而不包括图形，所以称其为字符型液晶显示模块。目前最常用的字符型液晶显示驱动控制器是日立公司的控制器HD44780U及其替代品。

LCD1602分为带背光和不带背光两种，带背光的比不带背光的厚，是否带背光在应用中并无差别。

(1) LCD1602特性

① +5V供电，亮度可调整。模块工作电压：4.5～5.5V，最佳工作电压：5.0V，工作电流：2.0mA(5.0V)。

② 内含振荡电路，系统内含重置电路。

③ 提供各种控制命令，如复位显示器、字符闪烁、光标闪烁、显示移位等。

④ 显示用数据 RAM 共有 80 个字节。显示容量:16×2 个字符。

⑤ 字符产生器 ROM 共有 160 个 5×7 点矩阵字型。

⑥ 字符产生器 RAM 可由用户自行定义 8 个 5×7 的点矩阵字型。

(2) LCD1602 的引脚说明

表 7.3 给出了基于 HD44780 的液晶屏引脚及功能描述。

表 7.3　LCD1601、LCD1602 液晶引脚

引脚号	引脚名称	功能说明
1	VSS	液晶电源地(GND)
2	VCC/VDD	液晶正电源(+5V)
3	VEE	对比度调整
4	RS	寄存器选择(Register Selection),RS=0 选择命令、状态寄存器,RS=1 选择数据寄存器
5	R/W	读/写控制引脚(R/W=0 写指令或数据,R/W=1 读状态)
6	E	液晶使能端(Enable),E=1 使能,E=0 禁止
7~14	DB0~DB7	液晶数据/命令字节输入端口,状态寄存器字节输出端口
15	A(LED+)	液晶背光正电源(VCC)
16	K(LED−)	液晶背光电源地(GND)

(3) LCD1602 控制指令。LCD1602 液晶模块内部的控制器共有 11 条指令,如表 7.4 所示。

表 7.4　LCD1601、LCD1602 液晶控制指令表

序号	命令	命令代码										功能说明
		RS	R/W	DB7-DB0								
1	清显示,复位	0	0	0	0	0	0	0	0	0	1	清屏,光标归位
2	光标归位	0	0	0	0	0	0	0	0	1	X	设置地址计数器清零,DDRAM 数据不变,光标移到左上角
3	字符进入模式	0	0	0	0	0	0	0	1	I/D	S	设置字符进入时的屏幕移位方式
4	显示开/关控制	0	0	0	0	0	0	1	D	C	B	设置显示开关,光标开关,闪烁开关

（续表）

序号	命令	命令代码										功能说明
		RS	R/W	DB7-DB0								
5	光标或字符移位	0	0	0	0	0	1	S/C	R/L	X	X	设置光标与字符移动
6	功能设置	0	0	0	0	1	DL	N	F	X	X	设置DL,显示行数,字体
7	设置CGRAM地址	0	0	0	1	CGRAM地址(ACG)						设置6位的CGRAM地址以读/写数据
8	设置DDRAM地址	0	0	1	DDRAM地址(ADD)							设置7位的DDRAM地址以读/写数据
9	读忙标志或地址	0	1	BF	由最后写入的DDRAM或CGRAM地址设置指令设置的DDRAM/CGRAM地址							读忙标志及地址计数器
10	写数据到CGRAM/DDRAM	1	0	写入1字节数据,需要先设置RAM地址								向CGRAM/DDRAM写入一字节数据并递增或递减AC
11	从CGRAM/DDRAM读数据	1	1	读取1字节数据,需要些设置RAM地址								从CGRAM/DDRAM读取一字节数据并递增或递减AC

注：RS为寄存器选择位,RS=0时选择命令寄存器/状态寄存器,RS=1时选择数据寄存器。

I/D=1递增,I/D=0递减。

S=0时显示屏不移动,S=1时,如果I/D=1且有字符写入时显示屏左移,否则右移。

D=1显示屏开,D=0显示屏关。

C=1时光标出现在地址计数器所指的位置,C=0时光标不出现。

B=1时光标出现闪烁,B=0时光标不闪烁。

S/C=0时,RL=0则光标左移,否则右移。

S/C=1时,RL=0则字符和光标左移,否则右移。X表示0或1都可以。

DL=1时数据长度为8位,DL=0时数据长度为4位,使用D7～D4,分两次送一字节。

N=0为单行显示,N=1为双行显示。

F=1时为5×10点阵字体,F=0时为5×7点阵字体。

BF=1时LCD忙,BF=0时LCD准备就绪。

有关RAM及地址说明如下：

DD RAM指Display data RAM。

CG RAM 指 Character generator RAM。

ACG 指 CG RAM Address，设置 CG RAM 地址后再向 CG RAM 写入点阵字节过程中 ACG 自动递增。

ADD 指 DD RAM Address(Cursor Address)，设置 DD RAM 地址后再向 DD RAM 写入字符编码过程中 ADD 自动递增。

AC 指 Address Counter，同时用于 DD RAM 及 CG RAM 地址。

2. LCD1602 液晶模块的存储器

(1) LCD1602 的 DDRAM 及地址映射

原则上每次对控制器进行读/写操作之前，都要进行读/写检查，确保 BF 为 0。实际上，液晶显示模块是一个慢显示器件，但是 51 单片机的操作速度慢于液晶控制器的反应速度，在 LCD1602 与 51 单片机驱动程序中，也常常采用简短延时的方法，不必进行读、写状态是否忙的检测。要显示字符时先输入显示字符地址，也就是告诉模块在哪里显示字符。图 7.4 为 1602 的内部显示地址(DDRAM)，共 80 个字节。

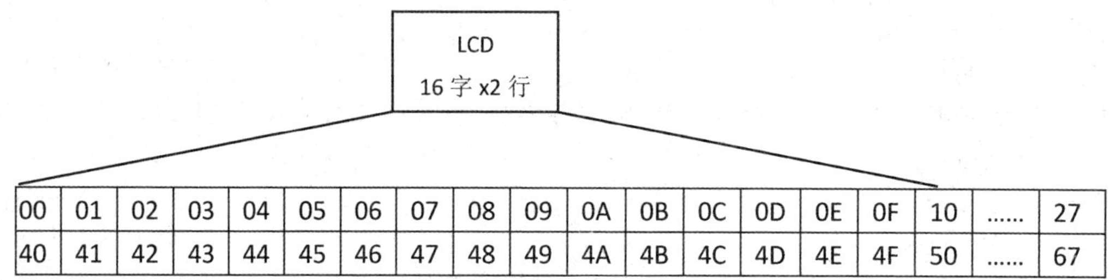

00	01	02	03	04	05	06	07	08	09	0A	0B	0C	0D	0E	0F	10	……	27
40	41	42	43	44	45	46	47	48	49	4A	4B	4C	4D	4E	4F	50	……	67

图 7.4　LCD 内部 DDRAM 地址

例如，第一行第一个字符的地址是 00H，第二行第一个字符的地址是 40H，写入显示地址的最高位恒定为高电平 1，所以第一行第一个字符实际写入的数据地址应该为 00H+80H=80H；第二行第一个字符实际写入的数据地址应该为 40H+80H=C0H。

(2) 字符发生器 CGROM

1602 液晶模块内部的字符发生器(CGROM)已经存储了不同的点阵字符图形，字符编码范围为 0x00～0xFF(共 256 个)，其中 0x20～0x7F 为标准的 ASCII 码，如表 7.5 所示。当需要在某个位置显示某个字符时，就将该字符的 ASCII 码送到该显示位置对应的 DDRAM 地址上即可。

0x00～0x0F 为用户自定义字符编码，实际使用前 8 个编码(0x00～0x07).

0x20～0x7F 为标准的 ASCII 码(左右箭头“←”“→”除外)。

0xA0～0xFF 为日文字符和希腊文字符。

0X10～0x1F，0x80～0x9F 未定义。

表 7.5　液晶字符编码表

<table>
<tr><th>高位
低位</th><th>0000</th><th>0001</th><th>0010</th><th>0011</th><th>0100</th><th>0101</th><th>0110</th><th>0111</th></tr>
<tr><td>0000</td><td></td><td></td><td></td><td>0</td><td>@</td><td>P</td><td>\</td><td>p</td></tr>
<tr><td>0001</td><td></td><td></td><td>!</td><td>1</td><td>A</td><td>Q</td><td>a</td><td>q</td></tr>
<tr><td>0010</td><td></td><td></td><td>“</td><td>2</td><td>B</td><td>R</td><td>b</td><td>r</td></tr>
<tr><td>0011</td><td></td><td></td><td>#</td><td>3</td><td>C</td><td>S</td><td>c</td><td>s</td></tr>
<tr><td>0100</td><td></td><td></td><td>$</td><td>4</td><td>D</td><td>T</td><td>d</td><td>t</td></tr>
<tr><td>0101</td><td></td><td></td><td>%</td><td>5</td><td>E</td><td>U</td><td>e</td><td>u</td></tr>
<tr><td>0110</td><td></td><td></td><td>&</td><td>6</td><td>F</td><td>V</td><td>f</td><td>v</td></tr>
<tr><td>0111</td><td></td><td></td><td>‘</td><td>7</td><td>G</td><td>W</td><td>g</td><td>w</td></tr>
<tr><td>1000</td><td></td><td></td><td>(</td><td>8</td><td>H</td><td>X</td><td>h</td><td>x</td></tr>
<tr><td>1001</td><td></td><td></td><td>)</td><td>9</td><td>I</td><td>Y</td><td>i</td><td>y</td></tr>
<tr><td>1010</td><td></td><td></td><td>*</td><td>:</td><td>J</td><td>Z</td><td>j</td><td>z</td></tr>
<tr><td>1011</td><td></td><td></td><td>+</td><td>;</td><td>K</td><td></td><td>k</td><td>{</td></tr>
<tr><td>1100</td><td></td><td></td><td>,</td><td><</td><td>L</td><td>¥</td><td>l</td><td>|</td></tr>
<tr><td>1101</td><td></td><td></td><td>-</td><td>=</td><td>M</td><td>]</td><td>m</td><td>}</td></tr>
<tr><td>1110</td><td></td><td></td><td>.</td><td>></td><td>N</td><td>^</td><td>n</td><td>→</td></tr>
<tr><td>1111</td><td></td><td></td><td>/</td><td>?</td><td>O</td><td>_</td><td>o</td><td>←</td></tr>
</table>

(3) CGRAM 的应用

1602 液晶屏的字符点阵数据由 CGRAM 与 CGROM 保存，其中 CG 指字符发生器(Character Generator)，它保存的是所有字符的点阵数据，由 RAM 区和 ROM 区构成，其中保存于 CGRAM 区的点阵数据是在系统运行时由程序写入的，这些点阵数据可以根据需要定制，而 CGROM 区的点阵数据是液晶屏硬件固定内置的，不可更改。

由表 7.4 可知，设置 CGRAM 的命令为 0x40，即 01xxxxxx，地址共 6 位，其寻址空间为 64 字节，按每一字符或图标点阵占 8 字节，总共可以写入 8 个字节或图标的点阵数据，其地址范围为 01000000～01111111，即 0x40～0x7F，对应的 DDRAM 编码为 0x00～0x07。

如果给一组自定义字符分配的编码是连续的，例如分配编码为 0x00～0x05(共 6 个字符)，此时可以输出 CGRAM 的地址设置命令 0x40，然后循环输出 6 个字符，共计 48 字节点阵数据即可，写 CGRAM 点阵数据时，其 CGRAM 地址 A_{CG} 自动递增，故不需要为每个字符设置 CGRAM 自己的起始地址。

如果待写入的几个字符所分配的编码是离散的，例如某 3 个自定义字符的编码分别为 0x00、0x02、0x04，则需要分别设置 CGRAM 的地址为 0x40(0x40＋0x00 * 8)、0x50(0x40＋0x02 * 8)、0x60(0x40＋0x04 * 8)，然后分别写入各自的 8 字节点阵数据。

3. LCD1602 液晶模块与 51 单片机的接口

单片机与字符型 LCD1602 的连接方法多采用 8 位数据传输的直接访问方式。单片机把液晶模块作为显示终端与单片机的 8 位并行接口直接连接,单片机通过对该 8 位接口的操作直接实现对液晶显示的控制。如图 7.5 所示,单片机的 P0 口与液晶的 8 位数据线相连,P2.5、P2.6、P2.7 作为控制线接到液晶的 RS、R/W、E 端。液晶 3 号引脚 VEE 接电位器对液晶显示对比度进行调整,首次使用时,在液晶上电状态下,调节至液晶上面一行显示出黑色小格为止。另外,实习提供的 LCD1602 模块,必须连接背光电源。

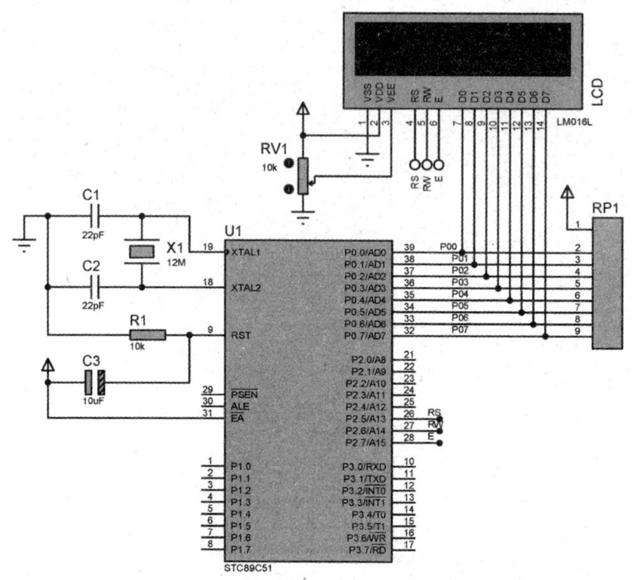

图 7.5　LCD1602 与 51 单片机接口电路

在读操作时,使能信号 E 的高电平有效,所以在软件设置顺序上,先设置 RS 和 R/W 状态,再设置 E 信号为高,这时从数据口读取数据,然后将 E 信号置低;在写操作时,使能信号 E 的高脉冲有效,在软件设置顺序上,先设置 RS 和 R/W 状态,再设置数据,然后产生 E 信号的脉冲。如图 7.6 所示。

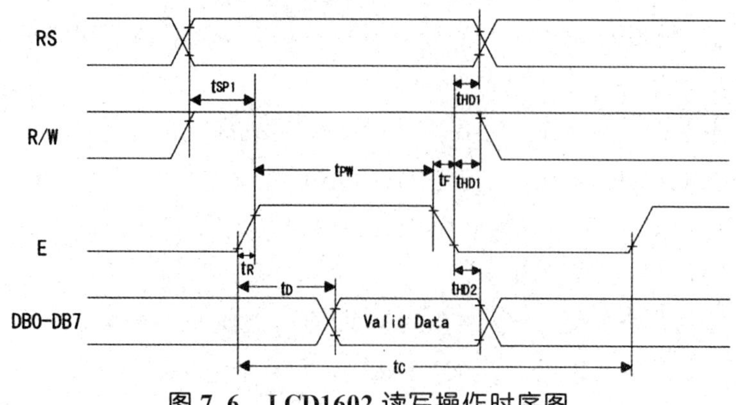

图 7.6　LCD1602 读写操作时序图

4. LCD1602 程序的实现

程序功能：在液晶的任意位置显示字符。

液晶显示主程序和数据/命令字写入子程序框图如图 7.7、7.8 所示。源程序如下：

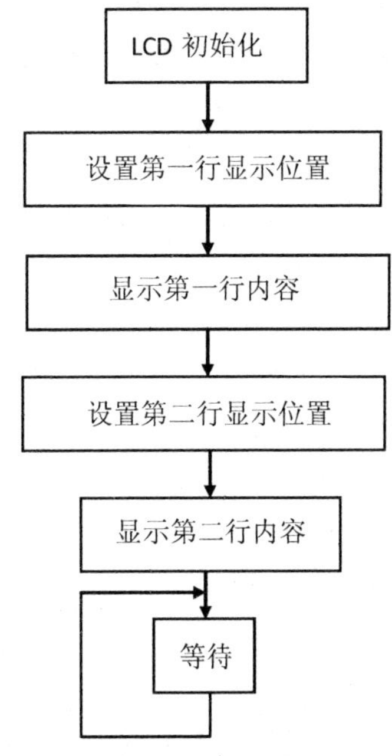

图 7.7 LCD1602 显示主程序流程图

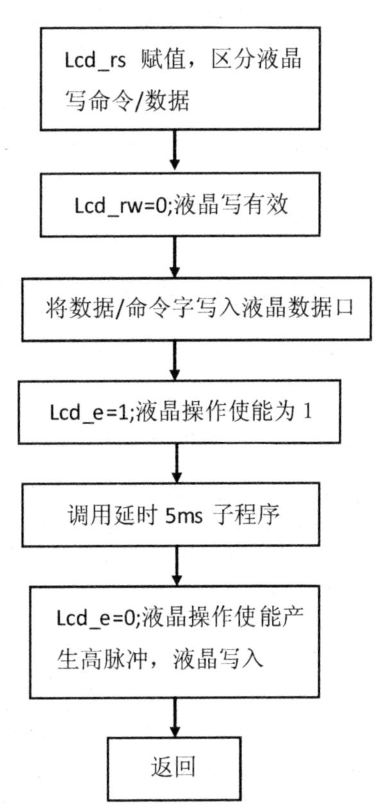

图 7.8 写 LCD1602 数据/命令子程序框图

```
#include<reg51.h>
#include<stdio.h>//包含该头函数，可调用 printf()库函数
#define uchar unsigned char
#define uint unsigned int
#define lcd_port P0
sbit lcdrs=P2^5;
sbit lcdrw=P2^6;
sbit lcden=P2^7;
uchar code tab1[]="I LOVE MCU!";
void delayms(uchar xms)
{
    uint i,j;
    for(i=xms;i>0;i--)
        for(j=110;j>0;j--);
}
/*---液晶写子函数------------*/
void lcd_write(bit bt,uchar dt)
{
    lcdrs=bt;       // RS 确定写数据还是指令:0 指
                    // 令 1 数据
    lcdrw=0;        //写为低电平
    lcd_port=dt;    //数据或命令送数据总线
    lcden=1;        //使能为高电平
    delayms(5);     //为液晶运行稳定，作简短延时
    lcden=0;// 将使能拉低，产生一个高脉冲，写
            // 有效
}
/*----------------液晶初始化---------------*/
void init()
{
//设置 16*2 显示，5*7 点阵，8 位数据接口
lcd_write(0,0x38);
```

```
lcd_write(0,0x0c); //设置开显示不显示光标
lcd_write(0,0x06); //写一字符后地址自动加一
lcd_write(0,0x01); //显示清零,数据指针清零
}
/*改写 char putchar(char ch)函数,向默认的输出设备输出一字符,以便可以使用 printf()库函数*/
char putchar(char ch) {
    lcd_write(1,ch);
        return ch;
}
/*----------------主函数---------------*/
void main()
{   uint a,b;
    uchar i;
    init();
    lcd_write(0,0x80);//1602 第一行地址 0x80
    for(i=0;i<11;i++)
    {lcd_write(1,tab1[i]);} //利用循环进行数据写,完成液晶显示
    a=5,b=10;
    lcd_write(0,0xC0);//1602 第二行地址 0xC0
    printf("a+b=%d",a+b);//调用输出打印函数完成液晶显示
    while(1);
}
```

7.2.3 常用 12864 液晶操作实例

12864 液晶操作方法与 1602 液晶操作方法非常相似,这里主要讲解其并行操作方法,在液晶的任意位置显示数字、符号和汉字。

常用的 12864 液晶通常的型号是××12864A,××12864B,××12864C,××12864-1,××12864-2 之类,前面的××为厂家的标志,中间的 12864 指的是 12864 点阵,后面的 ABCDE 或者 12345 是液晶的编号。液晶 12864 按其控制器的不同主要有 4 种:

(1) ST7920 类。这种控制器带中文字库,为用户免除了编制字库的麻烦,该控制器的液晶还支持画图方式。该类液晶支持 68 时序和 4 位并口以及串口。

(2) KS0108 类。这种控制器指令简单,不带字库,支持 68 时序 8 位并口。

(3) T6963C 类。这种控制其功能强大,带西文字库。有文本和图形两种显示方式,有文本和图形两个图层,并且支持两个图层的叠加显示。支持 80 时序 8 位并口。

(4) COG 类。常见的控制器有 S6B0724 和 ST7565,这两个控制器指令兼容,支持 68 时序 8 位并口,80 时序 8 位并口和串口。COG 类液晶的特点是结构轻便,成本低。

各种控制器的接口定义如表7.6所示：

表7.6 各种控制器的12864液晶接口

控制器	1	2	3	4	5	6	7	8	9	10	11	12	13	14	15	16	17	18	19	20
ST7920	GND	VCC	V_O	RS	R/W	E	DB0	DB1	DB2	DB3	DB4	DB5	DB6	DB7	PSB	NC	RES	VOUT	BLA	BLK
KS0108	GND	VCC	V_O	RS	R/W	E	DB0	DB1	DB2	DB3	DB4	DB5	DB6	DB7	CS1	CS2	RES	VOUT	BLA	BLK
T6963	FG	GND	VCC	V_O	WR	RD	DB0	DB1	DB2	DB3	DB4	DB5	DB6	DB7	RS	CS	RES	FS	BLA	BLK

其中PSB是ST7920类液晶的标志性引脚；CS1、CS2是KS0108类引脚的标志性引脚；FS是T6963C类液晶的标志性引脚。

本教材实验用的12864液晶使用ST7920控制器，5V电压驱动，带背光，内置8192个16×16点阵，128个字符(8×16点阵)及64×256点阵显示RAM(GDRAM)。与单片机接口采用并行或串行两种控制方式。Protues仿真库里的LGM12641BS1R使用KS0108控制器，没有字库，需要配合取模软件显示汉字或图像。

1. LCD12864主要技术参数如表7.7所示

表7.7 12864液晶主要技术参数表

显示容量	128×64
芯片工作电压	3.3～5.5V
模块最佳工作电压	5.0V
与MCU接口	8位或4位并口/3位串行
工作温度(常温型)	－10℃～＋60℃
工作温度(宽温型)	－20℃～＋70℃

2. LCD12864的引脚说明如表7.8所示

表7.8 LCD12864液晶引脚

引脚号	引脚名称	功能说明
1	VSS	液晶电源地(GND)
2	VDD	液晶正电源(＋5V)
3	VO	液晶显示对比度调整端
4	RS(CS)	寄存器选择(Register Selection)，RS＝0选择命令、状态寄存器，RS＝1选择数据寄存器(串片选)
5	R/W(SID)	读/写控制引脚(R/W＝0写指令或数据，R/W＝1读状态)(串数据口)
6	E(SCLK)	液晶使能端(Enable)，E＝1使能，E＝0禁止(串同步时钟信号)
7～14	DB0～DB7	液晶数据/命令字节输入端口，状态寄存器字节输出端口
15	PSB	并/串选择：H并行L串行

（续表）

引脚号	引脚名称	功能说明
16	NC	空脚
17	RST	复位，低电平有效
18	NC	空脚
19	BLA	液晶背光正电源（VCC）
20	BLK	液晶背光电源地（GND）

3. LCD1602 控制指令

LCD12864 液晶模块内部的控制器的常用基本指令集有 11 条，与 LCD1602 相似，如表 7.9 所示。

表 7.9 LCD12864 液晶控制指令表

序号	命令	命令代码										功能说明
		RS	R/W	DB7-DB0								
1	清显示，复位	0	0	0	0	0	0	0	0	0	1	清屏，光标归位
2	光标归位	0	0	0	0	0	0	0	0	1	X	设置地址计数器（AC）为 00H，并将游标移到开头原点位置。
3	字符进入模式	0	0	0	0	0	0	0	1	I/D	S	设置字符进入时的屏幕移位方式
4	显示开/关控制	0	0	0	0	0	0	1	D	C	B	设置显示开关，光标开关，闪烁开关
5	光标或字符移位	0	0	0	0	0	1	S/C	R/L	X	X	设置光标与字符移动
6	功能设置	0	0	0	0	1	DL	X	RE	X	X	DL=0/1：4/8 位数据 RE=1 扩充指令集 RE=0 基本指令集
7	设置 CGRAM 地址	0	0	0	1	CGRAM 地址（ACG）						设置 6 位的 CGRAM 地址以读/写数据
8	设置 DDRAM 地址	0	0	1	DDRAM 地址（ADD）							设置 DDRAM 地址 第一行：80H～87H 第二行：90H～97H 第三行：88H～8FH 第四行：98H～9FH
9	读忙标志或地址	0	1	BF	由最后写入的 DDRAM 或 CGRAM 地址设置指令设置的 DDRAM/CGRAM 地址							读忙标志及地址计数器

（续表）

序号	命令	命令代码			功能说明
		RS	R/W	DB7-DB0	
10	写数据到CGRAM/DDRAM	0	0	写入1字节数据，需要先设置RAM地址	向CGRAM/DDRAM/TRAM/GDRAM写入一字节数据并递增或递减AC
11	从CGRAM/DDRAM读数据	1	1	读取1字节数据，需要些设置RAM地址	从CGRAM/DDRAM/TRAM/GDRAM读取一字节数据并递增或递减AC

注：RS为寄存器选择位，RS=0时选择命令寄存器/状态寄存器，RS=1时选择数据寄存器。

I/D=1递增，I/D=0递减。

S=0时显示屏不移动，S=1时，如果I/D=1且有字符写入时显示屏左移，否则右移。

D=1显示屏开，D=0显示屏关。

C=1时光标出现在地址计数器所指的位置，C=0时光标不出现。

B=1时光标出现闪烁，B=0时光标不闪烁。

S/C=0时，RL=0则光标左移，否则右移。

S/C=1时，RL=0则字符和光标左移，否则右移。X表示0或1都可以。

DL=1时数据长度为8位，DL=0时数据长度为4位，使用D7～D4，分两次送一字节。

N=0为单行显示，N=1为双行显示。

RE=0时基本指令集动作；RE=1时扩充指令集动作。

BF=1时LCD忙，BF=0时LCD准备就绪。

有关RAM及地址说明如下：

DD RAM指Display data RAM。

CG RAM指Character generator RAM。

ACG指CG RAM Address，设置CG RAM地址后再向CG RAM写入点阵字节过程中ACG自动递增。

ADD指DD RAM Address(Cursor Address)，设置DD RAM地址后再向DD RAM写入字符编码过程中ADD自动递增。

AC指Address Counter，同时用于DD RAM及CG RAM地址。

4. 显示坐标关系

(1) 图形显示坐标

水平方向X以字为单位，垂直方向Y以位为单位。CGRAM的坐标地址如图7.9所示。

绘图显示RAM提供128X8B的记忆空间，在更改绘图RAM时，先连续写入水平与垂直的坐标值，在写入两字节的数据，地址计数器(AC)会自动加1；在写入绘图RAM期间，绘图显示必须关闭。写入绘图RAM的步骤如下：

① 关闭绘图显示功能。

② 先将水平的位元组坐标(X)写入绘图 RAM 地址。

③ 再将垂直的坐标(Y)写入绘图 RAM 地址。

④ 将 D15～D8 写入 RAM 中。

⑤ 将 D7～D0 写入 RAM 中。

⑥ 打开绘图显示功能。

		水平坐标				
		00	01	......	06	07
		D15~D0	D15~D0	......	D15~D0	D15~D0
垂直坐标	00					
	01					
	....					
	1E					
	1F			128X64 点		
	00					
	01					
	......					
	1E					
	1F					
		D15~D0	D15~D0	......	D15~D0	D15~D0
		08	09	......	0E	0F

图 7.9 LCD12864 GDRAM 的坐标地址与资料排列顺序

(2) 汉字显示坐标

欲在某一位置显示中文字符时，应先设定显示字符的位置，再写入中文字符编码，汉字显示坐标如表 7.10 所示。

显示 ASCII 码字符过程与显示中文汉字过程相同。不过在显示连续字符时，只需设定一次显示地址，由模块自动对地址加 1 指向下一个字符位置，否则显示的字符中将会有一个空 ASCII 字符位置。

字符编码为 2 字节时，应先写入高位字节，再写入低位字节。

LCD 在接收指令前，微处理器必须确认其内部处于非忙碌状态，读取 BF 标志时，BF 需为 0 时方可接收新的指令或字符数据；如果在送出一个指令前不检查 BF 标志，那么在前一个指令和这个指令中间必须延长一段时间，等待前一个指令执行完成。

表 7.10　LCD12864 汉字显示坐标

Y 坐标	X 坐标							
Line1	80H	81H	82H	83H	84H	85H	86H	87H
Line2	90H	91H	92H	93H	94H	95H	96H	97H
Line3	88H	89H	8AH	8BH	8CH	8DH	8EH	8FH
Line4	98H	99H	9AH	9BH	9CH	9DH	9EH	9FH

5. 接口时序

12864 液晶的并行操作时序与 1602 非常相似，其串行接口也非常简单，时序图如图 7.10 所示。

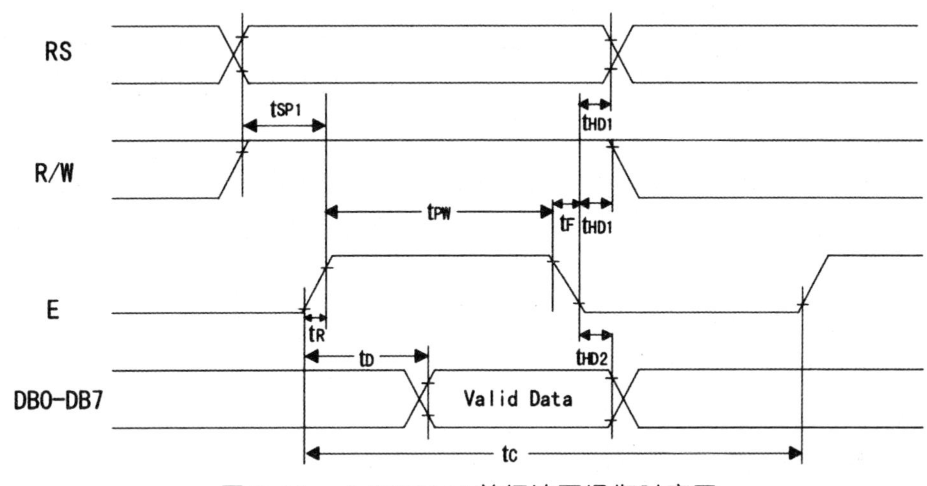

图 7.10a　LCD12864 并行读写操作时序图

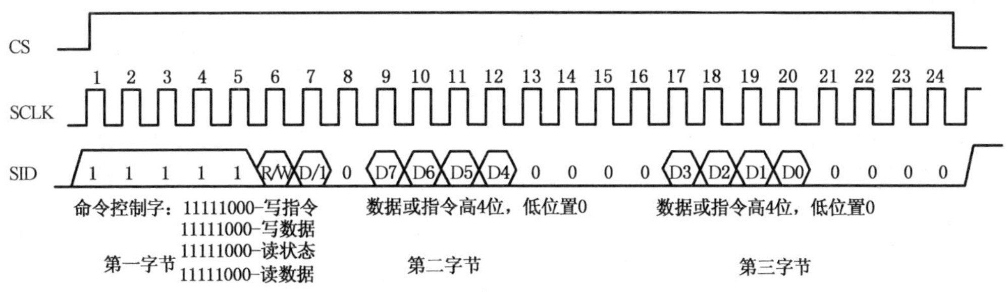

图 7.10b　LCD12864 串行读写操作时序图

6. LCD12864 液晶模块与 51 单片机的接口

模块有串行和并行两种连接，如图 7.11 a，b 所示。

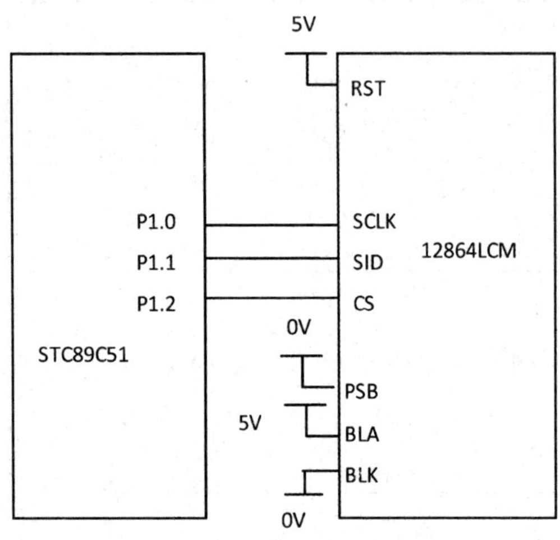

图 7.11a 串口连接方式

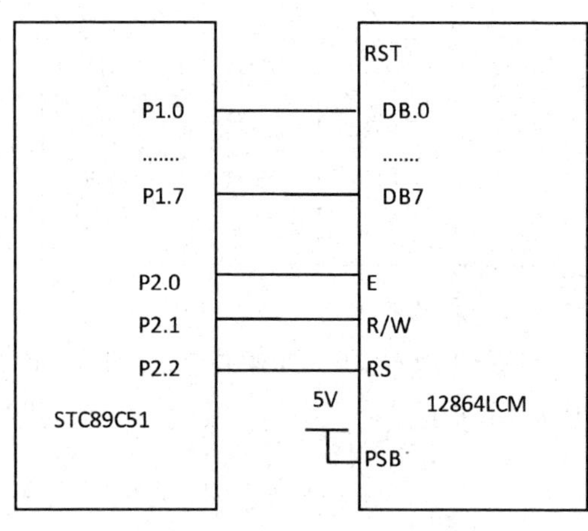

图 7.11b 并口连接方式

7. LCD12864 显示程序实现

在 12864 第一行显示“LCD12864 程序测试”，第二行显示“0123456789”，并且让每一位数字随机变化，第三行显示“I love MCU!”，第四行显示“有志者事竟成!”。程序代码如下：

```
#include<reg51.h>
#include<stdio.h>
#include<stdlib.h>
#define uchar unsigned char
#define uint unsigned int
#define lcd_port P1
sbit lcdrs=P2^2;
sbit lcdrw=P2^1;
sbit lcden=P2^0;
uchar tab[10];
void delayms(uchar xms)
{
    uint i,j;
    for(i=xms;i>0;i--)
        for(j=110;j>0;j--);
}
/*---液晶写子函数------------*/
void lcd_write(bit bt,uchar dt)
{
```

```
    lcdrs=bt;      // RS确定写数据还是指令:0指令1数据
    lcdrw=0;       //写为低电平
    lcd_port=dt;   //数据或命令送数据总线
    lcden=1;       //使能为高电平
    delayms(5);    //为液晶运行稳定,作简短延时
    lcden=0;       //将使能拉低,产生一个高脉冲,写有效
}
/*---设定显示位置------------*/
void lcd_pos(uchar X,uchar Y)
{
    uchar pos;
    switch(X){
        case 0:X=0x80;break;
        case 1:X=0x90;break;
        case 2:X=0x88;break;
        case 3:X=0x98;break;
    }
    pos=X+Y;
    lcd_write(0,pos);
}
/*---生成随机数------------*/
void makerand()
{
    uint ran;
    ran=rand();
    tab[0]=ran/10000+'0';
    tab[1]=ran%10000/1000+'0';
    tab[2]=ran%1000/100+'0';
    tab[3]=ran%100/10+'0';
    tab[4]=ran%10+'0';
    ran=rand();
    tab[5]=ran/10000+'0';
    tab[6]=ran%10000/1000+'0';
    tab[7]=ran%1000/100+'0';
    tab[8]=ran%100/10+'0';
    tab[9]=ran%10+'0';
```

```
}
/*----------------液晶初始化---------------*/
void init()
{
    lcd_write(0,0x38);      //设置 16×2 显示,5×7 点阵,8 位数据接口
    lcd_write(0,0x0c);      //设置开显示不显示光标
    lcd_write(0,0x06);      //写一字符后地址自动加一
    lcd_write(0,0x01);      //显示清零,数据指针清零
}
/*改写 char putchar(char ch)函数,向默认的输出设备输出一字符,以便可以使用 printf()库函数*/
char putchar(char ch) {
    lcd_write(1,ch);
    return ch;
}
/*----------------主函数---------------*/
void main()
{   uchar i;
    init();
    lcd_pos(0,0); //设置显示位置为第一行第一个字符
    printf("LCD12864 程序测试");
    lcd_pos(2,0); //设置显示位置为第三行第一个字符
    printf("I love MCU!");
    lcd_pos(3,0); //设置显示位置为第四行第一个字符
    printf("有志者事竟成!");
    while(1){
        lcd_pos(1,0); //设置显示位置为第二行第一个字符
        makerand();
        for(i=0;i<10;i++)
        lcd_write(1,tab[i]);
    }
}
```

7.3 键盘接口与应用实例

键盘分为编码键盘和非编码键盘。所谓编码键盘,键盘上闭合键的识别由专用的硬件编码器来实现,并产生键码号或键值,如计算机键盘。非编码键盘是靠软件编程来识别的。在单片机应用系统中除了复位按键有专门的复位电路及专一的复位功能外,其他按

键都是以开关状态来设置控制功能或输入数据的。当所设置的功能键或数字键按下时，单片机应用系统应完成该按键所设定的功能。

在单片机外围电路中，通常用到的按键都是机械弹性开关，当开关闭合时，线路导通，开关断开时，线路断开；自锁式按键按下时闭合且会自动锁住，再次按下时才弹起断开，这种自锁式按键通常当作开关使用。单片机检测按键的原理是：将单片机的 I/O 口作为输入口使用，按键的一端接地，另一端与单片机的某个 I/O 口连接，开始先给该 I/O 口赋一高电平，然后不断检测该引脚是否变为低电平，当按键闭合时，引脚通过按键与地接通，变成低电平，程序一旦检测到 I/O 口引脚变为低电平则说明按键被按下，执行相应的功能程序。

当按键被按下或释放时，由于机械弹性作用的影响，通常伴随有一定时间的触点机械抖动，其抖动过程如图 7.12 所示，抖动时间的长短与开关的机械特性有关，一般 5～10 ms。为了避免在触点抖动期间错误地认为按键是多次操作，为了保证 CPU 对闭合的按键作出正确的判定，必须采取消抖措施。其中可以采用加消抖电路和软件延时，硬件和软件两种方法。由于人的按键速度与单片机的执行速度相比要慢得多，软件延时的方法在技术上完全可行，也降低系统硬件开销，在单片机系统中被广泛采用。

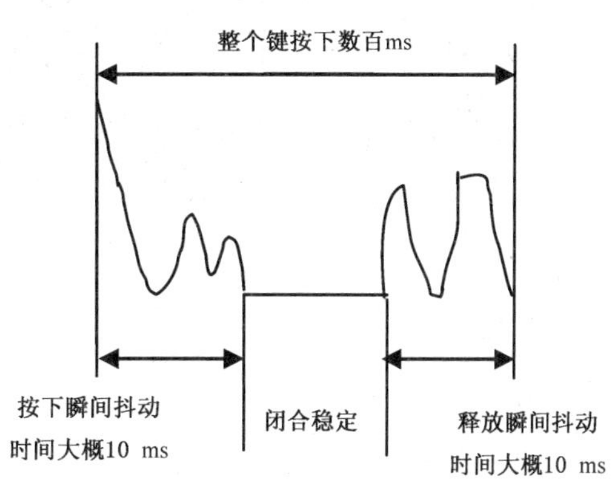

图 7.12　按键触点的机械抖动

一个完善的键盘控制程序应具备以下功能：①检测有无按键按下，消除按键机械触点抖动的影响。②有可靠的逻辑处理办法。每次只处理一个按键，期间任何按键的操作对系统不产生影响，且无论一次按键时间有多长，系统仅执行一次按键功能程序。③准确输出按键值(或键号)，以满足跳转指令要求。

7.3.1　独立按键及应用

单片机控制系统中，如果只有几个功能键，一般采用独立按键。其特点是每个按键单独占用一根 I/O 口线，按键间的工作互相独立，独立式键盘的典型接口如图 7.13 所示。51 系列单片机的 P1 口为独立式键盘输入接口，K1～K4 分别接到了 P1.0～P1.3。

独立键盘程序设计。主程序通过循环调用按键扫描子程序，返回键值。不同的按键按下，调用花样灯控制子程序，实现发光二极管点亮花样的切换。程序源代码如下：

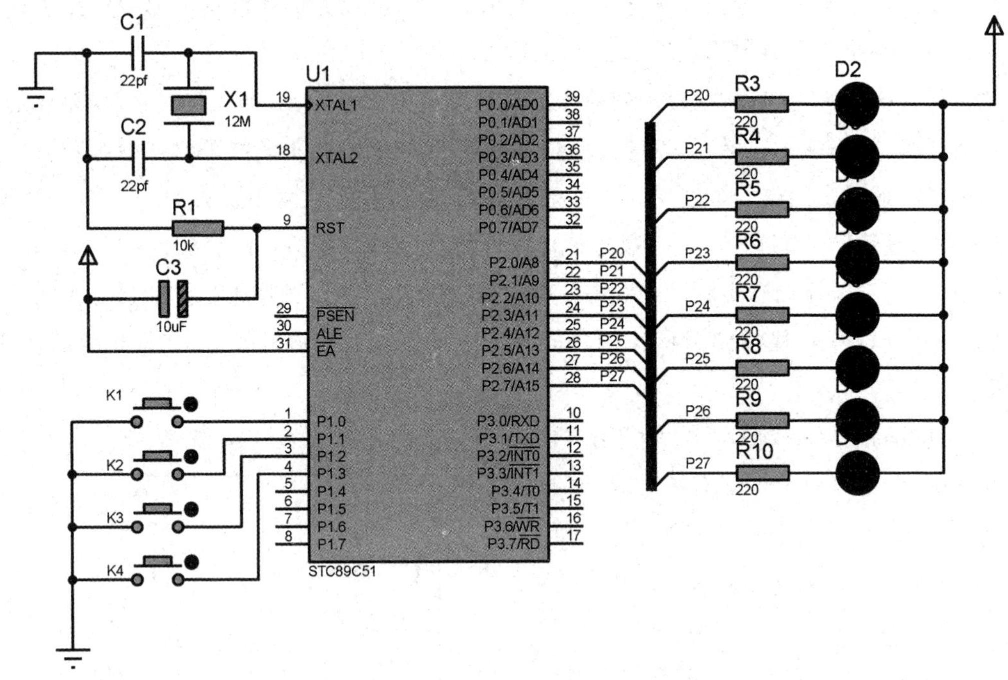

图 7.13　独立按键接口

```
#include<reg51.h>
#define uchar unsigned char
#define uint unsigned int
uchar code led1[]={0xfe,0xfd,0xfb,0xf7,0xef,0xdf,0xbf,0x7f};
uchar code led2[]={0x7f,0xbf,0xdf,0xef,0xf7,0xfb,0xfd,0xfe};
uchar code led3[]={0x55,0xaa,0x00,0xff,0x55,0xaa,0x00,0xff};
uchar code led4[]={0x0f,0xf0,0xaa,0x55,0x0f,0xf0,0xaa,0x55};
uchar key_value,key_value_pre; //定义键值,上一次键值变量
sbit K1=P1^0;
sbit K2=P1^1;
sbit K3=P1^2;
sbit K4=P1^3;
void delayms(uint xms)
{
    uint x,y;
    for(x=xms;x>0;x--)
        for(y=110;y>0;y--);
}
/*键盘扫描做成一个带有返回值的子程序*/
uchar keyscan()
```

```
{
    uchar key;
    if(P1! =0xff)
    {
        delayms(10); //延时消抖
        if(P1! =0xff)
        {
            switch(P1)
            {
                case 0xfe:key=1;break;
                case 0xfd:key=2;break;
                case 0xfb:key=3;break;
                case 0xf7:key=4;break;
            }
            while(P1! =0xff); //按键松手检测
        }
        return key;//如果有按键按下,返回具体键值
    }return key=0;//如果没有按键按下,返回键值为0
}
//利用数组查表的方法实现任意花样灯的点亮控制子程序,入口参数2个:花样数组,花样点亮时间间隔
void led(uchar * pt,uint time){
    uchar i;
    for(i=0;i<8;i++){
        P2=pt[i];
        delayms(time);
    }
}
void main()
{
    P2=0xff;P1=0xff;
    while(1)
    { key_value=keyscan();key_value_pre=key_value;//首次按下键值与上一次键值相同
        switch(key_value)//依据键扫值控制小灯点亮的花样
        {
            case 1:
                led(led1,300);break;
```

```
        case 2:
            led(led2,600);break;
        case 3:
            led(led3,900);;break;
        case 4:
            led(led4,1200);;break;
        }
    }
}
```

利用中断按键实现交通灯的控制功能,也是比较方便的。

比如:实现十字路口交通灯的红绿黄指示灯显示,要求:东西、南北路口通行时间为 30 s。禁行时间红灯亮,禁行时间到黄灯闪烁 3 s,之后切换到绿灯点亮,路口放行。遇到紧急情况时,按下按键,让两个路口禁行,用中断按键可控制 4 个路口的红灯共同亮 10 s。其控制电路如图 7.14 所示,程序代码如下:

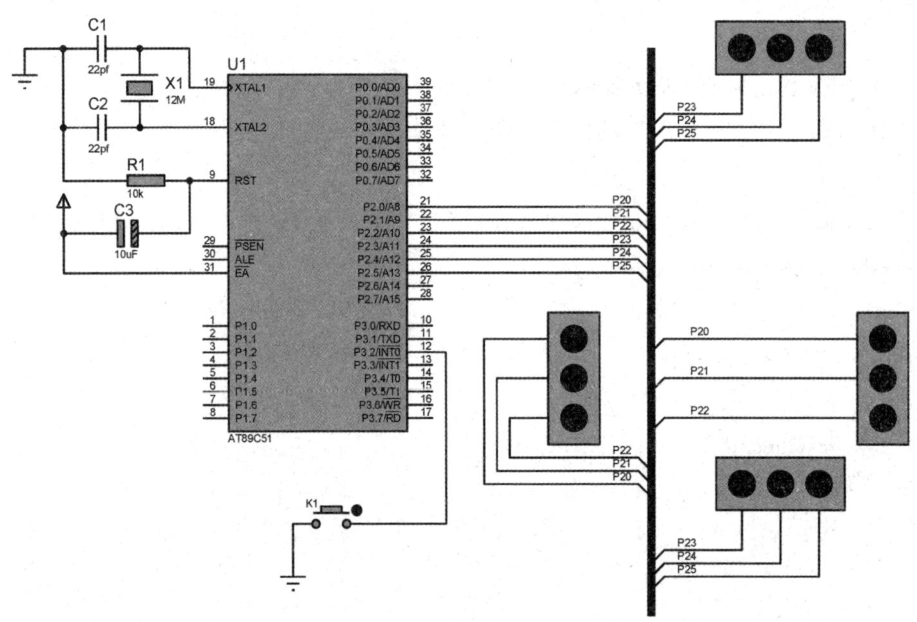

图 7.14 交通灯控制电路

/ * 说明:东西向绿灯亮 30s 后,黄灯闪烁,闪烁 3 次后红灯亮,红灯亮后,南北向有红灯变为绿灯,30 s 后南北向黄灯闪烁,闪烁 3 次后红灯亮,东西向绿灯亮,如此重复。之后,继续前面的自动程序。

这里用到了分支语句,return 语句,在中断服务子程序中,何时需要退出子程序,返回主程序,就可执行 return。

交通灯有 4 个点亮历程,利用操作类型码编程实现其点亮控制,使得程序的编制非常简单。 * /

```
#include<reg51.h>
#define uchar unsigned char
#define uint unsigned int
sbit RED_DX=P2^0;
sbit YELLOW_DX=P2^1;
sbit GREEN_DX=P2^2;
sbit RED_NB=P2^3;
sbit YELLOW_NB=P2^4;
sbit GREEN_NB=P2^5;
uint Time_count=0;
uchar Flash_count=0,Operation_type=1;
void delayms(uint z)
{
    uint x,y;
    for(x=z;x>0;x--)
    for(y=110;y>0;y--);
}
void main()
{
    TMOD=0x01;// 定时器0工作于定时器模式,工作方式1
    IE=0x83;
    TR0=1;
    while(1);
}
//定时器0中断服务程序
void timer0()interrupt 1
{
    TH0=-50000/256;
    TL0=-50000%256;// 定时初值设定50 ms
    switch(Operation_type)
    {
        case 1://东西向绿灯与南北向红灯亮30s
            RED_DX=0;YELLOW_DX=0;GREEN_DX=1;
            RED_NB=1;YELLOW_NB=0;GREEN_NB=0;
            //30s后切换操作(50ms*600=30s)
            if(++Time_count!=600)return;
```

```
            Time_count=0;
            Operation_type=2;//改变操作码
            break;
        case 2://南北向黄灯开始闪烁,红灯关闭
            if(++Time_count! =6)return;
            Time_count=0;
            YELLOW_NB=~YELLOW_NB;RED_NB=0;
            //闪烁3次
            if(++Flash_count! =6)return;
            Flash_count=0;
            Operation_type=3;//下一操作
            break;
        case 3://东西向红灯与南北向绿灯亮30s
            RED_DX=1;YELLOW_DX=0;GREEN_DX=0;
            RED_NB=0;YELLOW_NB=0;GREEN_NB=1;
            //30s后切换操作(50ms*600=30s)
            if(++Time_count! =600)return;
            Time_count=0;
            Operation_type=4;//下一操作
            break;
        case 4://东西向黄灯开始闪烁,绿灯关闭
            if(++Time_count! =6)return;
            Time_count=0;
            YELLOW_DX=~YELLOW_DX;RED_DX=0;
            //闪烁3次
            if(++Flash_count! =6)return;
            Flash_count=0;
            Operation_type=1;//下一操作
            break;
    }
}
//有紧急情况时,按下中断键,东西南北的红灯一起亮1秒
void int0()interrupt 0
{
    TR0=0;ET0=0;//关闭定时器
    RED_DX=1;YELLOW_DX=0;GREEN_DX=0;
```

```
    RED_NB=1;YELLOW_NB=0;GREEN_NB=0;
    delayms(1000);
    TR0=1;ET0=1;//打开定时器
}
```

7.3.2 行列矩阵键盘结构及工作方式

独立按键电路配置灵活，程序编制简单，但是在按键较多时为了节省CPU的I/O口资源，不宜采用独立按键，通常采用矩阵式行列键盘。下面以4×4矩阵键盘为例讲解其工作原理和检测方法。将16个按键排成4行4列，第一行将每个按键的一端连接在一起构成行线，第一列将每个按键的另一端连接在一起构成列线，这样共有4行4列8根线，将这8根线连接到单片机的8个I/O口上，通过程序扫描键盘就可以检测16个按键。如图7.15所示。

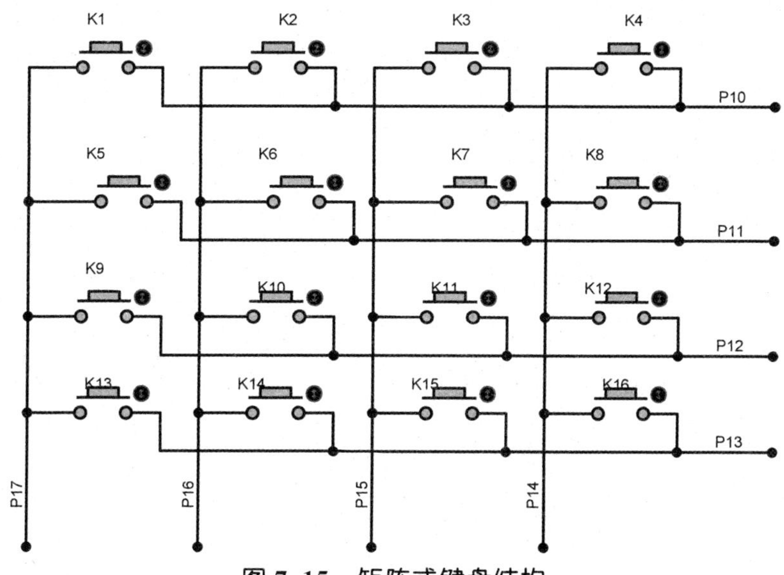

图7.15 矩阵式键盘结构

(1) 矩阵键盘的识别。识别键盘的方法很多，主要有扫描法和线翻转法。通过程序进行扫描，首先将4行线全部输出低电平，读列线，若4个列线全部为高电平，说明没有键按下；若列线不全为高电平则说明有键按下。此时再进行逐行扫描，即逐行输出低电平信号，读列线引脚的状态，根据列线电平的变化，确定按键的具体位置。以图7.15所示K6键的识别为例。K6按键按下时，P1.1行线与P1.6列线导通。当程序行线输出全0时，列线不等于全1，说明有键按下，当程序扫描到第二行时，列线P1.6为低电平，从而确定按键在第二行第二列即K6按下。

(2) 键盘的工作方式。对键盘的响应取决于键盘的工作方式。确定键盘工作方式的原则是既要保证CPU能及时响应按键操作，又不要过多占用CPU的工作时间。通常键盘的工作方式有编程扫描、定时扫描和中断扫描。

① 编程扫描方式。这种方式是利用 CPU 完成其他工作的空余时间，调用键盘扫描子程序来响应键盘输入的要求。在执行按键功能程序时，CPU 不再响应键输入要求，直到 CPU 重新扫描键盘为止。程序框图如图 7.16 所示。其主要内容如下：

a. 判断有无键按下。

b. 利用行列扫描或线翻转法获得按键的位置。

c. 得到键值。

d. 等待按键释放。

e. 返回键值。

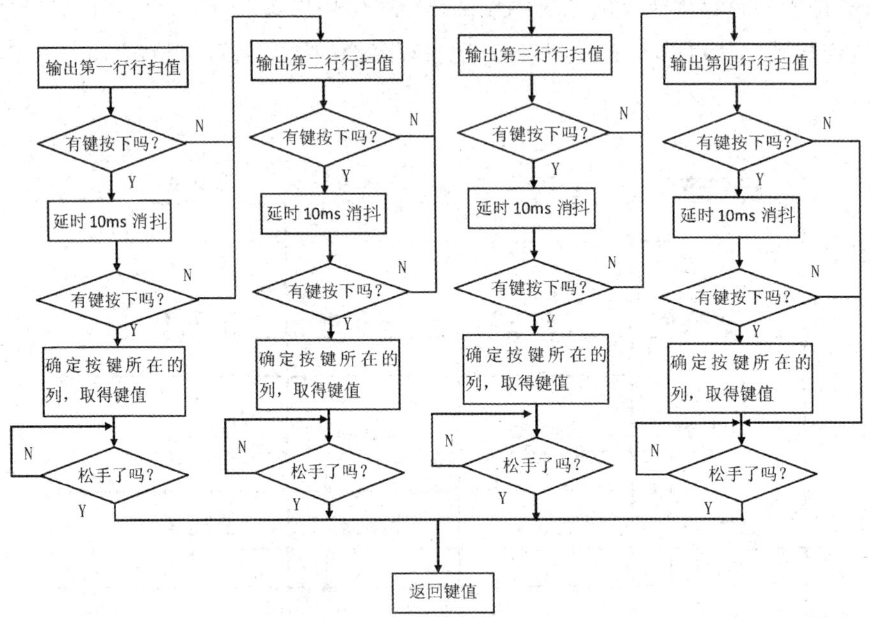

图 7.16　键盘扫描子程序框

键盘子程序源程序如下：

```
//方法一:具有返回值的函数,采用行列扫描法,确定闭合按键的位置
uchar keyscan()
{
    uchar temp;
    P1=0xfe;//第一行行扫值送 P1 口
    temp=P1; //进行行扫描,读 P1 口引脚
    temp=temp&0xf0;
    if(temp! =0xf0)
    {
      delayms(10);//有键按下,则延时消抖
      temp=P1;
```

```
    temp=temp&0xf0;
    if(temp! =0xf0)      //再次判断第一行有无键按下
  {
    temp=P1;             //读 P1 口
    switch(temp)
    {
      case 0xee:key=4; break;  //当 P1=0xee 时,按键在第 1 行第 4 列
      case 0xde:key=3; break;  //当 P1=0xde 时,按键在第 1 行第 3 列
      case 0xbe:key=2; break;  //当 P1=0xbe 时,按键在第 1 行第 2 列
      case 0x7e:key=1; break;  //当 P1=0x7e 时,按键在第 1 行第 1 列
    }
    while(temp! =0xf0) //等待按键释放,P1=0xf0 时,说明按键已经释放
    {
      temp=P1;
      temp=temp&0xf0;
    }}}
    P1=0xfd;//第二行行扫值送 P1 口
temp=P1;
temp=temp&0xf0;
if(temp! =0xf0)
{
  delayms(10);
  temp=P1;
  temp=temp&0xf0;
  if(temp! =0xf0)
  {
    temp=P1;
    switch(temp)
    {
      case 0xed: key=8; break;
      case 0xdd: key=7; break;
      case 0xbd: key=6; break;
      case 0x7d: key=5; break;
    }
    while(temp! =0xf0)
    {
```

```
        temp=P1;
        temp=temp&0xf0;
      }
    }
  }
P1=0xfb;//第三行行扫值送 P1 口
temp=P1;
temp=temp&0xf0;
if(temp! =0xf0)
{
  delayms(10);
  temp=P1;
  temp=temp&0xf0;
  if(temp! =0xf0)
  {
    temp=P1;
    switch(temp)
    {
      case 0xeb:key=12; break;
      case 0xdb:key=11; break;
      case 0xbb:key=10; break;
      case 0x7b:key=9; break;
    }
    while(temp! =0xf0)
    {
      temp=P1;
      temp=temp&0xf0;
    }
  }
}
P1=0xf7;//第四行行扫值送 P1 口
temp=P1;
temp=temp&0xf0;
if(temp! =0xf0)
{
  delayms(10);
```

```
        temp=P1;
        temp=temp&0xf0;
        if(temp! =0xf0)
        {
          temp=P1;
          switch(temp)
          {
            case 0xe7:key=16; break;
            case 0xd7:key=15; break;
            case 0xb7:key=14; break;
            case 0x77:key=13; break;
          }
          while(temp! =0xf0)
          {
            temp=P1;
            temp=temp&0xf0;
          }
        }
    }return(key);//返回 key 值
}
//方法二:键盘扫描函数采用线反转法,确定闭合按键的位置
uchar keyscan()
{
      uchar temp,temp1,k;
      P1=0xf0;             //向 P1 锁存器输出 0xf0,4 行均输出 0,准备读列值
      delayms(10);         //延时消抖
      temp=P1;             //读 P1 口引脚,判断按键发生于 0~3 列中的哪一列
      P1=0x0f;             // 向 P1 锁存器输出 0x0f,4 列均输出 0,准备读行值高。此即为线反转
      delayms(10);         //延时消抖
      temp1=P1;            //读 P1 口引脚,判断按键发生于 0~3 行中的哪一行
      temp=temp+temp1;  //temp=行+列
      switch(temp)
      {
          case 0x7e:k=1;break;      //0 行,0 列
          case 0xbe:k=2;break;      //0 行,1 列
          case 0xde:k=3;break;      //0 行,2 列
```

```
        case 0xee:k=4;break;       //0 行,3 列
        case 0x7d:k=5;break;       //1 行,0 列
        case 0xbd:k=6;break;       //1 行,1 列
        case 0xdd:k=7;break;       //1 行,2 列
        case 0xed:k=8;break;       //1 行,3 列
        case 0x7b:k=9;break;       //2 行,0 列
        case 0xbb:k=10;break;      //2 行,1 列
        case 0xdb:k=11;break;      //2 行,2 列
        case 0xeb:k=12;break;      //2 行,3 列
        case 0x77:k=13;break;      //3 行,0 列
        case 0xb7:k=14;break;      //3 行,1 列
        case 0xd7:k=15;break;      //3 行,2 列
        case 0xe7:k=16;break;      //3 行,3 列
    }
    return(key=k);      //返回键值
}
```

② 定时扫描方式。这种工作方式的硬件电路与编程扫描方式相同,利用单片机内部的定时器产生 10ms 的定时,当定时器溢出中断时间到时对键盘完成一次扫描。程序流程图如图 7.17 所示。

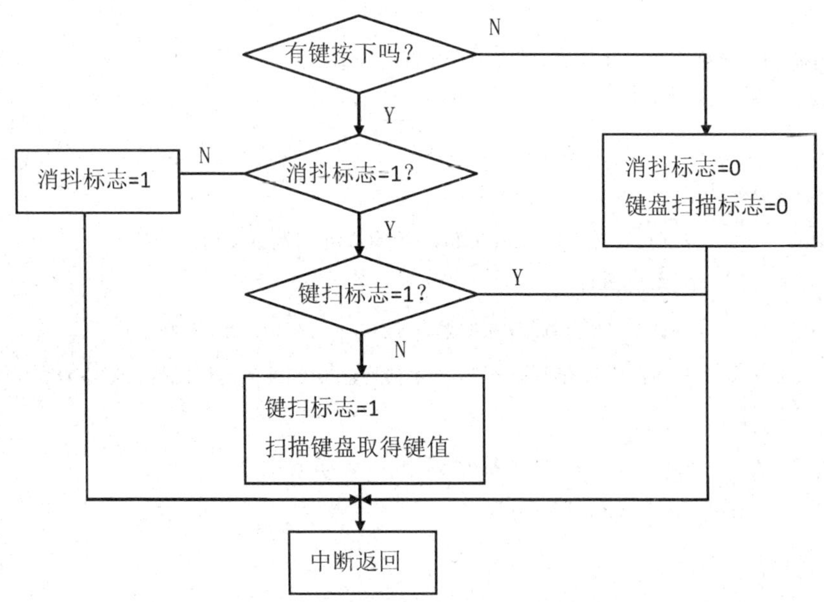

图 7.17 定时键盘扫描中断程序框图

在主程序初始化时将键盘消抖标志,键盘扫描标志设置为 0,主程序同时完成定时器中断定时 10ms 的初始化设置。进入定时中断服务程序时首先判断有无键盘按下,若无键

盘按下,将两个标志位全部清零后中断返回;若有键盘按下,先检查键盘消抖标志,标志为0时,说明还未进行消抖处理,则先将消抖标志置为1,中断返回。因为中断定时10ms,再次中断相当于延时了10ms,起到了键盘消抖的作用。

下次进入中断,消抖标志已经为1,CPU检查键盘扫描标志,若标志为0说明还未进行按键具体位置的识别判定,则先将键扫标志设置为1,然后调用行列扫描或线反转法键盘识别子程序确定按键的具体位置,取得键值,中断返回。10 ms后再次进入中断,按键已经释放,键盘消抖标志、键盘扫描标志都重新设置为0,中断返回。下次再有按键按下,继续重复上述程序流程。

③ 中断扫描方式。采用上述两种键盘工作方式,无论是否有键盘按下,CPU都要定时扫描键盘,导致CPU经常处于空扫描状态。为了提高CPU的工作效率,利用外部中断扩展电路将键盘硬件电路设计成中断键盘。如图7.18所示,将按键的4个列线同时输入到4与门的输入端,与门的输出接到单片机的INT0引脚。CPU与键盘并行工作,有键盘按下时产生中断请求信号,在外部中断服务程序中调用键盘行列扫描或线反转法确定按键的位置取得键值。

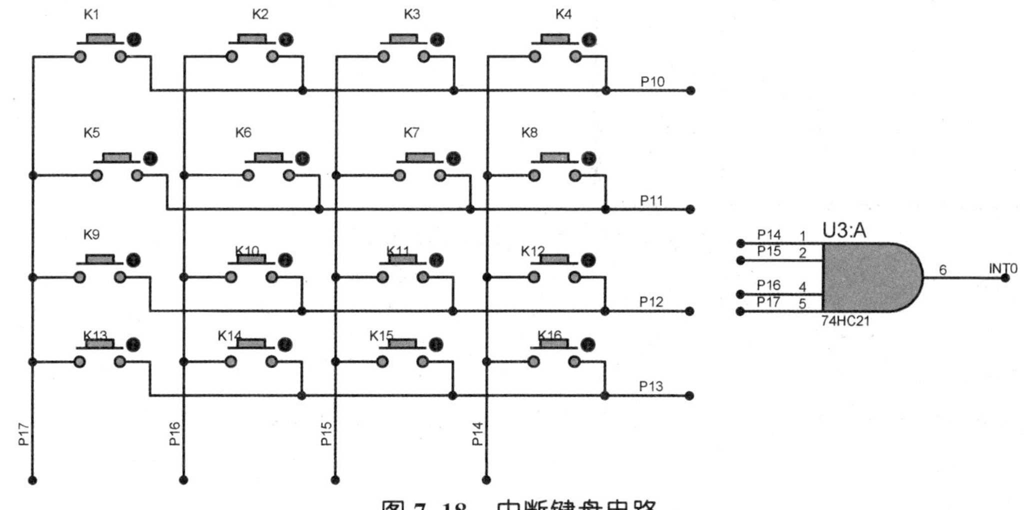

图7.18 中断键盘电路

7.3.3 行列矩阵键盘应用举例

设计16矩阵键盘,有按键按下时蜂鸣器发出提示音,八段数码管显示键号0~F。硬件电路设计如图7.19所示。利用P1口接4×4矩阵键盘,P1.0~P1.3做行线,P1.4~P1.7做列线,P0口做八段数码管的段码输出口,P3.3外接三极管8550驱动蜂鸣器发声。

常用的蜂鸣器分为有源和无源蜂鸣器两类,其中无源蜂鸣器价格便宜,内部没有振荡源,需要给它加载500Hz~4.5kHz之间的脉冲频率信号驱动才会响。无源蜂鸣器声音频率可以控制,而音阶与频率有确定的对应关系,单片机应用系统可以用它制作出八音盒、音乐门铃等,此电路也经常应用到需要声音报警的系统。

应用程序包括主程序、键盘扫描子程序、键值显示子程序、蜂鸣器发生子程序等。主程序循环调用键盘扫描子程序和显示子程序，当有按键按下且按键值与上一次按键不同时，调用显示和蜂鸣器发声子程序。程序源代码如下，为节省篇幅这里省略了键盘扫描子程序。

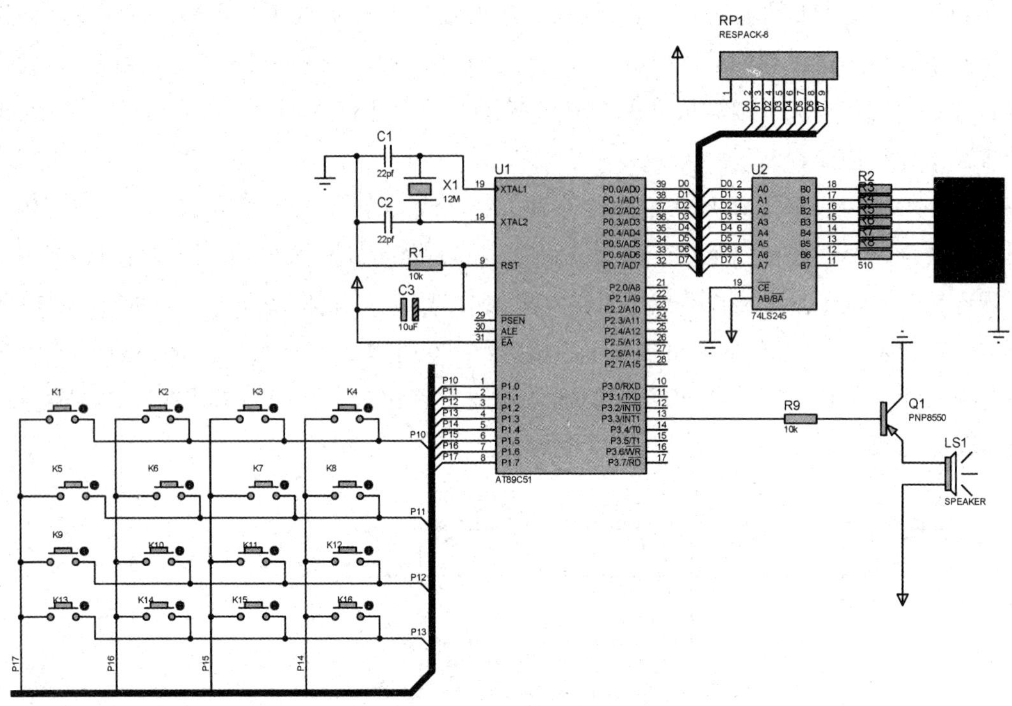

图 7.19　矩阵键盘应用电路

```
#include <reg51.h>
#define uchar unsigned char
#define uint unsigned int
//键盘扫描子程序，可参考前面的键扫子程序，确定闭合按键的位置，取得返回 0～15 键值
uchar keyscan();
sbit Beep=P3^3;          //蜂鸣器接口
uchar pre_key=17,key=17; //pre_key 记录上一次按键值，key 本次按键值
//数码管的 0～F 的共阴型字型表
uchar code tab[]={0x3f,0x06,0x5b,0x4f,0x66,0x6d,0x7d,0x07,0x7f,0x6f,0x77,0x7c,0x39,0x5e,
0x79,0x71};
void delayms(uint xms)                //i=xms 即延时约 xms 毫秒
{
    uint i,j;
    for(i=xms;i>0;i--)
        for(j=120;j>0;j--);
```

```
}
//显示子程序,只需向 P0 口送段控码
void display(uchar num)
{
    P0=codeled[num-1];
}
//发声子程序:控制蜂鸣输出口输出周期为 2ms 的方波
void sound()
{
    uchar i;
    for(i=0;i<100;i++)
    {
        delayms(1);
        Beep=~Beep;
    }Beep=1;
}
void main()
{
      P0=0;
      while(1)
      {
        P1=0xf0;
        if(P1! =0xf0)keyscan();        //有键按下,则调用键盘扫描程序
          if(pre_key! =key)            //本次按键与上一次的按键不同则显示,发出提示音
          {display(key);sound();pre_key=key;}
      }
}
```

本章小结

单片机最常用的显示器有 LED 和 LCD。LED 显示器包括状态显示器(发光二极管)、字符数字显示器(八段数码管、十六段数码管等)。发光二极管的点亮与熄灭可以显示两种状态,八段数码管用于显示数字,LED 十六段显示器用于显示字符。本章重点介绍了数码管的结构和工作原理,并通过实例介绍了数码管静态显示和动态扫描显示的硬件电路和程序设计。

LCD 部分重点介绍了 LCD1602、LCD12864 的内部结构、引脚说明、接口技术、指令,并用实例介绍了其硬件电路和程序设计。

键盘部分重点介绍了单片机常用的触点式机械开关按键的应用及软件消抖方法。单片机应用系统中,多采用独立按键,当按键较多时,多采用行列矩阵键盘。本章重点介绍了矩阵键盘的三种工作方式的硬件电路和程序设计,即编程扫描方式、定时中断扫描方式和中断扫描方式的各自特点及实现方法。

习题 7

7.1 实现十字路口交通灯的红绿黄指示灯显示的软件硬件设计与仿真。

要求:东西、南北路口通行时间为 30 秒。禁行时间红灯亮,禁行时间到黄灯闪烁 3s,之后切换到绿灯点亮,路口放行。

7.2 在 7.1 的基础上增加八段数码管显示模块,在红绿黄指示灯显示的同时,实现十字路口交通灯的倒计时显示的软件硬件设计与仿真。

要求:东西、南北路口通行时间为 30 秒。禁行时间红灯亮,禁行时间到黄灯闪烁 3s,之后切换到绿灯点亮,路口放行。同时配合数码管实现倒计时显示。

7.3 在 7.2 的基础上增加独立按键模块实现十字路口交通灯的倒计时时间的手动设置。

要求:东西、南北路口通行时间由按键手动设置,倒计时时间设置确定后系统连续运行。实现十字路口交通灯的红绿黄指示灯切换及倒计时时间的显示。遇到紧急情况,利用按键实现东西、南北路口同时禁行 10s,之后继续执行紧急情况之前的交通灯自动指示。

7.4 利用 Proteus 修改图 7.19,将电路改成外部中断 4×4 16 矩阵键盘,用外部中断键盘方式实现键盘扫描,用 8 段数码管显示按键号 0～F,若有按键按下,蜂鸣器发出提示音。利用单片机开发软件实现任务设计与仿真。

7.5 利用独立按键设计可校准电子时钟的硬件电路,可利用 6 位八段数码管做显示器,实现电子时钟的启停控制,时分秒的校准功能。提示:可设计 4 个独立按键 K1～K4,K1 为模式选择,利用 K1 按下的次数分别实现电子时钟的停止、小时校准、分校准、秒校准的控制;K2 为加一按键;K3 为减一按键,K1 配合 K2、K3 实现时分秒的校准;K4 为确认键,利用确认键启动时钟由设定时间继续走时。利用单片机开发软件实现任务设计与仿真。

7.6 LCD1602 8 位数据并行工作方式下,与单片机的接口需要几根口线,简述每位口线的功能。

7.7 LCD1602 的读写工作时序是怎样的?

7.8 利用 LCD1602 做显示器,实现 7.5 要求的任务。

第 8 章　80C51 单片机的串行通信

8.1　串行通信基础

随着单片机系统的广泛应用和计算机网络技术的普及，单片机的通信功能越来越重要。单片机通信是指单片机与计算机或单片机与单片机之间的信息交换，通常单片机与计算机之间的通信我们用得最多。通信有并行和串行通信两种方式，在单片机系统以及现代单片机测控系统中，信息交换多采用串行通信方式。

并行通信是将数据字节的各位用多条数据线同时进行传送，每一位数据都需要一条数据线，如图 8.1(a)所示。此外还需要一条信号线和若干控制信号线，这种方式仅适合于短距离的数据传输。比如现在的打印机等外部设备与计算机连接都采用传输速度非常快的 USB 2.0 接口串行数据通信。并行数据通信的特点是：控制简单，相对串口通信传送速度快，但是传输线多，长距离传送成本高，并且收发双方的各位数据同时接收存在困难。

串行通信是将数据字节分成一位一位的形式，在一条传输线上逐位地传送，如图 8.1(b)所示。通信线路只需一条数据线，外加一条公共信号地线和若干控制信号线。串行通信的特点是：传输速度慢，但传输线少，长距离传输时成本较低适合于长距离通信，但数据的传输控制比并行通信复杂。

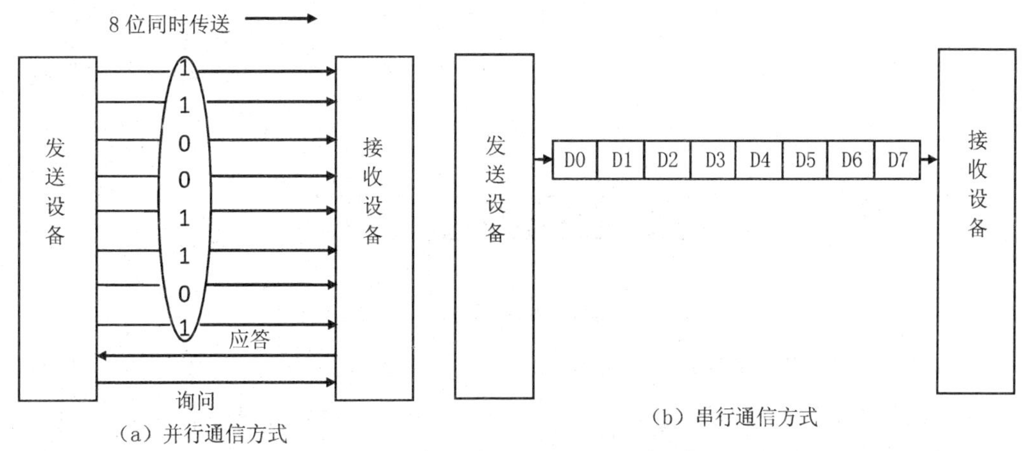

图 8.1　并行串行通信方式示意图

1. 串行通信的分类

按照串行通信数据的时钟控制方式,串行通信分为同步通信和异步通信两类。

(1) 异步串行通信

异步串行通信是指通信的发送接收设备使用各自的时钟控制数据的发送和接收过程。为使双方收、发协调,要求发送和接收设备的时钟尽可能一致,如图 8.2 所示。异步通信中,数据通常以字符(或字节)为单位组成字符帧传送。字符帧由发送方一帧一帧地发送,通过传输线由接收设备一帧一帧地接受。在异步通信中,两个字符帧之间的传输时间间隔是任意的,所以每个字符帧的前后都要有一些数位来作为分隔位。

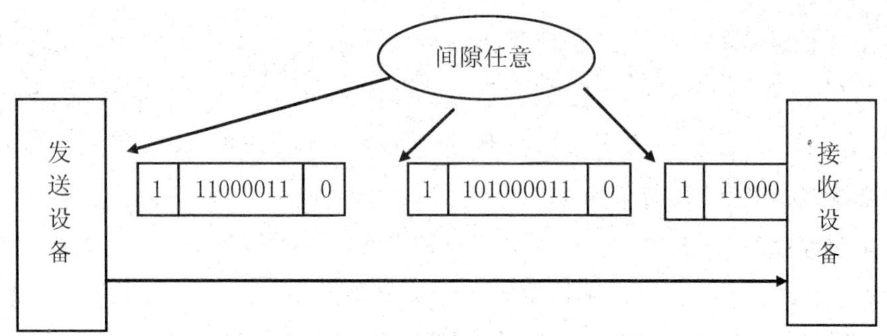

图 8.2　异步串行通信方式

发送端与接收端依靠字符帧格式来协调数据的发送和接收,在通信线路空闲时,发送线为高电平,每当接收端检测到传输线上发送过来的低电平时,就知道发送端开始发送数据了,当接收端接收到字符帧中的停止位时就知道一帧数据发送完毕。

异步通信一帧字符信息由 4 部分组成:起始位、数据位、奇偶校验位、停止位,如图 8.3所示,有的字符信息也带有空闲位形式,即在字符之间有空闲字符。

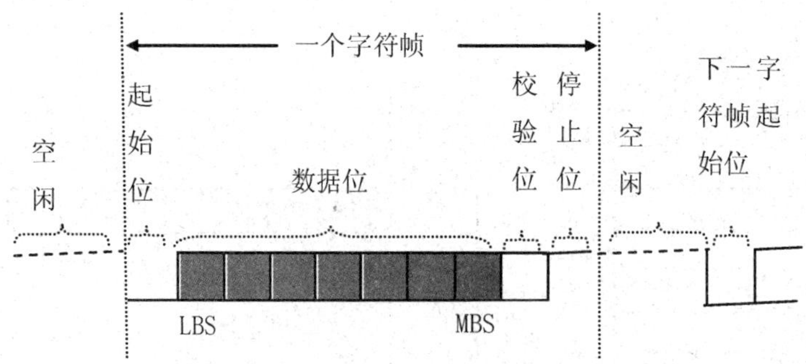

图 8.3　异步串行通信数据格式

在异步通信中,字符帧的格式和波特率由用户根据实际情况进行设置。其通信特点:不要求收发双方时钟严格一致,实现容易,设备开销小,但每个字符帧都要附加起始位、停止位和校验位,各帧之间还要有间隔,因此传输效率不高。单片机与单片机之间的通信通常采用此方式。

（2）同步串行通信

同步串行通信要建立发送方时钟对接收方时钟的直接控制。使双方达到完全同步。此时，传输数据的位之间的距离为“位间隔”的整数倍，同时传送的字符间不留间隙，即保持位同步关系。发送方对接收方的同步可以通过外同步和自同步两种方法实现，如图 8.4 所示。在发送数据前要先发送同步字符，再连续发送数据。同步字符有单同步字符和双同步字符之分。同步通信的字符帧结构有同步字符、数据字符和校验字符 CRC 三部分组成，如图 8.5 所示。在同步通信中，同步字符可以采用统一的标准格式，也可由用户约定。

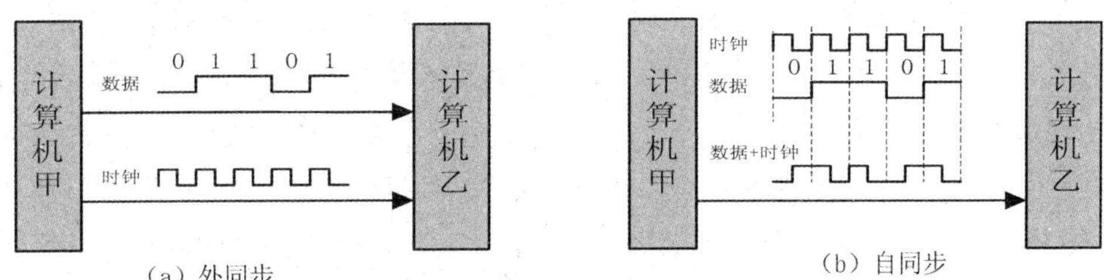

图 8.4　串行同步通信时钟实现

同步字符 1	数据字符 1	数据字符 2	数据字符 3			数据字符 n	CRC1	CRC2

（a）单同步通信的字符帧格式

同步字符 1	同步字符 2	数据字符 1	数据字符 2			数据字符 n	CRC1	CRC2

（b）双同步通信的字符帧格式

图 8.5　同步通信的字符帧格式

同步通信的数据传输速率较高，通常可达 56 000bps 或更高，其缺点是要求发送时钟和接收时钟必须保持严格同步，硬件电路较为复杂。

2. 串行通信传输方向

在串行通信中数据是在两个站之间进行传送的，按照传送方向及时间关系，串行通信可分为单工(Simplex)、半双工(Half Duplex)、全双工(Full Duplex)三种制式，如图 8.6 所示。

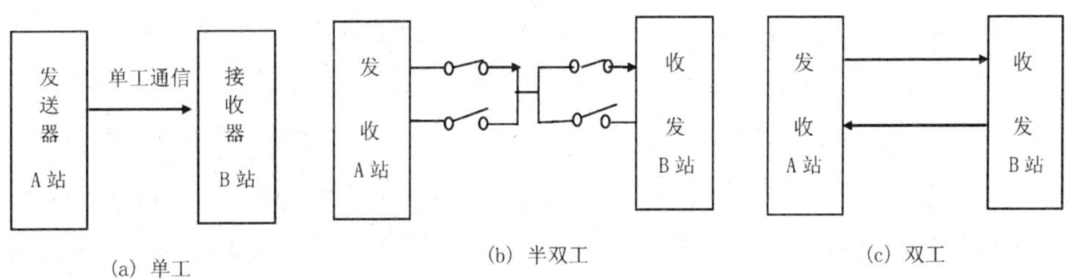

图 8.6　串行通信三种制式数据传输方向

单工制式:通信线的一端接发送器,一端接接收器,数据只能由发送方到接收方传送。

半双工制式:系统的每个通信设备都有一个发送器和一个接收器。这种制式下,数据不能同时实现在两个方向上同时传送数据,即只能分时实现一端发送,一端接收。其收发的控制开关一般是由软件控制的电子开关。

全双工制式:通信系统的每一端都有发送器和接收器,两端可以实现同时收发数据。

3. 串行通信的错误校验

(1) 奇偶校验。在发送数据时,数据位尾随的1位为奇偶校验位(1或0)。奇校验时,数据中1的个数与校验位1的个数之和应为奇数;偶校验时,数据中1的个数与校验位1的个数之和应为偶数。接收字符时,对1的个数进行校验,若发现不一致,则说明传输过程中出现了差错。

(2) 代码和校验。代码和校验是发送方将所发送数据块求和(或各字节异或),产生一个字节的检验字符(校验和)附加到数据块末尾。接收方接收数据时同时对数据块(除校验字节外)求和(或各字节异或),将所得的结果与发送方的“校验和”进行比较,相等则接收数据无差错,否则认为传送过程中出现了差错。

以上两种校验方法比较简单,通过校验只能判断数据传送出现错误,接收方放弃错误数据,要求发送方重新发送数据,以保证通信的可靠。单片机串口通信多采用上述校验方法。

(3) 循环冗余校验。这种校验是通过某种数学运算实现有效信息与校验位之间的循环校验,常用于对磁盘信息的传输、存储区的完整性校验等。这种校验方法纠错能力强,广泛应用于同步通信中。

8.2 80C51 单片机串行口

8.2.1 80C51 串行口的硬件结构

80C51 单片机内部有一个可编程全双工串行通信接口,它具有 UART(Universal Asynchronous Receiver/Transmitter,通用异步收发器)的全部功能。能同时进行数据的发送和接收,也可以作为同步移位寄存器使用。

51 单片机的串行口主要由有两个物理上独立的 8 位接收、发送缓冲器 SBUF、发送控制器、接收控制器、输入移位寄存器及若干门电路组成。如图 8.7 所示。

任意时刻,CPU 只能执行发送或接收指令中的一种,因此发送和接收缓冲器共用一个地址,统一使用 SBUF,由指令操作决定访问哪个寄存器。执行写指令(MOV SBUF,A)时,访问串行发送寄存器;执行读指令(MOV A,SBUF)时,访问串行接收寄存器。在通信过程中,一旦 SBUF(TXD)变空或 SBUF(RXD)变满,便向 CPU 提出中断请求。串行口的两个相互独立的数据引脚:TXD/P3.1、RXD/P3.0 分别供数据发送和接收使用,并与 I/O 口线复用。

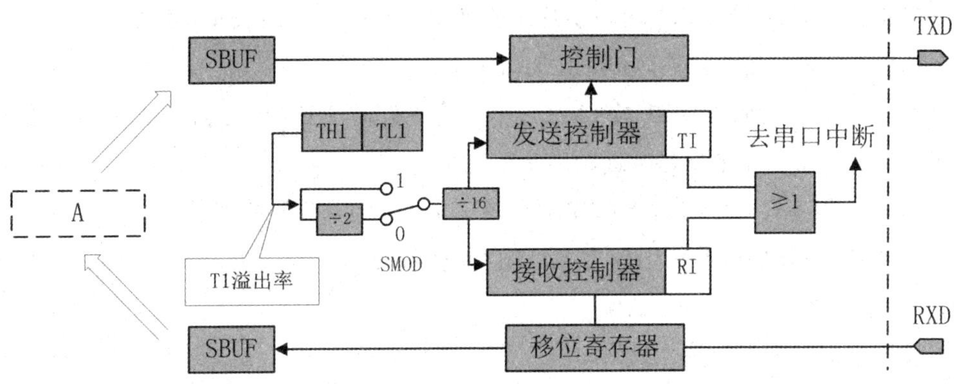

图 8.7　80C51 串行口基本结构

8.2.2　80C51 串行口的控制

80C51 串行口通过对控制寄存器、中断功能和波特率的设置实现串口通信的控制。

1. 串行口控制寄存器(SCON)

SCON 是一个可以位寻址的特殊功能寄存器，用于设定串行口的工作方式、接收/发送控制以及设置状态标志等。寄存器内容如表 8.1 所示：

表 8.1　SCON 内容

位序号	D7	D6	D5	D4	D3	D2	D1	D0
位符号	SM0	SM1	SM2	REN	TB8	RB8	TI	RI

SM0、SM1——串行口工作方式选择位，其状态组合决定了串行口的 4 种工作方式，其对应关系如表 8.2 所示。

表 8.2　串行口工作方式

SM0	SM1	方式	工作方式说明	波特率
0	0	0	同步移位寄存器方式(通常用于扩展 I/O 接口)	fosc/12
0	1	1	10 位异步收发(8 位数据)，波特率可变(由定时器 T1 的溢出率控制)	可变
1	0	2	11 位异步收发(9 位数据)，波特率固定	fosc/32 或 fosc/64
1	1	3	11 位异步收发(9 位数据)，波特率可变(由定时器 T1 的溢出率控制)	可变

SM2——多机通信控制位。

SM2 主要用于方式 2 和方式 3，当接收机的 SM2=1 时，可以利用接收到的 RB8 来控制是否激活 RI(RB8=0 时，不激活 RI，收到的信息丢弃；RB8=1 时收到的数据进入 SBUF，并激活 RI，进而在中断服务中将数据从 SBUF 读走)。当 SM2=0 时，不论接收到的 RB8 是 1 还是 0 均可以使收到的数据进入 SBUF，并激活 RI(此时 RB8 不具有控制 RI

激活的功能）。通过控制 SM2，可以实现多机通信。在方式 0 时，SM2 必须是 0，在方式 1 时，若 SM2=1，则只接收到有效停止位时，RI 才置 1。

REN——允许接收位。REN=1 允许串口接收数据；REN=0 禁止串口接收数据。

TB8——方式 2，3 中发送数据的第 9 位。

在方式 2 和方式 3 中，是发送数据的第 9 位，可以用软件规定其作用。可以用作数据的奇偶校验位，或在多机通信中作为地址帧/数据帧的标志位。在方式 0、方式 1 中，该位未使用。

RB8——方式 2，3 中接收数据的第 9 位。（SM2，RB8，TB8，这 3 位用于多机通信）

在方式 2 和方式 3 中，是接收数据的第 9 位，可作为奇偶校验位，或地址帧/数据帧的标志位。在方式 1 中，若 SM2=0，则 RB8 接收到的是停止位。

TI——发送中断标志位。

在数据发送过程中，当最后一位数据被发送完成后，由内部硬件使 TI 置 1，既可以用查询的方法也可以用中断的方法来响应该标志位，然后在相应的查询服务程序或中断服务程序中由软件使其清 0。

RI——接收中断标志位。

在数据接收过程中，当采样到最后一位数据位有效时，由内部硬件使 RI 置 1，既可以用查询的方法也可以用中断的方法来响应该标志位，然后在相应的查询服务程序或中断服务程序中由软件使其清 0。

2. 电源及波特率选择寄存器（PCON）

PCON 主要是为单片机的电源控制而设置的专用寄存器，不可以位寻址，其中 SMOD 为波特率倍增位（见表 8.3）。在串行口工作方式 1、2、3 时，SMOD=1，串行口波特率加倍。系统复位时，该位为 0。该寄存器不可以位寻址。

表 8.3 PCON 寄存器内容

位序号	D7	D6	D5	D4	D3	D2	D1	D0
位符号	SMOD	—	—	—	—	—	PD	ID

8.2.3 80C51 串行口工作方式

80C51 单片机串行通信有 4 种工作方式，通过设置 SCON 中的 SM1、SM0 位进行选择。

1. 方式 0

在方式 0 下，串行口作为同步移位寄存器使用，其波特率为 fosc/12。串行数据从 RXD(P3.0)端输入或输出，同步移位脉冲由 TXD(P3.1)送出，发送和接收均为 8 位数据，低位在先，高位在后。这种方式常用于扩展 I/O 口。

(1) 发送。当(TI)=0，一个数据写入 SBUF 时，串行口将 8 位数据以 fosc/12 波特率从 RXD 引脚输出，发送完毕后置位中断标志位 TI，并向 CPU 发出中断请求。在再次发送数据之前，必须由软件清零 TI 标志。方式 0 发送时序如图 8.8 所示。方式 0 发送时，串行口可以外接串入并出移位寄存器如 74LS164、74HC595 等芯片，用来扩展并行输出口，其逻辑电路如图 8.10(a)所示。

(2) 接收。当(RI)＝0 时，设置 REN＝1，串行口即开始从 RXD 端以 fosc/12 波特率输入数据，当接收完 8 位数据后，置位中断标志位 RI，并向 CPU 发出中断请求。在再次接收数据之前，必须由软件清零 RI 标志。方式 0 接收时序如图 8.9 所示。方式 0 接收时，串行口可以外接并入串出移位寄存器如 74LS165 芯片，用来扩展并行输入口，其逻辑电路如图 8.10(b)所示。

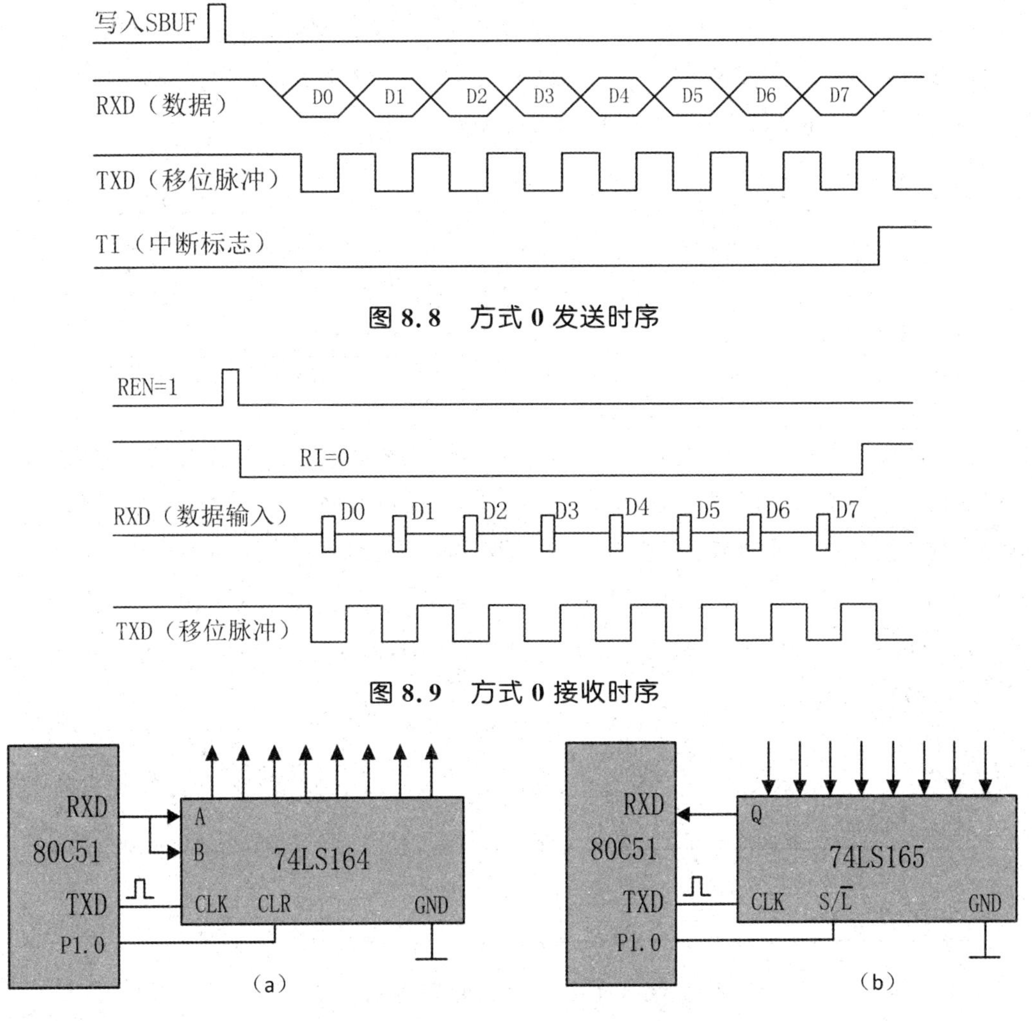

图 8.8 方式 0 发送时序

图 8.9 方式 0 接收时序

图 8.10 方式 0 用于扩展 IO 口输出、输入

2. 方式 1

在方式 1 下时，串行口为波特率可调的 10 位通用异步通信接口 UART，发送或接收一帧信息，包括一位起始位(0)，8 位数据位和一位停止位(1)。TXD 为数据发送引脚，RXD 为数据接收引脚，其帧格式如图 8.11 所示。

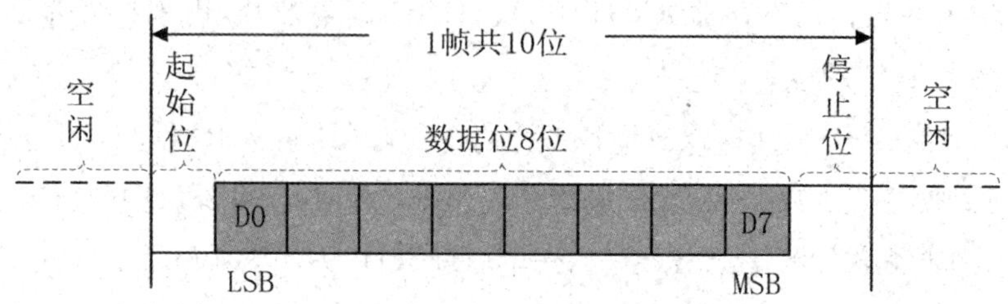

图 8.11　方式 1 通信数据帧格式

(1) 发送。当(TI)=0，数据写入发送 SBUF 后，就启动了串行口发送过程。在发送移位时钟的同步下，从 TXD 引脚先送出起始位，然后是 8 位数据位，最后是停止位。一帧数据发送完后，中断标志 TI 置 1。方式 1 发送时序如图 8.12 所示。方式 1 数据传输的波特率取决于定时器 T1 的溢出率和 PCON 中的 SMOD 位。

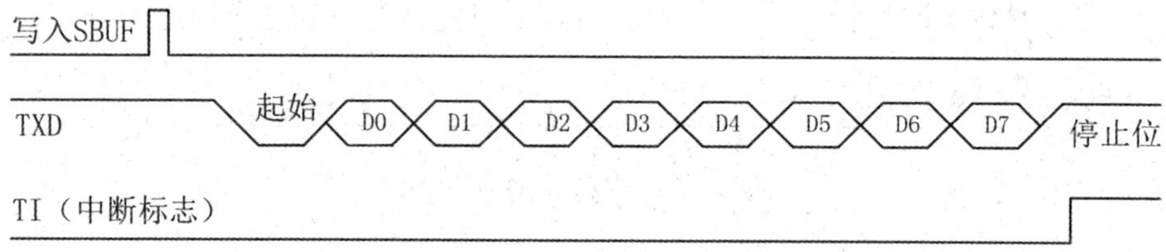

图 8.12　方式 1 发送时序

(2) 接收。当(RI)=0 时，设置 REN=1，启动串口接收过程。当检测到 RXD 引脚输入电平发生负跳变时，接收器以所选择波特率的 16 倍速率采样 RXD 引脚电平，以 16 个脉冲中的 7、8、9 三个脉冲为采样点，取两个或两个以上相同值为采样电平，若检测电平为低电平，则说明起始位有效，并以同样的检测方法接收这一帧信息的其余位。接收过程中，8 位数据装入接收 SBUF，接收到停止位时，置位 RI，向 CPU 发出中断请求。方式 1 的接收时序如图 8.13 所示。

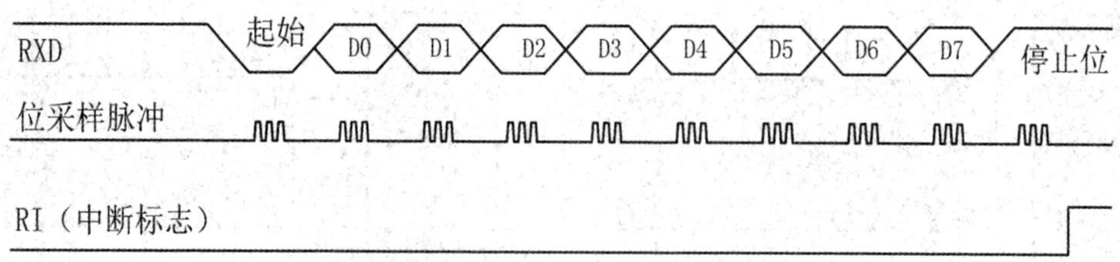

图 8.13　方式 1 接收时序

3. *方式 2*

在方式 2 下时，串行口为 11 位 UART。一帧数据包括一位起始位(0)，8 位数据位、1 位可编程位(用于奇偶校验)和一位停止位(1)。TXD 为数据发送引脚，RXD 为数据接收引脚。波特率固定为晶振频率的 1/64 或 1/32,其帧格式如图 8.14 所示。

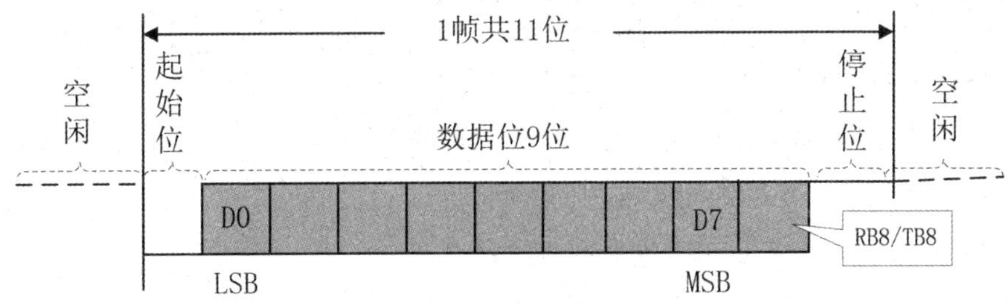

图 8.14 方式 2 数据帧格式

(1) 发送。发送前,先根据通信协议由软件设置好 TB8。当(TI)=0,数据写入发送 SBUF 后,就启动了串行口发送过程。在发送移位时钟的同步下,从 TXD 引脚先送出起始位,然后是 8 位数据位和 TB8,最后是停止位。一帧 11 位数据发送完后,中断标志 TI 置 1,向 CPU 发出中断请求。方式 2 发送时序如图 8.15 所示。

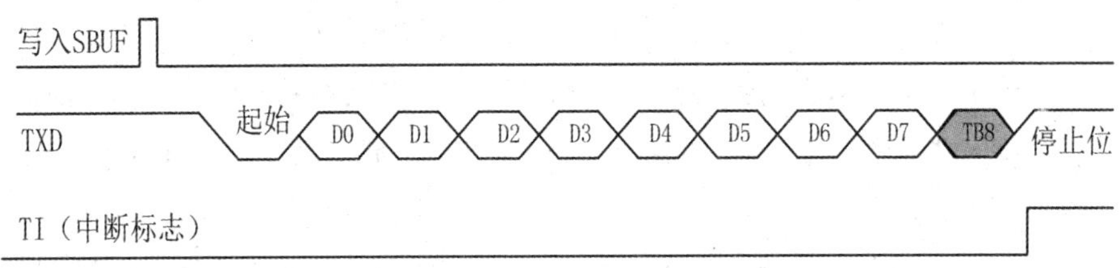

图 8.15 方式 2 发送时序

(2) 接收。当(RI)=0 时,设置 REN=1,启动串口接收过程。当检测到 RXD 引脚输入电平发生负跳变时,接收器以所选择波特率的 16 倍速率采样 RXD 引脚电平,以 16 个脉冲中的 7、8、9 三个脉冲为采样点,取两个或两个以上相同值为采样电平,若检测电平为低电平,则说明起始位有效,并以同样的检测方法接收这一帧信息的其余位。接收过程中,8 位数据装入接收 SBUF,第 9 位数据装入 RB8,接收到停止位时,若(SM2)=0 或(SM2)=1 且接收到 RB8=1,则置位 RI,向 CPU 发出中断请求;否则不置位 RI,接收到的数据丢弃。方式 2 的接收时序如图 8.16 所示。

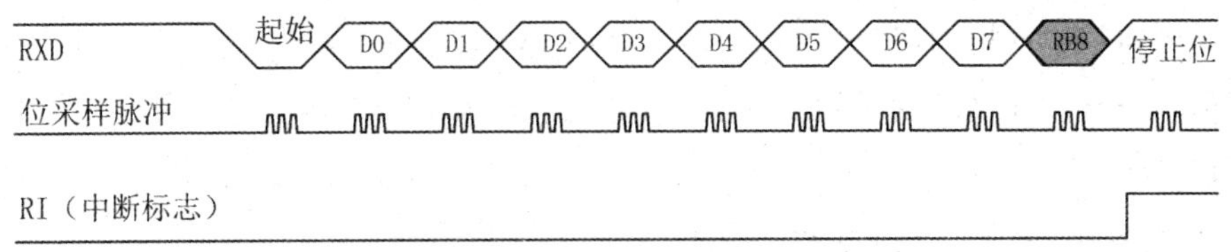

图 8.16 方式 2 接收时序

4. 方式 3

串行口工作在方式 3,与串行口工作于方式 2 一样为 11 位 UART。方式 2 与方式 3 的区别在于波特率的设置方法不同,方式 2 的波特率固定,方式 3 的波特率同方式 1 一样取决于定时器 1 的溢出率和 SMOD 控制位。方式 3 与方式 2 数据的接收发送过程只存在速率不同的差别，方式 2 和方式 3 常用于多机通信。

8.2.4 串行口的波特率

在数据通信中，数据传输的速度是一项重要的技术指标。在串行通信中，收发双方对传送数据的速率要有一定的约定。常用的术语有：

波特率(Baud Rate)表示串行数据的传输速率。

比特率(Bit Rate)也称为位速率，即每秒钟传输二进制的位数。

在一般的单片机串行数据传输中，这两个概念是一样的，但在高速串行通信中，波特率与比特率就不一样了。例如事件按 4 位编码，则数据传输的波特率是 2400，则比特率就是 9600。单片机中波特率的单位 b/s(位/秒)。

对于 80C51 芯片，不同工作方式下的波特率已列于表 8.4 中，下面作具体介绍。

1. 方式 0 和方式 2

在方式 0 中，波特率为 fosc/12。在方式 2 中，波特率取决于 PCON 中的 SMOD 值，当(SMOD)＝0 时，波特率为 fosc/64，当(SMOD)＝1 时，波特率为 fosc/32，即波特率＝$\text{fosc} \cdot 2^{\text{SMOD}}/64$。其中 fosc 为系统晶振频率：通常为 12 MHz 或 11.0592 MHz。

2. 方式 1 和方式 3

在方式 1 和方式 3 下，波特率由定时器 T1 的溢出率决定，即定时器 T1 为波特率发生器，波特率由 T1 的溢出率和 SMOD 共同决定。波特率＝$(2^{\text{SMOD}}/32) \cdot$ T1 的溢出率。

T1 的溢出率为 T1 定时时间的倒数，即 T1 定时器溢出的频率，取决于单片机定时器 T1 的计数速率和定时器的定时初值。定时器 T1 做波特率发生器时，通常工作在模式 2，即不产生中断的自动重装初值的 8 位定时器模式下。

如何根据已知波特率，计算 T1 定时初值？请看例 8.1。

例 8.1 已知串行口工作于方式 1，波特率为 9600 bps，系统晶振为 11.0592 MHz，求 T1 的初值是多少？

解：假设定时器的计数初值为 X，则计数溢出周期为：$(12/\text{fosc}) \times (256-X)$

溢出率为溢出周期的倒数：$\text{fosc}/[12 \times (256-X)]$

根据波特率计算公式，波特率＝$(2^{\text{SMOD}}/32) \cdot \text{fosc}/[12 \times (256-X)]$

假设 SMOD＝0，$X=256-(\text{fosc} \times 2^{\text{SMOD}})/(32 \times 12 \times 波特率)=256-\text{fosc}/(192 \times 波特率)$，求得 $X=250$，即 16 进制数 0xFD；

假设 SMOD＝1，求得 $X=253$，即 16 进制数 0xFA。

常用波特率通常按规范取值为 1200，2400，9600，……，若采用晶振 12 MHz，计算出的 T1 的定时初值将不是一个整数，会带来通信的累计误差，影响通信的同步性。实验证明，若采用 12 MHz，波特率选用 9600，则通信不能进行。若采用晶振 11.0592 MHz，计算出的 T1 的定时初值总是整数。因此只要是标准通信速率，通常总是使用 11.0592 MHz 晶振。

表 8.4 列出了串口方式 1，方式 3 定时器 1 方式 2 产生波特率时，TL0 和 TH0 中所装入的初值。

表 8.4　常用波特率初值表

波特率	晶振	初值		误	晶振	初值		误差误差(12 MHz 晶振)(%)	
(bps)	(MHz)	SMOD=0	SMOD=1	差	(MHz)	SMOD=0	SMOD=1	SMOD=0	SMOD=1
300	11.059 2	0xA0	0x40	0	12	0x98	0x30	0.16	0.16
600	11.059 2	0xD0	0xA0	0	12	0xCC	0x98	0.16	0.16
1200	11.059 2	0xE8	0xD0	0	12	0xE6	0xCC	0.16	0.16
1800	11.059 2	0xF0	0xE0	0	12	0xEF	0xDD	2.12	−0.79
2400	11.059 2	0xF4	0xE8	0	12	0xF3	0xE6	0.16	0.16
3600	11.059 2	0xF8	0xF0	0	12	0xF7	0xEF	−3.55	2.12
4800	11.059 2	0xFA	0xf4	0	12	0xF9	0xF3	−6.99	0.16
7200	11.059 2	0xFC	0xF8	0	12	0xFC	0xF7	8.51	−3.55
9600	11.059 2	0xFD	0xFA	0	12	0xFD	0xF9	8.51	−6.99
14400	11.059 2	0xFC	0xFD	0	12	0xFE	0xFC	8.51	8.51
19200	11.059 2	—	0xFD	0	12	—	0xFD	—	8.51
28800	11.059 2	0xFF	0xFE	0	12	0xFF	0xFE	8.51	8.51
57600	11.059 2	—	0xFF	0	12				

8.3　串行口的应用举例

8.3.1　方式 0 的编程和应用

串行口方式 0 是同步移位寄存器方式。应用方式 0 可以扩展并行 I/O 口，例如在键盘、显示器接口中，外扩串行输入并行输出的移位寄存器（如 74LS164 或 74HC595 等），每扩展一片移位寄存器可扩展一个 8 位的并行输出口，可以用来连接 LED 显示器做静态显示或用作键盘中的 8 根线使用。

例 8.2　实现的功能与 7.1.1 数码管静态显示接口与应用实现的功能一样，硬件原理图如图 8.17 所示，利用 74HC595 的串入并出功能把八段数码管的段接到 74HC595 的输出端。

注意：Q0～Q7 是 74HC595 的并行输出口，Q7′是用于连接级联芯片的，用于连接下一个 74HC595 芯片的 DS 数据输入端。因为串行口工作方式 0 数据的输出是低位在前，高位在后，故而，这里用 Q0～Q7 分别对应八段数码管的 h、g、f、e、d、c、b、a。这样只需对 7.

1.1 数码管静态显示程序源代码的显示子程序进行修改即可。利用串行口工作方式 0，实现数据的移位输出，不需要再利用软件模拟 74HC595 的工作时序了。

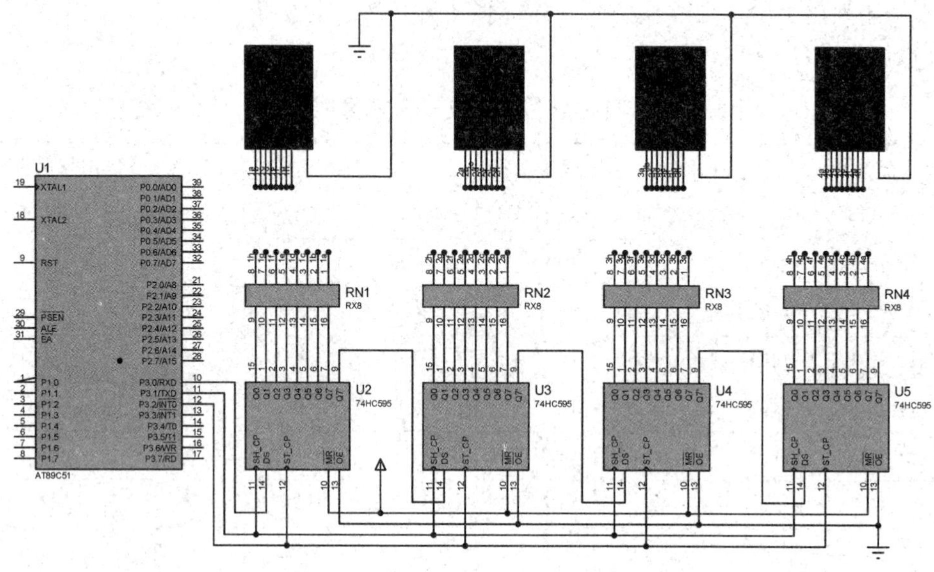

图 8.17　串行口方式 0 扩展输出接口

```
#include<reg51.h>
#define uchar unsigned char
#define uint unsigned int
// 0~9 的共阴字型码
uchar code ledcode[]={0x3f,0x06,0x5b,0x4f,0x66,0x6d,0x7d,0x07,0x7f,0x6f};
sbit RCK_Pin=P3^2;            //74LS595 输出锁存器控制
uint sec=0;
bit flag=1;                   //1 秒时间到标志变量
void display(uint date)  //利用串行口方式 0,实现 4 位 8 段数码管的显示子程序
{
	RCK_Pin=0;
	SBUF=ledcode[date%10];  //先输出个位数的字型码
	while(! TI);TI=0;  //等待发送结束,结束后软件清除 TI 标志,为下一次发送做准备
	SBUF=ledcode[date%100/10];  //输出十位数的字型码
	while(! TI);TI=0;
	SBUF=ledcode[date%1000/100];  // 输出百位数的字型码
	while(! TI);TI=0;
	SBUF=ledcode[date/1000];  // 输出千位数的字型码
	while(! TI);TI=0;
	RCK_Pin=1;  //输出锁存控制脉冲,上升沿有效
```

```
}
void main()      //主函数,定时初始化,1s 钟时间到调显示函数显示计时秒值
{
SCON=0;  //串行口工作于方式 0
  TMOD=0x01;
  TH0=-50000/256;
  TL0=-50000%256;
  EA=1;ET0=1;TR0=1;
  while (1){
        if(flag==1){      //1 秒钟时间到,刷新显示一次,实现 9 999 秒倒计时

              flag=0;
              display(sec);
        }
 }
}
void timer0()interrupt 1{      //定时器 0 中断函数,实现秒计时
 uchar num;
 TH0=-50000/256;
 TL0=-50000%256;
 num++;
 if(num==20){
     num=0;
     flag=1;
     sec++;
     if(sec==9999)
     sec=0;
 }
```

汇编语言程序由同学自己编程练习完成。

8.3.2 方式 1 的编程和应用

串行方式 1 用于单片机和单片机之间点对点的双机通信,是串行口 UART 的基本功能。对于双机通信的程序通常采用两种方法:查询方式和中断方式。在很多应用场合,双机通信的接收方都采用中断的方式来接收数据,以提高 CPU 的工作效率;发送方常采用查询方式。

双机通信的两个单片机的硬件可以直接连接,甲机的 TXD 接乙机的 RXD,甲机的

RXD 接乙机的 TXD，甲机、乙机共地。但单片机的通信是采用 TTL 电平传输信息，其传输距离一般不超过 15 m，所以实际应用中通常采用 RS232 标准电平进行双机通信的连接，如图 8.18 所示，MAX232 是电平转换芯片 RS-232C 标准电平是 PC 机串行通信标准，详细内容见下一节。

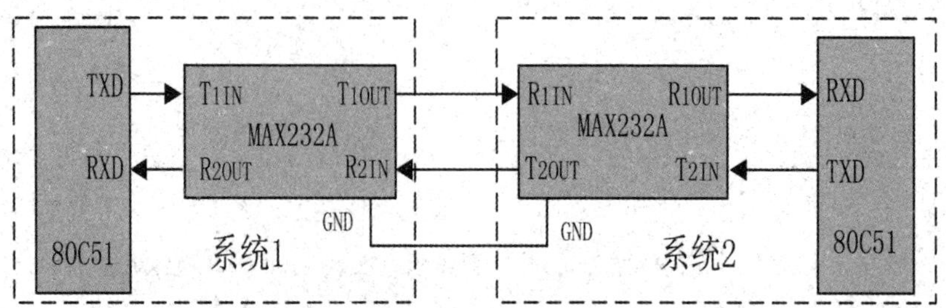

图 8.18　点对点通信接口电路

例 8.3　电路如图 8.19 所示。编制程序，实现甲、乙双方单片机能够互相收发进行通信。要求：甲机按键控制甲机 LED 点亮熄灭，同时乙机的 LED 灯也以指定的规律点亮或熄灭；乙机的按键次数显示在甲机外接的八段数码管上。

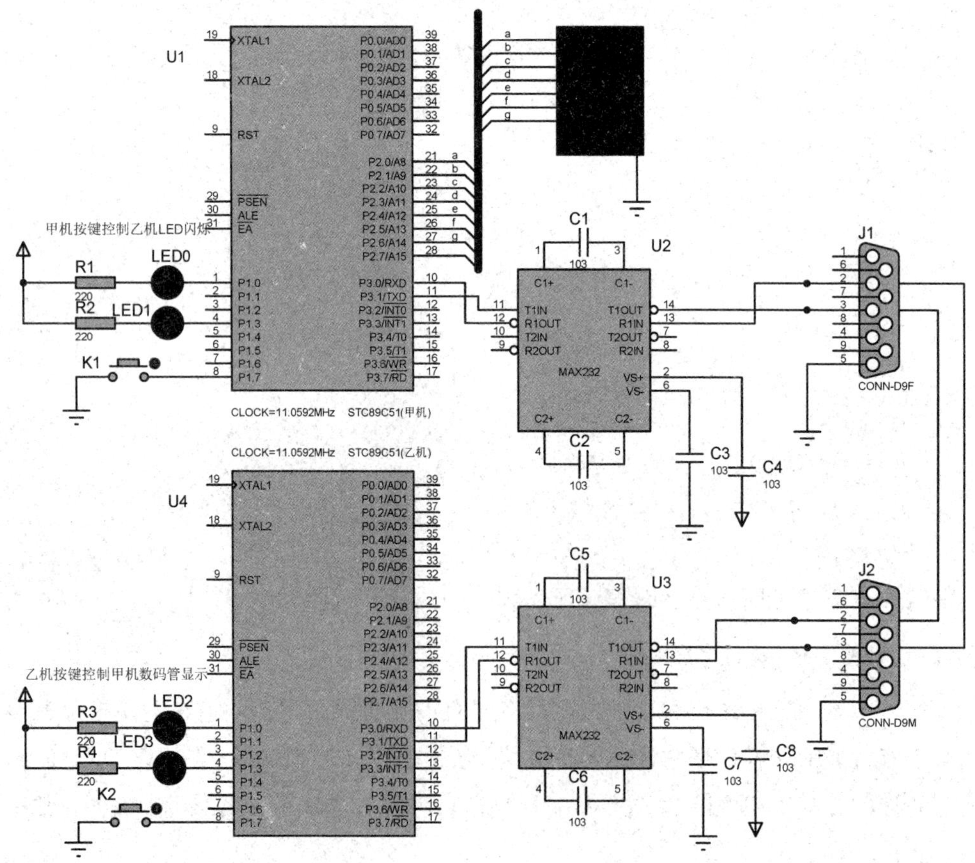

图 8.19　单片机点对点通信电路

解：设单片机频率为 11.0592MHz，数据传输波特率为 9600 bps。

在具体操作串口之前，需要对单片机与串口有关的特殊功能寄存器进行初始化设置，主要设置产生波特率的定时器 1、串行口控制和中断控制。包括

① 设置 T1 工作方式为 8 位自动重装定时器（TMOD=0x20）；

② 查表或计算 T1 的定时初值，装载 TH1，TL1；

③ 启动 T1（TR1=1）；

④ 确定串口工作方式（设置 SCON 初始值）；

⑤ 串行口工作在中断方式时，要进行中断允许和优先级寄存器的初始化（编程 IE，IP 寄存器）。

（1）甲机参考程序如下：

```
#include <reg51.h>
#define uchar unsigned char
#define uint unsigned int
uchar code ledcode[]={0x3f,0x06,0x5b,0x4f,0x66,0x6d,0x7d,0x07,0x7f,0x6f};//0～9 的字型码
uchar Operation_NO=0;
sbit LED1=P1^0;
sbit LED2=P1^3;
sbit K1=P1^7;

//利用查询方式，向串口发送字符
void putc_to_serialport(uchar c)
{
SBUF=c;  //输出数据
while(TI! =1);  //TI 发送中断标志不为 1 则等待
TI=0;     //指令清除 TI 标志位
}
//主函数，实现串口和波特率发生器 T1 的初始化
void main()
{
LED1=LED2=1;//关闭 LED1 和 LED2
SCON=0x50;//串口工作于方式 1，允许接收
TMOD=0x20;//T1 做波特率发生器
PCON=0x00;//波特率不倍增
TH1=0xfd;
TL1=0xfd;//波特率 9600
TR1=1;  //启动定时器 T1
```

```
IE=0x90;  //允许串口中断
while (1)
{
    if(K1==0)//按下 K1 选择操作代码 0,1,2,3
    {
        while(K1==0); //按键松手检测
        Operation_NO=(Operation_NO+1)%4; //按键按下次数为 0~3
        switch(Operation_NO) //根据按键次数,即操作码,发送 X,A,B,C
        {
            case 0:putc_to_serialport('X');LED1=LED2=1;break;
            case 1:putc_to_serialport('A');LED1=0;LED2=1;break;
            case 2:putc_to_serialport('B');LED1=1;LED2=0;break;
            case 3:putc_to_serialport('C');LED1=0;LED2=0;break;
        }
    }
}
}
//串行口利用中断方式接收以及发送的数据,并用 P2 输出接收到数据的共阴字形码,显示数字
void Serial_INT()interrupt 4
{
if(RI)
{
        RI=0; //指令清除 RI 接收标志,读取 SBUF 接收到的数据并显示
        if(SBUF>=0&& SBUF<=9)P2=ledcode[SBUF];
        else P2=0x00;
 }
}
```

(2) 乙机参考源程序如下:

```
#include <reg51.h>
#define uchar unsigned char
#define uint unsigned int
uchar NumX=0;
sbit LED1=P1^0;
sbit LED2=P1^3;
sbit K1=P1^7;
//主函数
```

```
void main()
{
LED1=LED2=1;//关闭 LED
SCON=0x50;//串口工作于方式 1,允许接收
TMOD=0x20;//T1 做波特率发生器
PCON=0x00;//波特率不倍增
TH1=0xfd;
TL1=0xfd;//波特率 9600
TR1=1;  //启动 T1
IE=0x90;  //允许串口中断
while (1)
 {
     if(K1==0)//判断 K1 是否按下
     {
         while(K1==0); //按键松手检测
         NumX=(NumX+1)%11;//0-10 范围内的数字,其中 10 表示关闭显示
         SBUF=NumX; //利用查询方式发送数据
         while(! TI);TI=0;
     }
 }
}
//利用中断方式接收数据
void Serial_INT()interrupt 4
{
if(RI)
{
     RI=0; //指令清除 RI 接收标志位
     switch(SBUF) //依据乙机接收到的甲机发送的字符控制 LED1 和 LED1
     {
         case 'X':LED1=LED2=1;break;//全灭
         case 'A':LED1=0;LED2=1;break;//LED1 点亮
         case 'B':LED1=1;LED2=0;break;//LED2 点亮
         case 'C':LED1=0;LED2=0;//全亮
     }
 }
}
```

汇编语言程序由同学自己编程完成上述功能。

8.3.3 多机通信

51 单片机的串行口工作方式 2 和方式 3 的主要应用就是多机通信。这种方式中,通常采用总线型主从式结构,即一台主机多台从机的通信方式。在数个单片机中,只有一个主机,其余是从机,主机发送的信息可以传送到各个从机或指定的从机,各从机发送的信息只能被主机接收,从机与从机之间不能进行通信。当然,采用不同的通信标准时,还需要进行相应的电平转换,有时还需要对信号进行光电隔离。在实际应用系统中,常采用 RS-485 串行标准总线进行数据传输。多机通信的连接如图 8.20 所示。

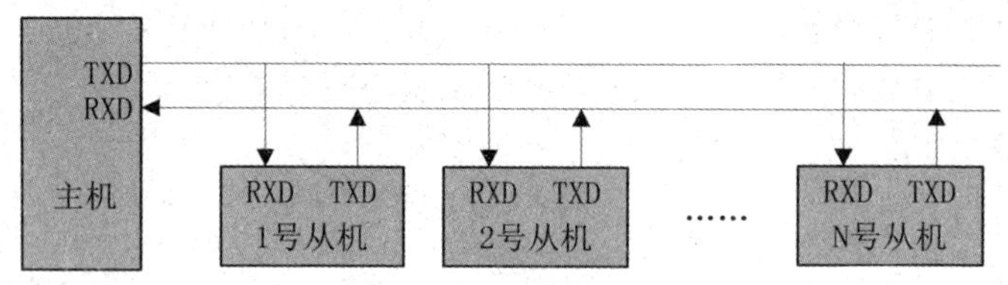

图 8.20 单片机多机通信连接图

多机通信中,依靠主、从机之间正确地设置与判定 SM2 和发送或接收第 9 位数据(TB8 或 RB8)完成。单片机串行口以方式 2 或方式 3 接收,有以下两种情况:

(1) 若(SM2)=1,表示置多机通信功能,当接收到的第 9 位数据(RB8)为 1 时,会置位 RI 标志,向 CPU 发出中断请求;当(RB8)=0 时,不会激活接收中断,RI 不置位,接收到的信息将丢失。

(2) 若(SM2)=0,则接收到的 RB8 不管是 1 还是 0,都会置位 RI 为 1,接收数据。

编程前首先要定义从机地址,地址编码为 00～FFH,系统中允许的从机为 256 台。多机通信的过程简述如下:

(1) 主机先发送一地址帧,与指定的从机联络。其中 8 位是地址数据,TB8 置 1,表示该帧为地址帧。例如:

SCON=0xd8;//设串口工作方式 3,(TB8)=1,允许接收

(2) 所有从机的(SM2)=1,处于准备接收一帧地址信息的状态。例如:

SCON=0xfd; //设串行口工作方式 3,(SM2)=1,允许接收

(3) 各从机都能接收到地址信息,因为(RB8)=1,则置位中断标志 RI。中断后,从机首先将接收到的地址与本机地址比较,地址相符的从机,使自己的 SM2 清 0,以接收主机随后发来的数据帧;对于地址不符的从机,仍保持 SM2 为 1,对主机随后发来的数据帧不予理睬,直到发送新的一帧地址信息。

(4) 主机发送控制指令和数据信息给被寻址的从机。主机发送(TB8)=0,表示发送的是数据或控制命令而非地址信息。

(5) 对于地址不符合的从机,因为(SM2)=1,(RB8)=0,所以不会产生中断,对主机

发送的信息不接收。

例 8.4　设系统晶振频率为 11.0592MHz，以 9600bps 波特率进行通信。主机：向指定从机（从机地址 0x05）发送若干个（16 个）数据；从机：接收主机发来的地址信息，并与本机地址比较，若不符合，仍保持（SM2）=1 不变，若地址相等，则令 SM2 清零，准备接收后续的数据信息，数据接收结束，置位 SM2 为 1。

解：主机和从机程序流程如图 8.21 所示。

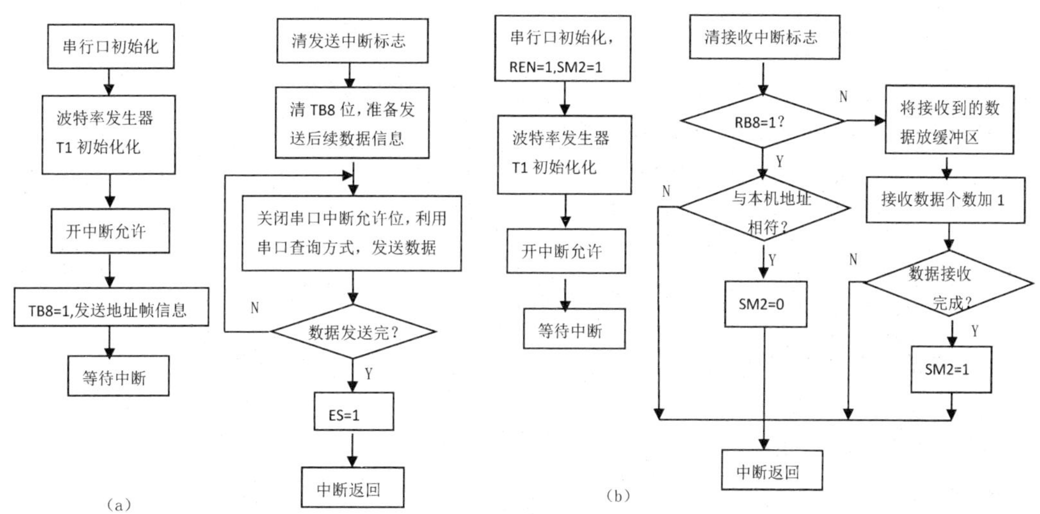

图 8.21　多机通信主机从机程序流程图

（1）主机程序如下：

```
#include<reg51.h>
#define uchar unsigned char
#define uint unsigned int
uchar SLAVE=0x05;
uchar send_data[16];
uchar send_data_count=16;
void main()//主函数
{
SCON=0xc0;      //串口工作于方式 3
TMOD=0x20;      //定时器 T1 工作于方式 2
PCON=0x00;//不倍频
TL1=0xfd;
TH1=0xfd; //波特率 9600
EA=1; //允许串口中断
TR1=1;
TB8=1; //TB8 置 1,准备发送地址信息
```

```
  ES=1;
  SBUF=SLAVE; //发送从机地址,等待中断
  while(1);
}
//串行口发送完从机地址,TI=1,进入中断服务程序
void serial_int()interrupt 4
{
uchar num;
TI=0;
TB8=0;  //下面利用串口查询工作方式发送 16 字节数据信息
for(num=0;num<send_data_count;num++)
{
     ES=0;
     SBUF=send_data[num];
     while(TI! =1);
     TI=0;
}
ES=1;
}
```

(2) 从机程序如下:

```
#include<reg51.h>
#define uchar unsigned char
#define uint unsigned int
uchar SLAVE=0x05;
uchar receive_data[16];
uchar receive_data_count=16;
void main()//主函数
{
SCON=0xf0;     //串口工作于方式 3,SM2=1,允许串口接收
TMOD=0x20;   //定时器 T1 工作于方式 2
PCON=0x00;//不倍频
TL1=0xfd;
TH1=0xfd; //波特率 9600
EA=1;     //允许串口中断
TR1=1;
ES=1;
```

```
while(1);//等待中断
}
//串行口接收数据,RI=1,进入中断服务程序
void serial_int()interrupt 4
{
uchar num;
RI=0;
if(RB8==1)          //(RB8)=1,说明接收到的是地址信息
{
    if(SBUF==SLAVE)//如果接收到的地址与本地机地址相符,则 SM2=0
    SM2=0;
}
else
{
    receive_data[num]=SBUF;
    num++;
    if(num==receive_data_count)//所有数据接收完毕
    SM2=1;     //令 SM2=1,为下一次接收地址信息做准备
}
}
```

8.4　80C51 单片机与 PC 机的通信

8.4.1　单片机与 PC 机 RS-232C 串行通信的接口设计

在单片机应用系统中,与上位机 PC 机的通信主要采用异步串行通信。在设计通信接口时,必须根据需要选择标准接口,并考虑传输介质、电平转换等问题。采用标准接口后,能够方便地把单片机和外设、测量仪器等有机地连接起来,构成测控系统。当单片机和 PC 机通信时,通常采用 RS-232C 接口进行电平转换。异步串行通信接口主要有三类:RS-232C 接口、全双工的 RS-422 接口和半双工的 RS-485 接口。

1. RS-232C 接口

RS-232C 是使用最早的、应用最多的一种异步串行通信总线标准,它由美国电子工业协会(EIA)1962 年公布、1969 年最后修订而成。它主要用来定义计算机系统的一些数据终端设备(DTE)和数据电路终端设备(DCE)之间的电气性能。51 单片机与 PC 机的通信通常采用这种类型的接口。它适用于设备之间的通信距离不大于 15m,传输速度最大为 20KB/s 的应用场合。

(1) RS-232C 信息格式标准。该标准采用串行格式,信息的开始为起始位,信息的结

束为停止位；信息本身可以是 5、6、7、8 位再加一位奇偶位。如果两个信息之间无信息，则写“1”，表示空。

(2) RS-232C 电平转换器。该标准规定其电气标准是采用负逻辑，即：

逻辑“0”：+5～+15V。

逻辑“1”：-5～-15V。

因此，RS232C 不能与采用高低电平、代表“1”“0”的 TTL 电平直接相连，使用时必须进行电平转换，否则将烧坏 TTL 电路。目前，常用 MAX232 或 STC232 做转换接口电路。

(3) RS-232C 总线规定。RS-232C 标准总线为 25 根。由于 RS-232C 并未定义连接器的物理特性，因此出现了 DB25、DB15、DB9 各种类型的连接器，其引脚的定义也各不相同。通信距离较近时（<12m），可以用电缆线直接连接标准 RS232 端口，若距离较远，需附加调制解调器（MODEM）或其他相关设备。最为简单且常用的是三线制接法，即地、接收数据和发送数据三脚相连。计算机的 9 针串口只连接其中的三根线：第 5 脚的 GND，第 2 脚的 RXD，第 3 脚的 TXD。如图 8.22 所示，此电路既是 STC 单片机在线编程下载电路，也是典型的 STC 单片机与 PC 机的串行通信接口电路。

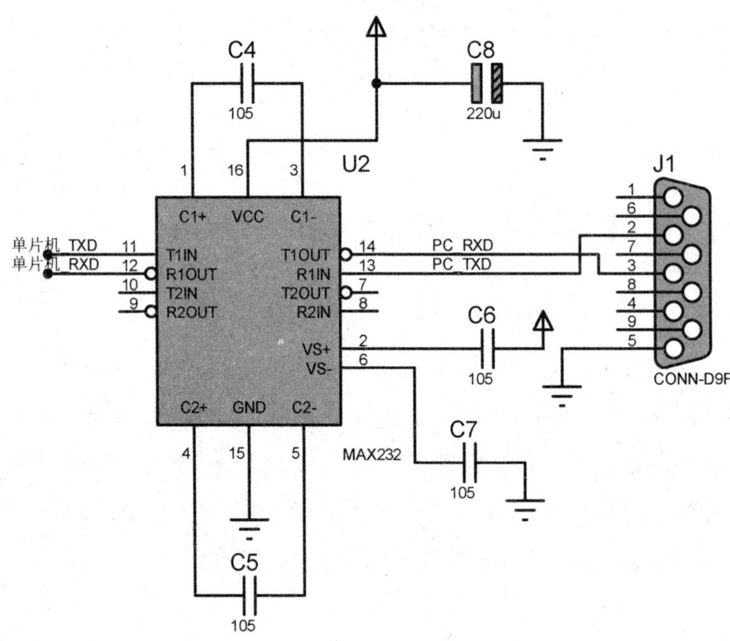

图 8.22　PC 机和单片及串通信三线制连接电路

8.4.2　单片机与 PC 机 USB 总线通信的接口设计

目前，PC 机常用的串行通信接口是 USB 接口，绝大多数已不再将 RS-232C 串行口作为标配了。单片机系统常采用 CH340 或者 PL2303 将 USB 总线转串口 UART，采用 USB 总线模拟 UART 通信。使用时，先安装 USB 转串口的驱动程序，安装成功后在电脑的设备管理器中查看 USB 转串口的串口号，利用此串口号可以实现 RS-232C 串口一样的串口通信。USB 转串口电路如图 8.23 所示。

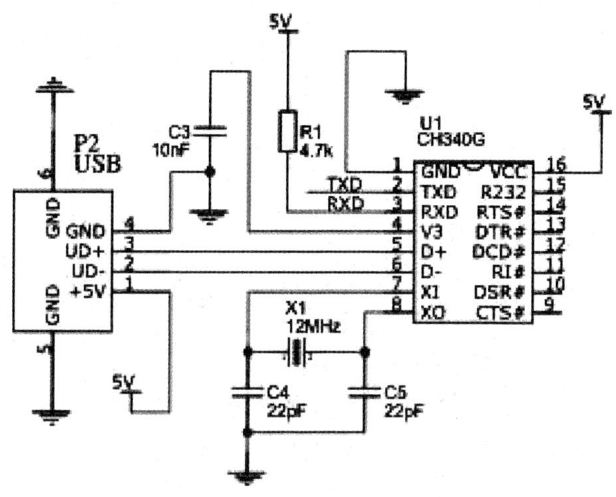

图 8.23　USB 转串口电路

8.4.3　串行口打印在调试程序中的应用

例 8.5　在上位机上用串口助手发送一任意字符 x，单片机收到字符后返回给上位机"本次接收到的信息：x"，串口波特率为 9600bps。程序代码如下：

```
#include<reg51.h>
#include<stdio.h>
#define uint unsigned int
#define uchar unsigned char
uchar Receive_dat;//串口接收到的数据
uchar flag;   //发生串口中断标志变量
//改写 char putchar(char c)函数，可以调用 printf 函数向串口做输出
char putchar (char c)
{
SBUF=c;
while(TI! =1); //利用查询工作方式实现串行口发送一个字符数据
TI=0;
return c;
}
void main()//主函数
{
SCON=0x50;     //串口工作于模式 1，允许接收
TMOD=0x20;     //定时器 T1 工作于方式 2
```

```
PCON=0x00;//不倍频
TL1=0xfd;
TH1=0xfd; //波特率 9600,fosc=11.0592MHz
EA=1; //允许串口中断
ES=1;
TR1=1;
while(1)
{
    if(flag==1)
    {
        flag=0;
        ES=0; //串口打印利用查询方式发送数据,将串口中断允许关闭
        printf("本次接收到的信息:");//调用 printf 函数输出
        SBUF=Receive_dat;
        while(TI! =1);TI=0;
        ES=1; //串口打印完成,将串口中断允许打开,允许串口中断接收数据

    }
}
}
//串行口接收中断服务程序,接收一个字符,接收标志 flag 置 1
void serial_int()interrupt 4
{
ES=0;
RI=0;
Receive_dat=SBUF;
flag=1;
ES=1;
}
```

利用 STC_ISP 软件附带的串口调试助手演示程序实现的效果如图 8.24 所示：

预处理部分＃include<stdio. h>头文件中包含我们要使用的函数 printf()。打开 stdio. h 文档，可看到里面申明了一些外部函数，内容如下：

```
extern char _getkey (void);
extern char getchar (void);
extern char ungetchar (char);
extern char putchar (char);
```

```
extern int printf  (const char *, ...);
extern int sprintf  (char *, const char *, ...);
extern int vprintf  (const char *, char *);
extern int vsprintf (char *, const char *, char *);
extern char *gets (char *, int n);
extern int scanf (const char *, ...);
extern int sscanf (char *, const char *, ...);
extern int puts (const char *);
```

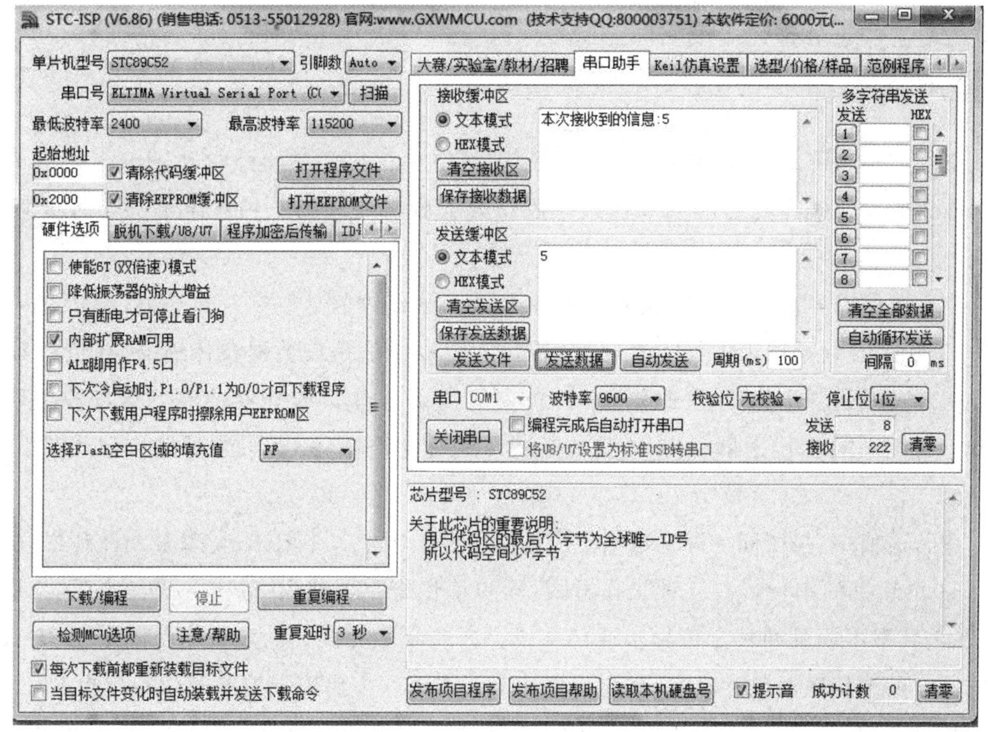

图 8.24　利用串口助手实现单片机与 PC 机通信

extern 表示在这里声明的是一个外部函数，外部函数的函数体不在本文件中，而是在其他某个文件中写有这个函数的实现部分。

在本例中用到 printf()函数，在它内部是调用了 putchar()这个函数实现的，只要我们针对硬件系统，利用实际的输出设备重新构造 putchar()函数。如例题所示通过串口输出一个字节 putchar()函数，主函数中首先进行串口初始化，设置串口工作方式，波特率等，接着就可以使用 printf()函数，通过串口输出打印显示内容了。(在第 7 章，LCD1602 显示驱动程序中已经有所应用)。

串行口打印功能通常用在程序调试中，比如：我们正在用单片机调试一个 AD 芯片，单片机的外围只接了 AD 芯片和串行口，当我们写好单片机程序下载后让其运行，如何判定

AD 芯片是否正常工作？利用串口打印功能，将单片机采集回来的 AD 值处理后，通过单片机的串口工作方式 1，将采集结果传到上位机，利用串口助手就可以看见数据，将此采集数据与现场万用表测量的输入电压进行比较，可以判定 AD 芯片采集数据正确与否。在调试整个程序的不同地方或关键地方使用串口打印功能输出给上位机一个关键数据，就可以知道程序中某些变量的实时数值，进一步得知程序的运行状况。

同学可利用串口助手调试单片机电子时钟的程序，将时分秒信息实时上传到 PC 机，利用串口助手显示时钟信息。在工程应用中，经常需要利用 PC 机进行大量数据的存储、管理，通常用相关软件进行上位机人机交互界面的开发，将单片机采集的数据利用串行口传到 PC 机，对数据进行集中管理。

本章小结

集散控制系统、多微机系统以及现代测控系统中信息的交换经常采用串行通信。单片机作为数据采集控制的前端节点，PC 机作为上位机是现场工控系统的一个重要发展方向。

串行通信有异步通信和同步通信两种方式。异步通信是按字符传送的，每传送一个字符，就用一个起始位来进行收发双方的同步；同步通信是按数据块传输的，在进行数据传送时通过发送同步脉冲，发送和接收双方要保持完全同步，要求接收和发送设备必须使用同一时钟。同步传送的优点是可以提高传送速率（达 56KB/s 或更高），但硬件比较复杂。

串行通信中，按照同一时刻数据流的方向可分成：单工、半双工、全双工 3 种制式。

51 单片机的串行口有 4 种工作方式：同步移位寄存器输入/输出方式、8 位异步通信方式、波特率不同的两种 9 位异步通信方式。方式 0 和方式 2 的波特率是固定的，方式 1 和方式 3 的波特率由定时器 T1 的溢出率决定。方式 0 主要用于扩展 IO 口；方式 1 实现 8 位的异步通信，多应用一对一的双机通信，常用于实现单片机与 PC 机之间的双机通信；方式 2、3 可实现 9 位异步通信，多用于多机通信。

RS-232C 通信接口是一种广泛使用的标准串行接口，所需信号线少，波特率可以软件设定，通信距离不超过 15m。RS-422、RS-485 通信接口采用差分电路传输，可实现较远距离的数据传输。

串口打印在单片机系统程序调试过程中是非常方便的，方便观察程序的运行情况，发现程序存在的问题。

习题 8

8.1　简述异步串行通信的工作原理。

8.2　80C51 单片机串行口有几种工作方式？各有何特点？

8.3 如何实现单片机的多机通信?

8.4 利用仿真软件编程实现双机通信。甲机利用P1.0～P1.2口接按键K1(加一键)、K2(减一键)、K3(确认键),甲机扫描键盘,K3按下将用户K1、K2加减按键设置的数值通过串口发送给乙机,乙机利用数码管显示按键设定的数值(0～99之间),显示电路自行设计。

8.5 如何实现单片机与PC机之间的通信?

8.6 针对下位机编程实现:利用串口助手PC机发送1给单片机时,蜂鸣器以400ms频率发声;发2时以200ms频率发声;发3时以100ms频率发声;发4时关闭蜂鸣器。

8.7 针对下位机编程实现:利用串口助手以9600bps从计算机发送任一字节数据,当单片机收到该数据后,在此数据前加上一序号,然后连同此数据一起发送至计算机,当序号超过255时归零。

8.8 针对下位机编程实现:计算机利用串口助手以16进制发送一个0～65 536之间的任一数,当单片机收到后在数码管上动态显示出来,波特率自定。

8.9 利用LCD1602做显示器,实现电子时钟设计,并将时钟利用串口助手显示在PC机上。利用单片机开发软件设计单片机程序,完成程序的编制与调试。

请充分利用现有条件实现以上程序编制与调试题目的软件硬件联合调试练习。

第9章 单片机A/D与D/A转换接口

9.1 单片机测控系统与模拟输入通道

现代技术的基础是信息技术，构成信息技术的3大支柱分别是计算机技术、测控技术和通信技术。单片机应用在这3个领域都有涉足，特别是测控技术。

9.1.1 单片机测控系统概述

测控包括“测”与“控”两个过程。所谓“测”就是实时采集被控对象的物理参量，诸如温度、压力、流量、速度、转速等。这些参量往往有大小、多少等概念，其幅值大小随时间变化而连续变化，即所谓的模拟量。模拟量不能直接送给单片机，必须通过模数转换器把它们变成数字量，才能送入单片机进行存储和处理。

所谓“控”就是把采集的数据经单片机计算、比较等处理后得出结论，以对被控对象实施校正控制。但经单片机处理后的是数字结果，而绝大多数控制执行部件所需要的是模拟量。因此，又需要通过数模转换把数字量转换为模拟量。

可见，测控系统离不开模拟量与数字量的相互转换，因此，模数与数模转换也就成了测控系统的重要内容。其中模数转换是把模拟量转换为数字量，用A/D表示；反之，数模转换是把数字量转换成模拟量，用D/A表示。A/D与D/A转换在测控系统中形成了两个模拟通道，即模拟输入通道和模拟输出通道。

9.1.2 模拟输入通道

模拟输入通道的工作从采集信号开始。由于传感器采集到的模拟信号幅值通常很小，而且连续变化的信号容易受到干扰，因此，要对传感器采集到的原始信号进行放大、采样、保持、滤波等处理后，才能送给A/D转换器。这一系列的处理过程构成了模拟输入通道，如图9.1所示。

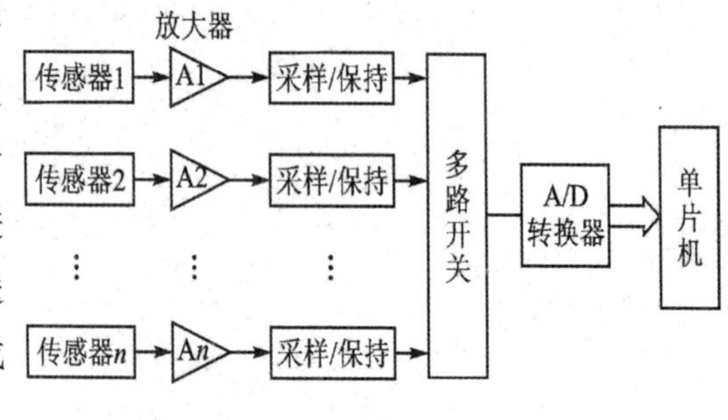

图9.1 模拟输入通道

通常情况下，一个测控系统有多个模拟输入通道，可进行多个模拟信号的采集。但这些通道共用一个单片机进行计算、分析、处理或判断，然后计算出控制信号对多个被控对象进行控制，下面对A/D转换器之前的各组成部分作简单说明。

1. 传感器

传感器是一种检测装置，能感受到被测量的信息，并能将感受到的信息，按一定规律变换成为电信号或其他所需形式的信息输出，以满足信息的传输、处理、存储、显示、记录和控制等要求。通常根据其基本感知功能分为热敏元件、光敏元件、气敏元件、力敏元件、磁敏元件、湿敏元件、声敏元件、放射线敏感元件、色敏元件和味敏元件等十大类。根据所采集参数种类，常用传感器有如下几种：

(1) 温度传感器：用于将温度转换为电信号。这类传感器用量最多，约占50%。

(2) 光电传感器：利用光电效应将光信号转换为电信号。常用的光电器件包括光敏电阻、光敏二极管、光敏三极管、光电池等。

(3) 湿度传感器：常用的湿度传感器有毛发湿度计、干湿球湿度计、金属氧化物湿敏元件等。

(4) 流量传感器：用于测量液体和气体的流量。常用的流量传感器有速度式流量计和容积式流量计等。

(5) 压力传感器：用于大气压力(气压)测量和容器壁压力测量等。

(6) 机械量传感器：常用的机械量有拉力、压力、位移、速度、加速度、扭矩及荷重等。常见的机械量传感器有电阻应变片、力传感器、荷重传感器、位移传感器和转速传感器等。

(7) 成分分析传感器：用于对混合气体或混合物的成分进行自动分析。

(8) pH传感器：用于测量水溶液的酸碱度。

传感器是实现自动检测和自动控制的首要环节。高质量传感器的输入输出信号间应具有稳定且重复性好的函数关系、较好的灵敏度和精度以及较强的抗干扰能力。其发展方向和特点包括：微型化、数字化、智能化、多功能化、系统化、网络化。传感器的存在和发展，让物体有了触觉、味觉和嗅觉等感官，让物体慢慢变得活了起来。

2. 放大器

传感器得到的电压或电流信号往往幅度很小，难以直接进行A/D转换，因此需要使用放大器对模拟信号进行放大处理。放大器的种类很多，但在模拟输入通道中使用的是一种具有高放大倍数并带深度负反馈的直接耦合放大器，由于它可以对输入信号进行多种数学运算(例如比例、加、减、积分和微分等)，所以称为运算放大器。运算放大器具有输入阻抗高，增益大，可靠性高，价格低和使用方便等特点。现在已有各种专用或通用的运算放大器可供选择。

3. 采样保持电路

采样是为了跟踪输入信号的变化，其实质是将一个连续变化的模拟信号转换为时间上离散的采样信号，所以信号采样要按一定时间间隔进行，并且采样频率要远高于模拟信号中的最高频率成分(一般为 2.5 倍),所以得到的采样脉冲是一个宽度很窄的脉冲序列。而保持则是为了把采样信号保持一段时间,因为其后的 A/D 转换需要有一个时间过程。在保持期间要维持信号的稳定,尽可能保持信号不变。

在模拟输入通道中,采样电路和保持电路是合在一起的,称为采样/保持电路。如图 9.2 所示。

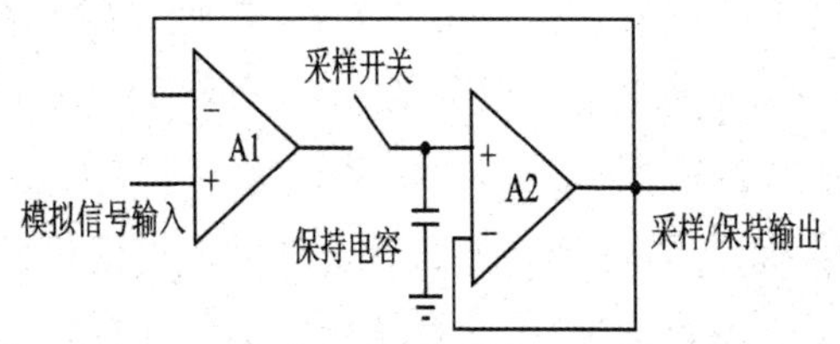

图 9.2 采样/保持电路原理图

图 9.2 中 A1 是一个高增益输入放大器,传感器获取的模拟信号经它输入。采样开关是一个模拟开关,启动 A/D 转换是将采样开关闭合。开关闭合后,输入放大器通过采样开关为保持电容快速充电,这就是 A/D 转换的采样阶段。随后开关断开,进入信号保持阶段。通常把采样开关从接通到断开这一时间段称为采样时间。

跟随器 A2 和保持电容构成一个放电回路,但由于 A2 的输入阻抗很高,所以保持电容的放电很慢,基本可以满足维持采样信号不变的要求。保持电压经 A2 输出后就可以经滤波器送 A/D 转换器进行转换。

4. 滤波器

测控系统工作时可能会受到环境影响,存在温度、电场和磁场等多种干扰因素,从而造成模拟信号中混有多种频率成分的噪声信号。严重时,干扰信号可能淹没有用信号。为了抑制干扰信号、提高信噪比,在模拟通道中还应使用滤波器。

从原理上讲,滤波可分为模拟滤波和数字滤波两种。模拟滤波由电子元器件搭建的滤波电路完成,模拟滤波又可分为无源和有源两种。无源滤波是使用无源器件(电感、电容和电阻)构成的滤波电路,常用的有 LC 谐振电路(由电容和电感构成的电路)、RC 谐振电路(由电阻和电容构成的电路)。有源滤波器则是用放大器和电容、电阻构成的滤波电路,有源滤波电路不但能补充能源损耗,而且还兼有信号放大功能,其低频滤波效果更好。

所谓数字滤波,就是通过程序对采样信号进行平滑加工,以提高其有用信号,消除或抑制干扰信号。有多种数字滤波程序,例如,程序判定滤波程序、中值滤波程序、算术平均滤波程序、加权平均滤波程序、一阶滞后滤波程序以及复合滤波程序等。与模拟滤波相比,数字滤波具有众多优点,所以在现代测控系统中广泛使用数字滤波。数字滤波不但不需要硬件设备,而且使用也很方便,只需在程序进入数据处理或控制算法前,附加一段滤波程序即可。

5. 多路转换

许多测控系统都是多路系统,以便进行多路参量采集。在多路系统中,只要速度允许,就应该采用多通道共用一个 A/D 转换器的方案,以简化结构降低成本。需要在模拟输入通道中设置一个多路开关进行通道切换,以实现各通道逐个、分时地被轮流接通。

9.2 A/D转换器的主要性能指标及分类

A/D转换器是通过一定的电路将模拟量转变为数字量。模拟量可以是电压、电流等电信号，也可以是压力、温度、湿度、位移、声音等非电信号。但在A/D转换前，输入到A/D转换器的信号必须经各种传感器把各种物理量转换成电压信号。在单片机应用系统中，常常需要把检测到的模拟信号转换成数字量，以便计算机进行加工和处理，这种转换过程称为A/D转换，完成这种转换的器件称为A/D转换器。

9.2.1 A/D转换器的主要性能指标

1. 分辨率(Resolution)

分辨率指数字量变化一个最小量时模拟信号的变化量，定义为满刻度与 2^n 的比值。分辨率又称精度，通常以数字信号的位数来表示。比如：1个10位的A/D转换器，转换一个满量程为5V的电压，则它能分辨的最小电压为 $5V/2^{10} \cong 5mV$。这表明，若模拟输入值的变化小于5mV的电压，则A/D转换器无反应，输出保持不变。

2. 转换速率(Conversion Rate)

转换速率指完成一次从模拟转换到数字的AD转换所需的时间的倒数。积分型AD的转换时间是毫秒级属低速AD，逐次比较型AD是微秒级属中速AD，全并行/串并行型AD可达到纳秒级。采样时间则是另外一个概念，是指两次转换的间隔。为了保证转换的正确完成，采样速率 (Sample Rate)必须小于或等于转换速率。因此有人习惯上将转换速率在数值上等同于采样速率也是可以接受的。常用单位是ksps和Msps，表示每秒采样千/百万次(kilo / Million Samples per Second)。

3. 量化误差 (Quantizing Error)

量化误差指由于AD的有限分辨率而引起的误差，即有限分辨率AD的阶梯状转移特性曲线与无限分辨率AD(理想AD)的转移特性曲线(直线)之间的最大偏差。通常是1个或半个最小数字量的模拟变化量，表示为1LSB、1/2LSB。

4. 偏移误差(Offset Error)

偏移误差指输入信号为零时输出信号不为零的值，可外接电位器调至最小。

5. 满刻度误差(Full Scale Error)

满刻度误差指满度输出时对应的输入信号与理想输入信号值之差。

6. 线性度(Linearity)

线性度指实际转换器的转移函数与理想直线的最大偏移，不包括以上三种误差。

其他指标还有：绝对精度(Absolute Accuracy)、相对精度(Relative Accuracy)、微分非线性、单调性和无错码、总谐波失真(Total Harmonic Distotortion，THD)和积分非线性。

9.2.2 A/D 转换器的分类及应用说明

各类 A/D 转换器很多,从芯片的应用选择原则的角度出发,对 A/D 转换芯片的相关内容作进一步说明。

1. 按工作原理划分芯片类型

常用的 A/D 转换器按其转换原理,主要有如下几种。

积分型、电荷平衡型和跟踪比较型 A/D 转换器。这一类型应用最广泛,转换速度慢,转换时间从几毫秒到几十毫秒不等,只能构成低速 A/D 转换器。适用于对温度、压力、流量等缓变参量的测控。比较适合对于转换速度要求不高、环境恶劣的应用场合。

逐次逼近型 A/D 转换器。原理简单,便于实现,转换时间可从 1～100 μs,属于中速 A/D 转换器。常用于工业多通道单片机控制系统和声频数字转换系统等。

用双极型或 CMOS 工艺制成的全并行型、串并行型和电压转移函数型的 A/D 转换器。转换时间仅 20～100 μs。适用于雷达、数字通信、实时光谱分析、实时瞬态记录、视频数字转换系统等。

2. 输入电压信号形式

A/D 转换器芯片输入的模拟信号可能有单极、双极和差分等多种形式。最简单的输入形式是单极性电压信号,各种 A/D 转换器芯片都具有这种输入形式。一般可允许电压变化范围是 0～+5 V、0～+10 V、0～+20 V 等。这种单极性的输入电路简单,只需一条信号线和一个公共接地端即可构成,所以大多数单极性输入形式的转换芯片都具有多输入通道,例如 ADC0809 有 8 条输入通道,ADC0816 有 16 条输入通道。

对双极形式的电压信号可正可负,虽然还是通过一条引线输入,单芯片上需要有一对极性相反的工作电源与之配合。

差分信号(例如,从热电偶获取的电压信号)是不共地的电压信号,两个极性的差分信号需要两条信号线输入,在芯片上表示为 V_{IN+} 和 V_{IN-}。差分信号可以从非 0V 开始,其变化范围可以是±2 V、±4 V、±5 V、±10 V 等。对于这类芯片,只要把 V_{IN-} 端接地,就可变为单极输入形式。

3. 输出二进制代码形式

A/D 转换器输出的数字量有二进制和 BCD 两种代码形式,从而形成两种类型芯片,即二进制码 A/D 转换芯片和 BCD 码 A/D 转换芯片。

二进制码 A/D 转换芯片输出的是二进制代码,其位数可分为 8 位、10 位、12 位、14 位、16 位、20 位和 24 位等。

BCD 码 A/D 转换芯片输出的是多位 BCD 码,这种转换芯片的典型应用是在数字电压表中,输出的 BCD 码可直接送 LED 或 LCD 进行显示。常见的 BCD 码 A/D 转换芯片的位数有 3 位半、4 位半、5 位半等。以 3 位半为例,实际输出 4 组 BCD 码,分别是十进制数的千位、百位、十位、个位，其中低三位的数字为 0～9，千位数的值只能为 0 或 1，即 3 位半 A/D 转换芯片输出数据的绝对值最大为 1 999。

A/D 转换器位数的确定与整个测控系统所要测量控制的范围和精度有关，但又不能唯一确定系统的精度。因为系统精度涉及的环节较多，估算时，A/D 转换器的位数至少要比总精度要求的最低分辨率高一位。实际选取的 A/D 转换器的位数应与其他环节所能达到的精度相适应。只要不低于它们就行，选得太高既没有意义，而且价格还要高得多。

4. A/D 转换器的控制信号

A/D 芯片有一些控制信号，包括时钟信号、转换启动信号和转换结束信号等。接口连接时要对这些信号进行处理。

时钟信号。A/D 转换需要时钟信号的配合，有些芯片内部有时钟电路，这类芯片无须时钟信号引入，所以没有时钟信号引脚，应用时不用考虑时钟信号问题。有些 A/D 转换芯片内部没有时钟电路，需要外部提供时钟，芯片上有时钟信号引脚，例如 ADC0809 的 CLK。

转换启动信号。转换启动信号需要 CPU 提供，不同类型的 A/D 转换芯片对转换启动信号的要求不尽相同。有的需要脉冲信号启动，如 ADC0804、ADC0809 等；有的需要电平信号启动，且在整个转换过程中电平要一直保持，如 AD574 等。

5. 转换结束与数据读取

A/D 转换后得到的数字量数据应及时传送给单片机进行处理，数据传送的关键是如何确认转换完成。常用的读取转换数据的控制方式有以下 3 种。

定时等待方式。对于一个 A/D 转换芯片来说，转换时间是已知固定的。可以利用延时的方法等待转换结束。例如，ADC0809 完成一个通道一次转换需要 128 个时钟周期，假定 ADC0809 的时钟为 500 kHz，则时钟周期为 2 μs，则 ADC0809 完成一次 A/D 转换需要的时间为 256 μs。据此，可设计一个 256 μs 的延时函数，A/D 转换启动后调用延时函数，延时时间到即转换完成，读取转换数据即可。

查询方式。A/D 转换芯片都提供表明转换完成的状态信号。如，ADC0809 的 EOC 信号。通过查询测试 EOC 的状态就可以判定 ADC 转换是否完成，转换完成即可读取转换数据。

中断方式。将表明转换是否完成的状态信号作为中断请求信号使用，利用中断的方式进行转换数据的传送。

9.3　常用 A/D 转换芯片及接口技术

9.3.1　ADC0809 及接口

1. ADC0809 芯片

ADC0809 采用逐次逼近式 A/D 转换原理，可实现 8 路模拟信号的分时采集，片内有 8

路模拟选通开关，以及相应的通道地址锁存与译码电路，转换时间为 100 μs 左右。ADC0809 的内部逻辑结构如图 9.3 所示。

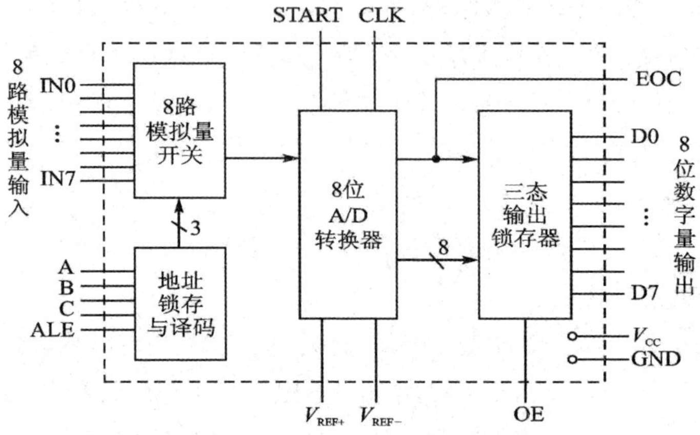

图 9.3　ADC0809 内部逻辑结构

图中多路开关可选通 8 个模拟通道，允许 8 路模拟量分时输入，共用一个 A/D 转换芯片进行转换。地址锁存与译码电路完成对 A、B、C 3 个地址位进行锁存和译码，其译码输出用于通道选择。8 位 A/D 转换器是逐次逼近式。输出锁存器用于存放和输出转换得到的数字量。其为 28 引脚双列直插式封装，引脚排列如图 9.4 所示。

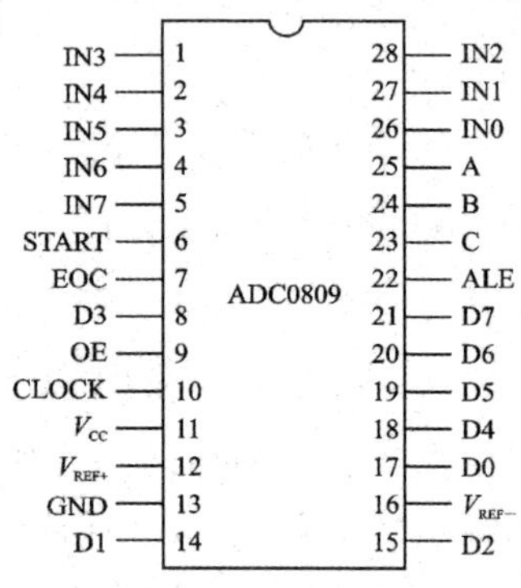

图 9.4　ADC0809 引脚图

各引脚功能如下：

IN0～IN7：模拟量输入通道。ADC0809 对输入模拟量的要求主要有：信号单极性，电压范围为 0～5V。

A、B、C：地址线，模拟通道的选择信号。A 为低地址，C 为高地址。其地址状态与通道对应关系如表 9.1 所示。

表 9.1　通道选择

C　B　A	选择的通道
0　0　0	IN0
0　0　1	IN1
0　1　0	IN2
0　1　1	IN3
1　0　0	IN4
1　0　1	IN5
1　1　0	IN6
1　1　1	IN7

ALE：地址锁存允许信号。对应 ALE 上升沿，A、B、C 地址状态送入地址锁存器中。

START：转换启动信号。START 上升沿时，所有内部寄存器清 0；START 下降沿时，开始进行 A/D 转换；在 A/D 转换期间，START 应保持低电平。

D7～D0：数据输出线。为三态输出形式，可以与单片机的 8 位输入口直接相连。D0 为最低位，D7 为最高位。

OE：输出允许信号。用于控制三态输出锁存器向单片机输出转换得到的数据。OE＝0，输出数据线呈高电阻；OE＝1，输出转换得到的数据。

CLK：外部时钟信号引入端。简单应用时可由 80C51 的 ALE 信号提供。完成一个通道的一次转换需要 128 个时钟周期。

EOC：转换结束信号。EOC＝0 时，正在进行转换；EOC＝1 时，转换结束。可利用该状态信号作为中断请求信号或查询信号判断转换完成与否。

V_{CC}：＋5 V 电源。

V_{REF}：参考电源。参考电压用来与输入的模拟信号进行比较，作为逐次逼近的基准。其典型值为＋5 V（$V_{REF+}=+5$，$V_{VREF-}=0$ V）。

2. ADC0809 与 80C51 接口

ADC0809 与 51 单片机的传统连接多采用总线的思想进行扩展，随着单片机硬件资源的增多，51 单片机利用三总线的思想进行并行存储器、I/O 接口的扩展应用越来越不实用。直接利用单片机的输入输出接口连接 ADC0809 的控制线、地址线和数据接口是现在单片机外围器件扩展的常用方法。如图 9.5 所示，利用单片机的 P1.2 作输出启动 AD0809 工作，P1.0 输出信号，控制 AD0809 的输出使能，P1.1 作做输入，查询 AD0809 转换结束的信号；P1.4～P1.6 作地址线输出，控制 IN0～IN7 8 路数据通道的分时采集；P3 口接 ADC0809 的数据口，8 位 AD 转换结果的输入。单片机的 ALE 引脚信号经 4 分频（500kHz）后给 AD0809 提供时钟信号（AD0809 的时钟信号不允许超过 640kHz）。

例 9.1　设有一个 8 路巡回检测系统，其采样电压数据由液晶 LCD1602 输出显示。试完成系统电路和程序设计。

解：完成 ADC0809 与单片机、LCD1602 与单片机的接口设计，电路如图 9.6 所示。

程序由主函数，AD 转换子程序，液晶驱动程序等组成。主程序循环调用 AD 转换子程序和液晶显示子程序，实时显示所采集通道的电压值。程序完整代码如下：

```
#include<reg51.h>
#include<stdio.h>
#define uchar unsigned char
```

```
#define uint unsigned int
#define lcd_port P0
sbit lcdrs=P2^0;
sbit lcdrw=P2^1;
sbit lcden=P2^2;
sbit OE=P1^0;
sbit EOC=P1^1;
sbit ST=P1^2;
sbit ADDA=P1^4;
sbit ADDB=P1^5;
sbit ADDC=P1^6;
void delayms(uint x)
{
    uint i,j;
    for(i=x;i>0;i--)
        for(j=120;j>0;j--);
}
void lcd_write(bit bt,uchar dt)
{
    lcdrs=bt; //通用液晶写操作时许:1.通过 RS 确定写数据还是指令:0 指令,1 数据
    lcdrw=0; //2.写为低电平
    lcd_port=dt; //3.数据或命令送数据总线
    lcden=1; //4.使能为高电平
    delayms(5); //5.为液晶运行稳定,作简短延时
    lcden=0; //6.将使能拉低,产生下降沿,写有效
}
char putchar(char ch) {
    lcd_write(1,ch);
    return ch;
}//向默认的输出设备输出一字符,以便可以使用输出库函数

void lcd_init()
{
    lcd_write(0,0x38);//设置 16×2 显示,5×7 点阵,8 位数据接口
```

```
    lcd_write(0,0x0c);//设置开显示不显示光标
    lcd_write(0,0x06);//写一字符后地址自动加一
    lcd_write(0,0x01);//显示清零,数据指针清零
}
float AD(bit dat1,bit dat2,bit dat3)
{
    uchar ad_dat;
    float v;
    ADDA=dat1;ADDB=dat2;ADDC=dat3;//待转换通道的地址
    ST=0;ST=1;ST=0; //发出启动命令
    while(EOC==0); //等待转换结束
    OE=1; //发出读 ADC0809 允许命令
    ad_dat=P3; //读转换结果
    OE=0;
    v=ad_dat * 5.0/255.0;//进行计算,将 8 位数字量转换成电压值
    return v; //返回电压值
}
void main()
{
    uchar ad_channel;
    lcd_init(); //液晶初始化
    while(1) //巡回采集并显示 8 路电压数据
    {    ad_channel=0;
         lcd_write(0,0x80);
         printf("%c %0.2fV",ad_channel+0x30,AD(0,0,0)); //显示 IN0 通道采集的电压值
         ad_channel++; //通道号加 1
         lcd_write(0,0x8a);
         printf("%c %0.2fV",ad_channel+0x30,AD(0,0,1)); //显示 IN1 通道采集的电压值
         ad_channel++;
         lcd_write(0,0xc0);
         printf("%c %0.2fV",ad_channel+0x30,AD(0,1,0)); //显示 IN2 通道采集的电压值
         ad_channel++;
         lcd_write(0,0xca);
         printf("%c %0.2fV",ad_channel+0x30,AD(0,1,1)); //显示 IN3 通道采集的电压值
```

```
    ad_channel++;
    delayms(1000);
    lcd_write(0,0x01); //显示清零,数据指针清零,为下一屏显示 4-7 通道电压值做准备
    lcd_write(0,0x80);
    printf("%c %0.2fV",ad_channel+0x30,AD(1,0,0)); //显示 IN4 通道采集的电压值
    ad_channel++;
    lcd_write(0,0x8a);
    printf("%c %0.2fV",ad_channel+0x30,AD(1,0,1)); //显示 IN5 通道采集的电压值
    ad_channel++;
    lcd_write(0,0xc0);
    printf("%c %0.2fV",ad_channel+0x30,AD(1,1,0)); //显示 IN6 通道采集的电压值
    ad_channel++;
    lcd_write(0,0xca);
    printf("%c %0.2fV",ad_channel+0x30,AD(1,1,1)); //显示 IN7 通道采集的电压值
    delayms(1000);}
}
```

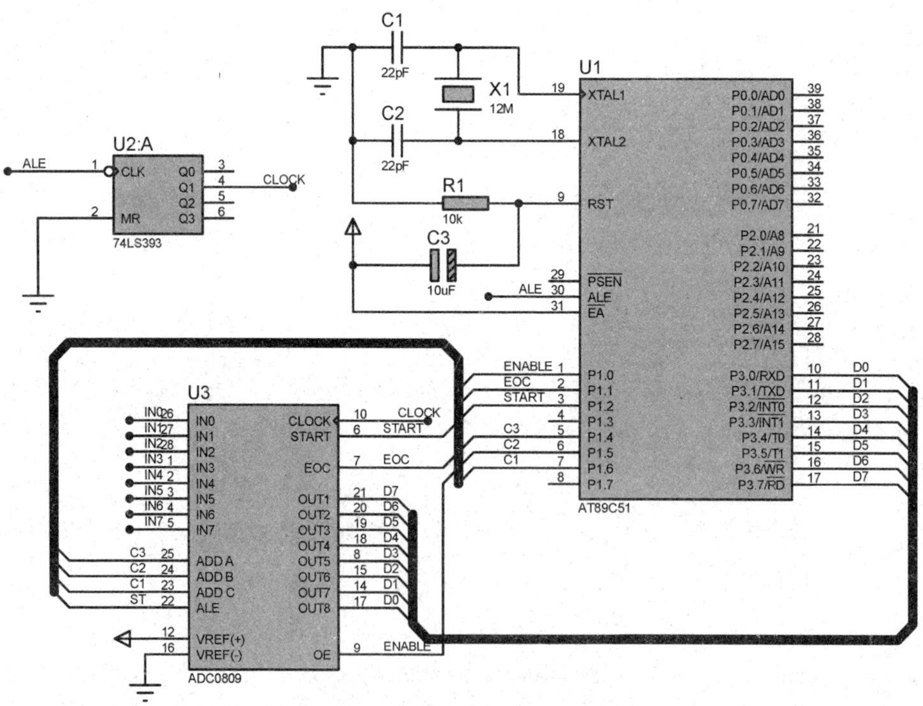

图 9.5 ADC0809 与 51 单片机接口

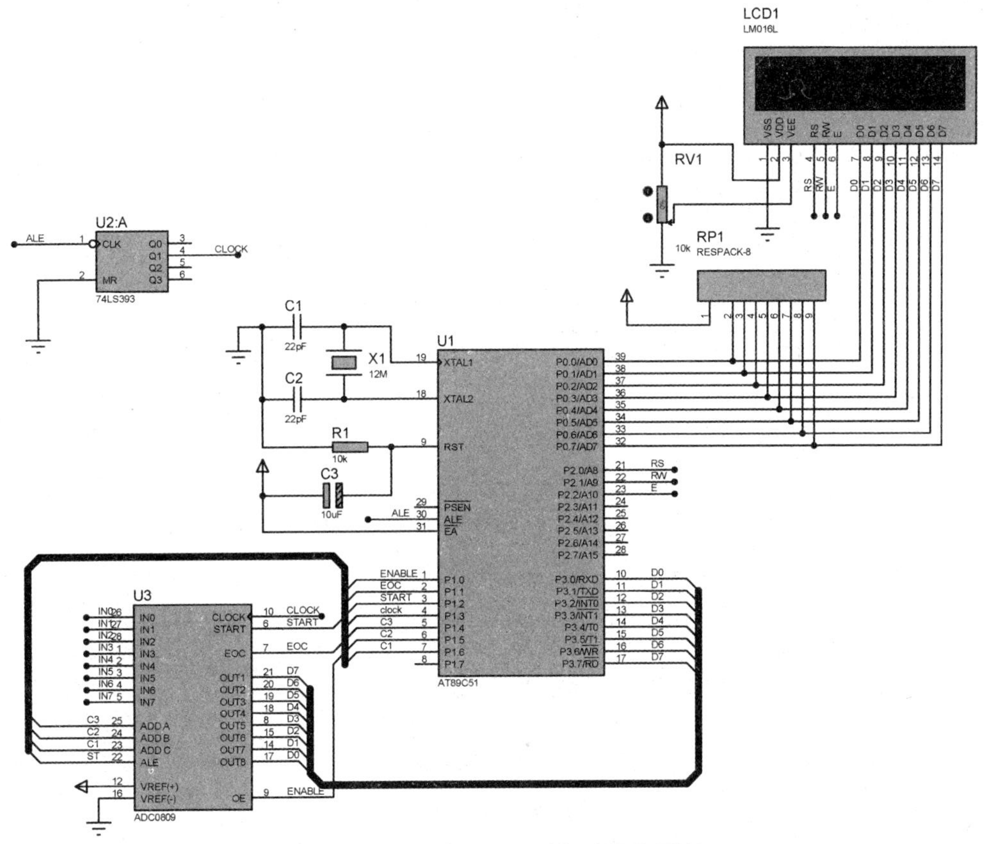

图 9.6　8 路电压巡回检测显示系统

9.3.2　AD574 及接口

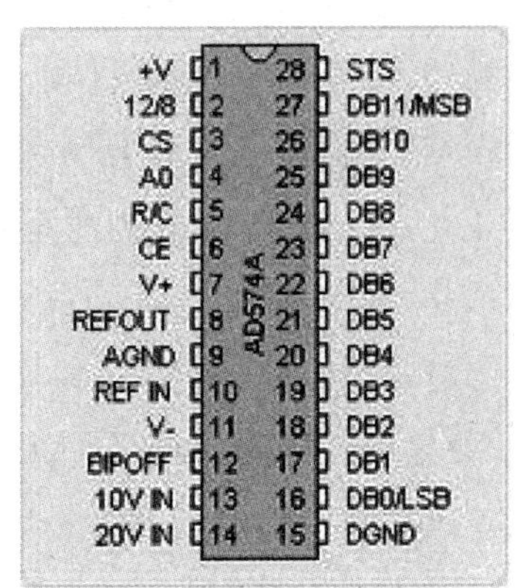

图 9.7　AD574A 引脚图

对于多于 8 位的 A/D 转换芯片，接口时要考虑转换结果的分时输出问题。现以 12 位 A/D 转换芯片 AD574 为例进行说明。

AD574A 引脚如图 9.7 所示。其引脚特性：

DB0～DB11：12 位数字量输出。DB11 为最高位，DB0 为最低位。

CE：芯片使能信号，高电平有效。

$\overline{\mathrm{CS}}$：片选信号，低电平有效。

R/C：读/启动转换信号。R/C=0 时为启动转换信号；R/C=1 时为读信号。

12/8：输出位数选择信号。12/8=1 时，为 12 位输出，12/8=0 时，为 8 位输出。

A0：字节选择信号。在 R/C=0 状态下，A0=0，启动 12 位 A/D 转换，A0=1 启动 8 位 A/D 转换。在 R/C=1 且 12/8=0 状态下，A0=0，读高 8 位数据，A0=1，读低 4 位数据。

STS:转换结束信号。转换期间为高电平,转换结束时下跳为低电平。

10VIN:10 V 模拟电压输入。单极性时为 0~+10 V,双极性时为-5~+5 V。

20VIN:20 V 模拟电压输入。单极性时为 0~+20 V,双极性时为-10~+10 V。

REFIN:参考输入,用于满量程调节。

REFOUT:内部 10 V 参考电压输出。

各个控制信号的作用归纳如表 9.2 所示。由于篇幅所限,其详细应用不作过多介绍。

表 9.2 AD574A 控制信号的作用

片允许	片选	读数/启动转换	输出位数选择	分辨率与字节选择	功能
CE	$\overline{CS}$	R/C	12/8	A0	
0	X	X	X	X	不允许转换
X	1	X	X	X	未接通芯片
1	0	0	X	0	启动 1 次 12 位转换
1	0	0	X	1	启动 1 次 8 位转换
1	0	1	高电平	X	一次输出 12 位
1	0	1	低电平	0	输出高 8 位
1	0	1	低电平	1	输出低 4 位

9.4 常用 D/A 转换芯片及接口技术

测控系统中的一些控制对象需要模拟信号进行驱动,例如电动机、变频压缩机、音响、电视等,于是就要把单片机输出的数字量转换为模拟量,以满足模拟控制的需要。所以在模拟输出通道中就要有 D/A 转换器(Digital to Anolog Converter)。

9.4.1 D/A 转换器的主要性能指标

1. 分辨率(Resolution)

分辨率指输入给 D/A 转换器的单位数据量(1LSB)变化,所对应的输出模拟量的变化量,是输出对输入量变化敏感程度的描述,即输出满刻度值与 2^n 之比(n 为 D/A 转换器的二进制位数)。位数越多分辨越高。

分辨率 =输出满刻度值/2^n,n 为二进制数的位数。常用符号 1LSB 表示

例如:一个 8 位的 D/A 转换器,其满量程电压是 5 V。分辨率即它能分辨的最小电压为:

5 V/(2^8-1)≈19.6 mV,1LSB=19.6 mV=0.004%满量程。

2. 建立时间(Setting Time)

建立时间是描述 D/A 转换速度的一个参数,具体是指从输入数字量变化到输出达到终值误差±1/2LSB(最低有效位)时所需的时间。通常以建立时间来表明转换速度。快速

可达 1 μs 以下。

3. 转换精度(Conversion Accuracy)

D/A 转换器的精度是指实际输出电压与理论输出电压之差,即最大静态转换误差。理想情况下,精度与分辨率基本一致,位数越多精度越高。由于电源电压、参考电压、电阻等各种因素存在着误差。严格讲它们不完全一致,只要位数相同,分辨率则相同,但相同位数的不同转换器精度会有所不同。

4. 线性度(Linearity)

D/A 转换器的线性度用非线性误差的大小来表示,非线性误差是指实际的输入/输出特性与理想的输入/输出特性的偏差与满刻度输出之比的百分数。

9.4.2 DAC0832 D/A 转换器及接口

DAC0832 芯片介绍

DAC0832 为一个 8 位 D/A 转换器,单电源供电,在+5～+15 V 范围内均可正常工作。基准电压的范围为±10 V,电流建立时间为 1 μs,CMOS 工艺,低功耗 20 mW。芯片为 20 引脚双列直插式封装,引脚排列如图 9.8 所示,各引脚名称及功能说明如下。

DI7～DI0:转换数据输入端。

CS:片选信号(输入),低电平有效。

ILE:数据锁存允许信号(输入),高电平有效。

$\overline{\text{WR1}}$:第 1 写信号(输入),低电平有效。该信号与 ILE 信号共同控制输入寄存器是数据直通方式还是数据锁存方式;当 ILE=1 且 $\overline{\text{WR1}}$=0 时,为输入寄存器直通方式;当 ILE=1 且 $\overline{\text{WR1}}$=1 时,为输入寄存器锁存方式。

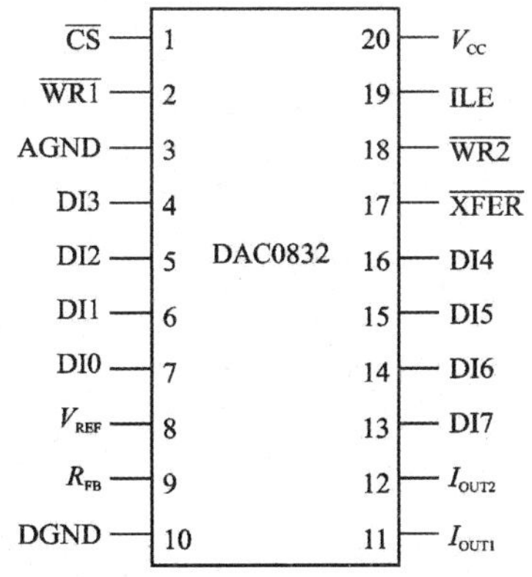

图 9.8 DAC0832 引脚图

XFER:数据传送控制信号(输入),低电平有效。

$\overline{\text{WR2}}$:第 2 写信号(输入),低电平有效。该信号与 $\overline{\text{XFER}}$ 信号共同控制 DAC 寄存器是数据直通方式还是数据锁存方式:当 $\overline{\text{XFER}}$=0 且 $\overline{\text{WR2}}$=0 时,为 DAC 寄存器直通方式;当 $\overline{\text{XFER}}$=0 且 $\overline{\text{WR2}}$=1 时,为 DAC 寄存器锁存方式。

I_{OUT1}:电流输出 1。当数据为全 1 时,输出电流最大;为全 0 时,输出电流最小。

I_{OUT2}:电流输出 2。$I_{OUT1}+I_{OUT2}$=常数。

RFB:反馈电阻端,即运算放大器的反馈电阻端,电阻(15 kΩ)已固化在芯片中。DAC0832 是电流输出型 D/A 转换器,为得到电压的转换输出,使用时需在两个电流输出端接运算放大器,RFB 即为运算放大器的反馈电阻。

VREF:基准电压,是外加高精度电压源,与芯片内的电阻网络相连接,该电压可正可负，范围为－10～＋10 V。基准电压决定 D/A 转换器的输出电压范围，例如，若 VREF 接＋10 V，则输出电压范围是 0～－10 V。

DGND：数字地。

AGND：模拟地。

DAC0832 的 D/A 转换采用 T 型电阻解码网络，转换电路为 R-2R T 型电阻网络，网络中的电阻值只有 R 和 $2R$ 两种，容易实现集成化。其转换过程是先将各位数码按权的大小转换为相应的模拟分量，然后再以叠加方法把各个分量相加，其和即为转换结果。DAC0832 的内部结构框图如图 9.9 所示，电阻解码网络包含在图中的 8 位 D/A 转换器中。

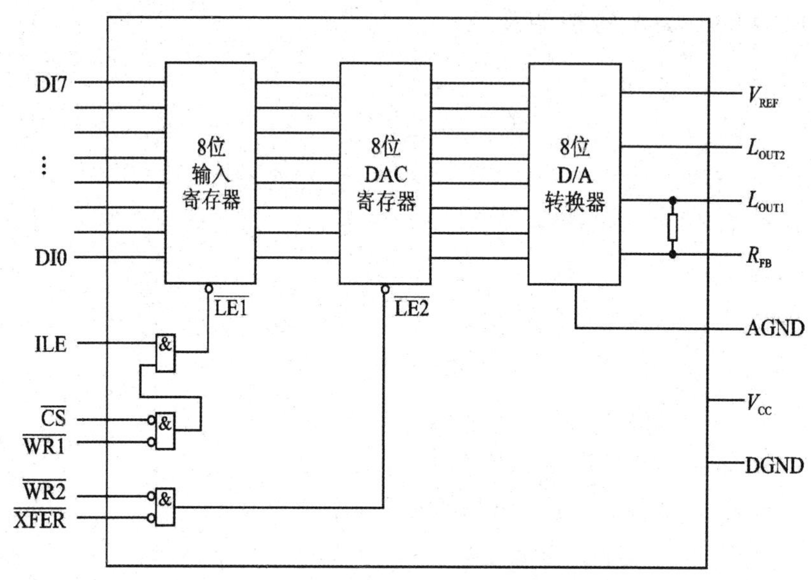

图 9.9　DAC0832 内部结构框图

由图 9.9 可知，输入通道由输入寄存器和 DAC 寄存器构成两级数据输入锁存，由 3 个“与”门电路组成控制逻辑，产生 $\overline{LE1}$ 和 $\overline{LE2}$ 信号，分别对两个输入寄存器进行控制。当 $\overline{LE1}$($\overline{LE2}$)＝0 时，数据进入寄存器被锁存；当($\overline{LE1}$)＝1 时，锁存器的输出跟随输入。这样在使用时就可根据需要，对数据输入采用两级锁存形式(双锁存)、单级锁存(另一级直通)形式或直接输入(两级直通)形式。

两级输入锁存，可使 D/A 转换器在转换前一个数据的同时，将下一个待转换数据预先送到输入寄存器，以提高转换速度。此外，在使用多个 D/A 转换器分时输入数据时，两级缓冲可以保证同时输出模拟电压。

9.4.3　DAC0832 连接方式

D/A 转换器与单片机的接口是数字量输出接口，与并行 I/O 输出接口一样。D/A 转换有一个过程，所需要的时间称为建立时间，不同 D/A 转换芯片建立时间的长短不同，从几微秒到几纳秒不等。转换时被转换数据由单片机通过输出指令送出，送出数据在总线上的存在时间比较短，80C51 只有 1 个机器周期左右。为了两者之间进行时间协调，在单片机与 D/A 转换器之间必须加数据锁存器，先把单片机送出的数据放在锁存器中，供转换器使用。出于简化接口的考虑，许多 D/A 转换器芯片自带锁存(缓冲)器。

对于内部无锁存器的 D/A 转换器，其数据输入端口可与 80C51 的 P1、P2、P3 口直接相接，但与 P0 口相接时，需要在转换器芯片前增加锁存器。DAC0832 自带了两级缓冲器，所以 DAC0832 与 80C51 的接口十分简单，并且有直通、单缓冲、双缓冲多种连接方式。

1. 直通方式

所谓直通方式：使所有的控制信号同时均有效。其与 80C51 的连接接口电路如图 9.10 所示，P2 口作数据输出口，其他控制线按其有效信号为高或低电平的要求直接接电源或地，这样 P2 口输出的数字量直接由 DAC0832 转换成电流输出，外接运放构成的电流/电压转换电路，将电流输出转换为电压输出。这种连接方式适用于连续反馈控制电路。

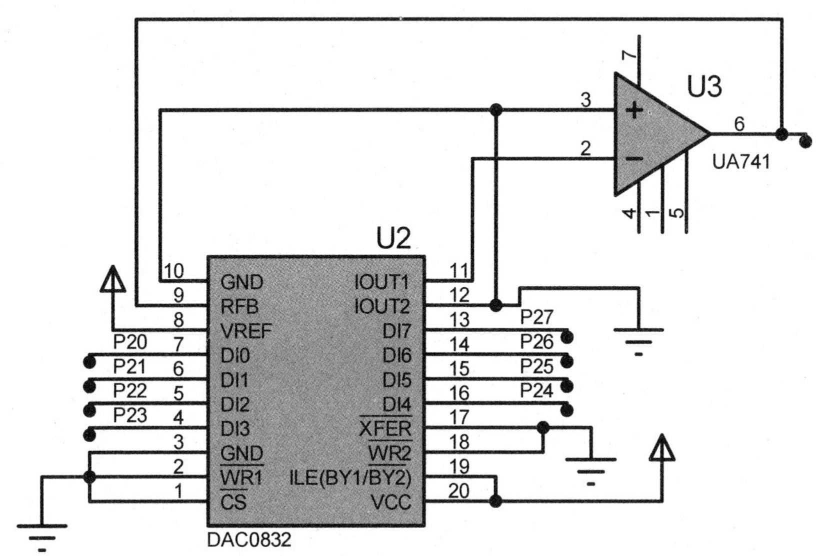

图 9.10　DAC0832 直通方式接口电路

2. 单缓冲方式

所谓单缓冲方式：控制输入锁存器和 DAC 寄存器同时接收数据，或者只用输入锁存器而把 DAC 寄存器接成直通方式。如图 9.11 所示，DAC0832 的控制端用单片机的输出口进行连接，通过程序控制输入锁存器和 DAC 寄存器同时接收数据，并完成 D/A 转换。这种连接方式适用于只有一路模拟输出或几路非同步输出的情形。

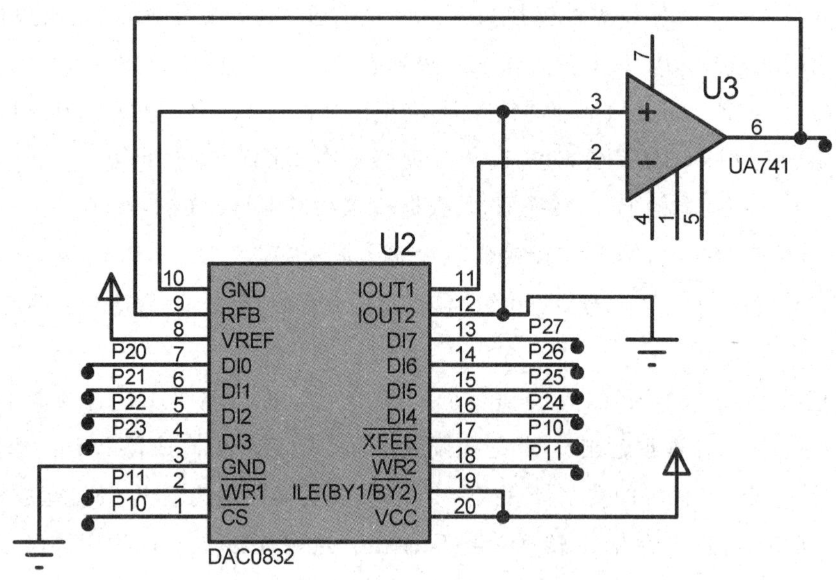

图 9.11　DAC0832 单缓冲方式接口电路

例 9.2　利用图 9.11，编程实现锯齿波的生成。在一些控制应用中，需要有一个线性增长的电压（锯齿波）来控制检测过程，移动记录笔或电子束等。

解：在控制信号有效的前提下，从数据口输入 0～255 递增的数据量，控制 DAC0832 输出的电压为 0～－5V 的递增电压，利用延时函数控制一个循环周期的运行时间，控制输出锯齿波的周期。程序代码如下：

```
#include<reg51.h>
#define uchar unsigned char
#define uint unsigned int
#define DAC0832_data_port P2
sbit DAC_WR=P1^0;
sbit CS=P1^1;
void delayms(uint xms)//ms 延时函数
{
	uint i,j; //变量必须先定义后使用
	for(i=xms;i>0;i--)
		for(j=120;j>0;j--);
}
void main()
{
uchar k;
while(1)
{  DAC_WR=0;CS=0;
```

```
    for(k=0;k<255;k++)//锯齿波
    {
        DAC0832_data_port=k;
        delayms(1);
    }
}
```

对锯齿波的产生作如下几点说明：

(1) 程序每循环一次，k 值加一，锯齿波的上升沿是由 256 个小阶梯构成的。但由于阶梯很小，宏观上看就是线性增长锯齿波。

(2) 可通过循环程序段运行的时间，计算出锯齿波的周期，并可根据需要，改变延时函数改变锯齿波的周期。延时时间不同，波形周期不同，锯齿波的斜率就不同。

(3) 通过 k 加 1 可以得到正向锯齿波；若要得到负向锯齿波，可改为 k 初值为 255 减 1 即可，若想输出电压为正可在运放输出端再接一级运放，使输出电压反向即可。

(4) 程序中 k 的变化范围是 0～255，因此得到的锯齿波是满幅度的。若要求得到非满幅度锯齿波，可通过计算求得数字量的初值和终值，然后在程序中通过置初值判终值的办法实现。

利用 DAC0832 很容易输出三角波或矩形波，在实际应用中通过改变矩形波的占空比，控制输出 PWM 可调制脉宽的矩形波，实现输出电压的控制，从而控制电机转速或呼吸灯明暗变化。

3. 双缓冲方式

所谓双缓冲方式：先分别使这些 DAC0832 的输入锁存器接收数据，再控制这些 DAC0832 同时传送数据到 DAC 寄存器以实现多个 D/A 转换同步输出。如图 9.12 所示，2 片 DAC0832 的片选分别用 P1.2、P1.3 进行控制，它们的写控制和数据传送控制信号分别并联在一起，这种连接方式适用于多个 DAC0832 同时输出情形。

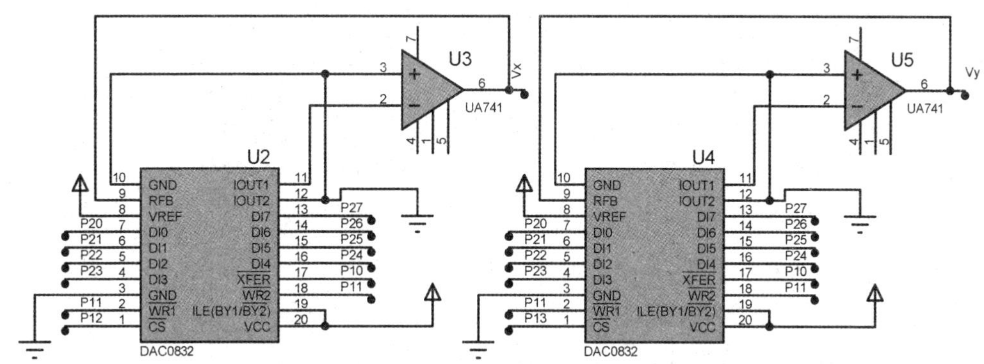

图 9.12　DAC0832 双缓冲方式接口电路

在使用单片机控制绘图仪时，要使用两片 DAC0832，并采用双缓冲方式连接，如

图 9.12 所示。编程时先把 x 坐标数据送到 x 向 D/A 转换器的输入寄存器，再用一条指令把 y 坐标数据送到 y 向 D/A 转换器的输入寄存器。最后再用一条传送指令打开两个转换器的 DAC 寄存器，进行数据转换，即可实现 x、y 两个方向坐标量的同步输出。

```
#include<reg51.h>
#define uchar unsigned char
#define uint unsigned int
#define DAC0832_data_port P2
sbit CS_x=P1^2;
sbit CS_y=P1^3;
sbit WR=P1^1;
sbit XFER=P1^0
void main()
{
uchar x,y;
……
    WR=0;CS1=0;CS2=1; XFER=1;
    DAC0832_data_port=x; //x 坐标数据送到 x 向 D/A 转换器的输入寄存器
    WR=0;CS1=1;CS2=0; XFER=1;
    DAC0832_data_port=y; //y 坐标数据送到 y 向 D/A 转换器的输入寄存器
    WR=1;CS1=0;CS2=0;XFER=0;// 打开两个转换器的 DAC 寄存器，进行数据转换
……
}
```

9.5 A/D 与 D/A 转换芯片的串行接口

前面涉及的 A/D 与 D/A 转换芯片都是并行接口，除并行芯片外，还有一些串行的 A/D 和 D/A 转换芯片，使用它们时要进行串行接口。

9.5.1 通过 I^2C 总线的串行接口

对于有 I^2C 总线接口的 A/D 或 D/A 转换芯片，可以通过 I^2C 总线实现接口（该总线的详细学习资料见 11.4），现以 A/D 和 D/A 混合芯片 PCF8591 为例进行说明。PCF8591 由 Philips 公司生产，是一个比较典型的带 I^2C 总线接口的 A/D 和 D/A 转换混合芯片，它有 4 路模拟输入通道，转换结果为 8 位，采用具有采样/保持电路的逐次逼近转换方式。1 路 D/A 转换模拟输出。双列直插式芯片封装，引脚排列如图 9.13 所示。各引脚功能如下：

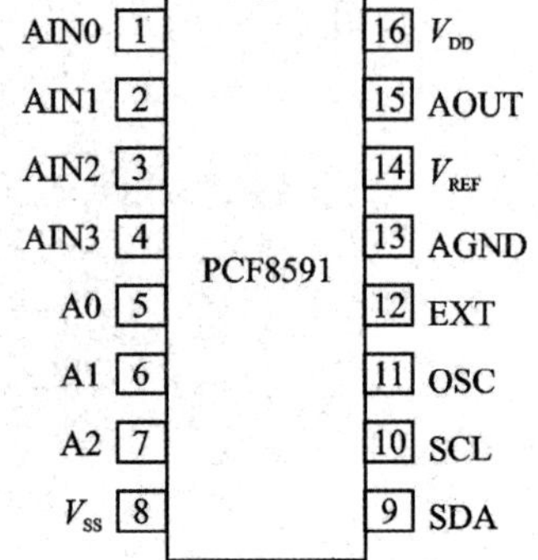

图 9.13 PCF8591 芯片引脚图

AIN3～AIN0：模拟信号输入。

A2～A0：地址引脚。

SCL、SDA：I^2C 总线时钟、数据引脚。

OSC：外部时钟输入，内部时钟输出。

EXT：内外时钟选择，EXT=0 选择内部时钟，EXT=1 选择外部时钟。

Aout：D/A 转换模拟量输出。

VDD、VSS：正电源电压、负电源电压。

VREF：参考电压输入。

AGND：模拟电路地。

PCF8591 的器件地址为 1001，引脚地址由 A2、A1 和 A0 设定。如图 9.14 所示，地址字节的最低位为读写标志位 R/W，1 为读，0 为写。

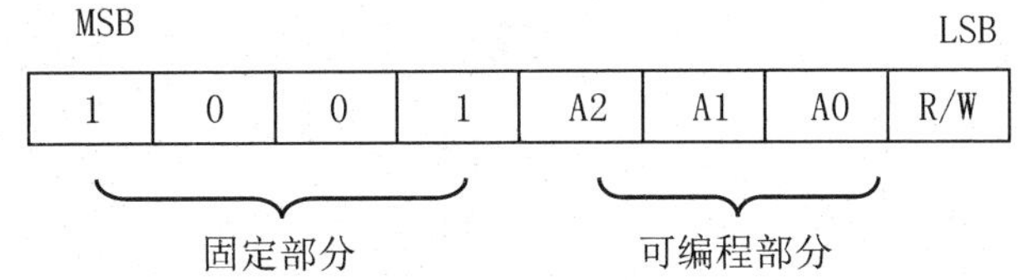

图 9.14 PCF8591 地址字节

PCF8591 内部有一个 8 位的控制寄存器，其控制字的格式如图 9.15 所示，8 位控制命令字根据应用需要自行编程进行初始设置，包括是否进行 D/A 转换，模拟输入是单端输入还是差分输入，通道号等等的设置。

9.5.2 I^2C 接口 A/D 与 D/A 转换器 PCF8591 接口及其应用

例 9.3 利用巡回采集 4 路模拟电压值并实时显示，将 0 路采集的电压经过 D/A 转换由 PCF8591 输出，控制发光二极管的亮度。请设计硬件电路和程序编制。

解：PCF8591 与单片机的硬件连接非常简单，只需要单片机 2 根 I/O 口线与 PCF8591 的 SCL 和 SDA 连接，电路如图 9.16 所示。但是由于 80C51 本身没有 I^2C 总线接口，需要通过程序软件模拟 I^2C 时序，实现 PCF8591 的 AD 和 DA 转换，程序设计的要点也是 A/D 转换和 D/A 转换函数的编写。为了节省篇幅，这里省略了液晶驱动程序的编写，PCF8591 的驱动函数程序代码如下：

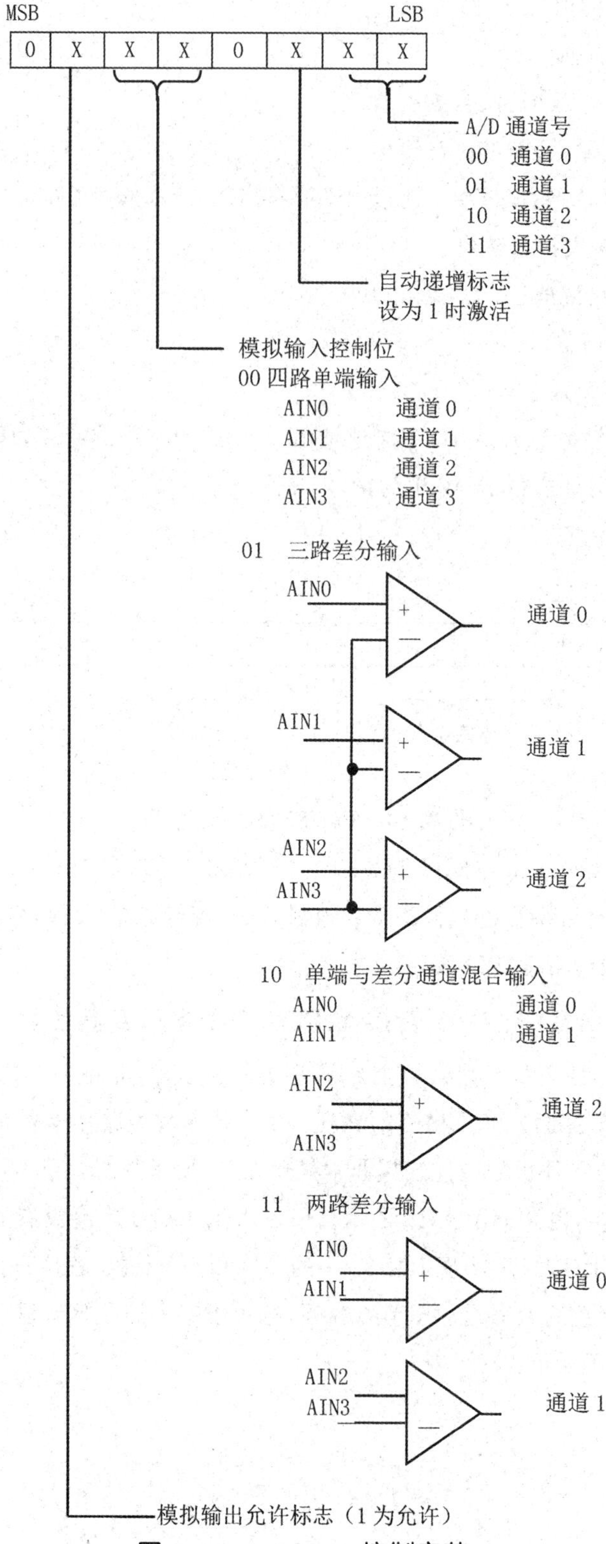

图 9.15 PCF8591 控制字节

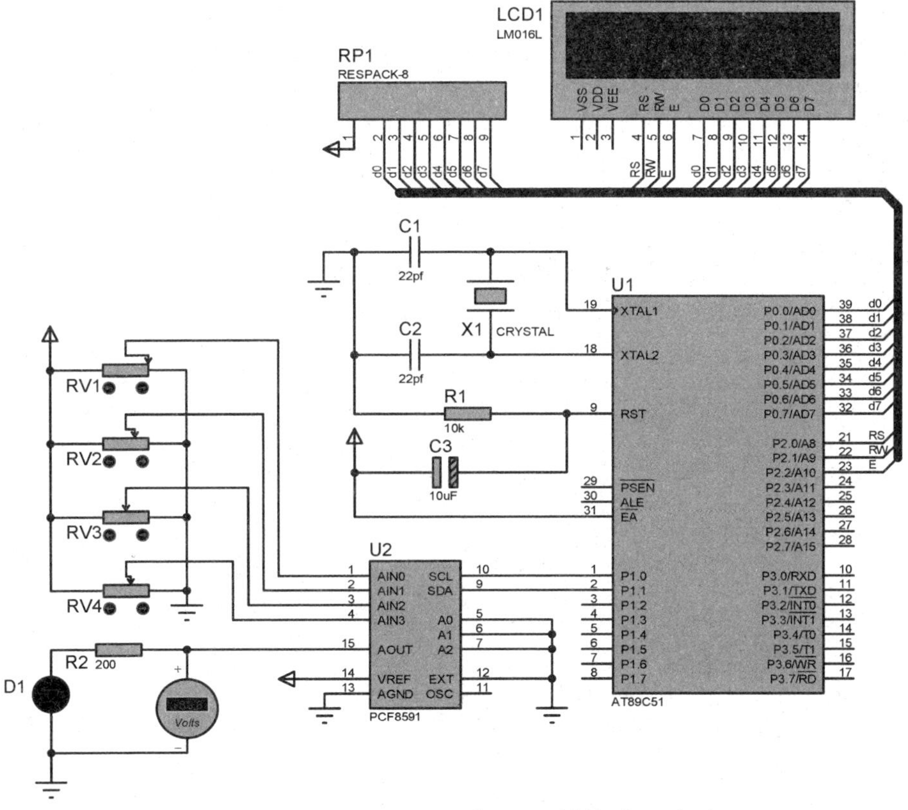

图 9.16　PCF8591A/D 和 D/A 转换应用电路

```
#include<reg51.h>
#include<PFC_8591.h>
#define delay() {_nop_();_nop_();_nop_();_nop_();}
/**************启动 I²C 总线子程序******************/
void start() //scl 高电平时,sda 的下降沿表示 I²C 总线启动
{
sda=1;
delay();
scl=1;
delay();
sda=0;
delay();
}
/**************停止 I²C 总线子程序******************/
void stop() //scl 高电平时,sda 的上升沿表示 I²C 总线停止
{
sda=0;
```

```
delay();
scl=1;
delay();
sda=1;
delay();
}
/**************从机发送应答子程序******************/
void respons() //应答 I2C 从器件回送一个低电平信号
{
uchar i;
scl=1;
delay();
while((sda==1)&&(i<250))i++;
scl=0;
delay();
}
/**************发送一个字节子程序 ******************/
void write_byte(uchar date)
{
uchar i,temp;
temp=date;
for(i=0;i<8;i++)
{
    temp=temp<<1; //数据从 D7~D0 串行传送,一个 SCL 时钟传送一位数据
    scl=0;
    delay();
    sda=CY;
    delay();
    scl=1;
    delay();
}
scl=0;
delay();
sda=1;//拉高总线
delay();
}
```

```
/**************接收一个字节子程序******************/
uchar read_byte()
{
uchar i,k;
scl=0;
delay();
sda=1;
delay();
for(i=0;i<8;i++)
{
    scl=1;
    delay();
    k=(k<<1)|sda; //数据从 D7~D0 串行传送,一个 SCL 时钟传送一位数据,先接收到是 D7
    scl=0;
    delay();
}
return k;
}
/**************A/D 转换子程序******************/
uchar ADC_PCF8591_rd_(uchar channal)
{
    uchar date;
    start(); //启动
    write_byte(0x90);//发送从器件地址,写命令
    respons();
    write_byte(channal); //发送将进行 A/D 转换的通道号
    respons(); //等待 8951 应答信号
    start(); //启动
    write_byte(0x91); //读 PCF8591 转换结果
    respons(); //等待 8951 应答信号
    date=read_byte(); //读到一个字节的 A/D 转换结果
    stop();
    return date;
}
/********************D/A 转换子程序****************/
void ADC_PCF8591_wt_(uchar date)
```

```
{
    start();
    write_byte(0x90); //发送从器件地址,写命令
    respons();
    write_byte(0x40); //允许模拟输出,进行 D/A 转换
    respons(); //等待 8951 应答信号
    write_byte(date); //写出去待转换的数字量
    respons();
    stop();
}
```

主程序代码如下：

```
//说明:PCF8591 是具有 I2C 总线接口的 8 位 A/D 及 D/A 转换器,有 4 路 A/D 转换输入和 1 路 D/A
//转换输出,本例中对 4 个通道进行递增 A/D 转换,转换结果显示在 LCD 上,同时将 0 通道转换
//后得到的模拟值再逆向 D/A
//转换为模拟信号经过 Aout 输出到 LED 上,控制其亮度变化。
#include<reg51.h>
#include<delay.h>
#include<lcd.h>
#include<PFC_8591.h>
#define uint unsigned int
#define uchar unsigned char
uchar Recv_Buffer[4];
//8 位分辨率,满量程 255 代表 5V,数字量 1 代表 1/51V
float Convert_To_Voltage(uchar dat){
    float v;
    v=5.0 * dat/255.0;
    return v;
}
void main(){
    lcd_init(); //液晶初始化
    while(1){
    Recv_Buffer[0]=ADC_PCF8591_rd_(0x00); //IN0 路 ADC 结果,8 位二进制数
    Recv_Buffer[1]=ADC_PCF8591_rd_(0x01); //IN1 路 ADC 结果,8 位二进制数
    Recv_Buffer[2]=ADC_PCF8591_rd_(0x02); //IN2 路 ADC 结果,8 位二进制数
    Recv_Buffer[3]=ADC_PCF8591_rd_(0x03); //IN3 路 ADC 结果,8 位二进制数
    ADC_PCF8591_wt_(Recv_Buffer[0]); //将 IN0 采集的数据进行 DAC 输出
```

```
    //将各路 ADC 采集的值转换成浮点数输出显示在 LCD1602 相应位置
    lcd_write(0,0x80);printf("IN0-%3.2fV",Convert_To_Voltage(Recv_Buffer[0]));
    lcd_write(0,0x89);printf("IN1-%3.2fV",Convert_To_Voltage(Recv_Buffer[1]));
    lcd_write(0,0xc0);printf("IN2-%3.2fV",Convert_To_Voltage(Recv_Buffer[2]));
    lcd_write(0,0xc9);printf("IN3-%3.2fV",Convert_To_Voltage(Recv_Buffer[3]));
    delayms(50);
    }
}
```

本章小结

测控系统离不开模拟量与数字量的相互转换,A/D 与 D/A 转换在测控系统中形成了两个模拟通道。在测控系统中,模拟输入通道的起点是传感器,用于信号采集;模拟输入通道的终点是 A/D 转换器,用于模拟量转换成数字量。实际应用中 A/D 转换器的转换速度、分辨率是用户进行 A/D 转换器选择的重要技术指标。

常用的 A/D 转换器有并行和串行接口之分,这些可编程的 A/D 转换器与单片机的接口包括硬件电路和驱动程序。因为 A/D 转换需要时间,所以都包括 A/D 转换启动控制,转换结束信号查询,只有确保数据转换结束后,才可以读取正确的转换结果。A/D 转换器常用的工作方式有中断方式、查询方式、延时等待方式。

测控系统中的一些控制对象需要模拟信号进行驱动,D/A 转换器用以满足模拟控制的需要。测控系统中应用的多为可编程的 D/A 转换器。实际应用中 D/A 转换器的分辨率是用户进行 D/A 转换器选择的重要技术指标,同时要注意 D/A 转换输出的是电压还是电流量,如果是电流输出,需要在 D/A 转换器外围加运算放大器,将电流形式输出转换成电压量,如 DAC0832。根据应用场合不同,需要配置 DAC0832 的工作方式为单缓冲还是双缓冲方式。

为了节省单片机的 I/O 口线资源,单片机工程应用系统中使用了越来越多的串行芯片,具有 I^2C 总线接口的 PCF8591 是典型的 A/D 和 D/A 混合型转换芯片,其与单片机的接口非常简单,但是对于 80C51 单片机需要利用软件模拟 I^2C 时序,编程相应复杂一些。

习题 9

9.1 简述 A/D 转换模拟通道的基本组成。

9.2 ADC0809 的输入通道数量和转换位数分别是多少?

9.3 DC0809 与单片机连接时需要哪些控制信号?

9.4 A/D 转换芯片有“转换启动”和“转换结束”信号,为什么 D/A 转换芯片没有?

9.5 列出 PCF8591 命令字各位的含义,如果设置其进行 4 通道连续递增的 A/D 转换,不启动 D/A 转换,命令字应该是多少?

9.6 利用仿真软件绘制硬件电路,实现利用 DAC0832 直通工作方式,编程输出三角波和梯形波的程序。

9.7 设计一个 2 通道的循环检测与报警系统,要求实时显示检测通道号与检测通道输入的电压数据,并设计报警功能。当输入电压高于上限值或低于下限值时,系统声光报警。画出硬件电路,编写程序并调试。

第 10 章　功率接口技术及应用

在工业控制中，单片机的被控对象大多是功率设备，需要高电压大电流，单片机不能直接驱动，要通过相应的接口电路才能输出一定的功率来驱动功率设备。功率接口有开关型、继电器型、光电隔离型和晶闸管等多种形式。

10.1　开关型接口

在许多应用场合，是使用开关量来进行控制的，开关量是通过单片机的 I/O 口或扩展 I/O 口输出的。当被控对象功率不大时，可以由 CPU 直接驱动；当被控对象的功率比较大时，需要通过功率晶闸管或其他功率器件去驱动。

10.1.1　简单开关量输出接口

前面练习过的利用单片机直接驱动控制发光二极管的点亮与熄灭的流水灯项目，是 CPU 的 I/O 口直接输出开关量 0、1 信号实现的。当 CPU 在端口置 1 时，通过单片机内部上拉电阻，使输出电平稳定地维持在 5 V；当 CPU 端口清 0 时，由于内部上拉电阻(10k 左右)，流过电阻 R 的电流为 0.5 mA 左右，影响不大。该输出端可以直接接三极管、达林顿管或缓冲器，增加输出口的驱动电流，通过这些器件去驱动 LED 发光器件或继电器。如第 7 章八段数码管显示的驱动电路，CPU 通过移位寄存器 74HC595 或输入输出缓冲器 74LS245 控制八段数码管的电路。

在图 10.1 中，74LS573 是八入八出数据锁存器，单片机 CPU 通过 P0 口将位控码数据写入 U2 74LS573 并锁存在其内部的 Q0～Q7 端口，再通过 P0 口将字型码数据写入 U4 74LS573 并锁存在其内部的 Q0～Q7 端口，实现八段数码管显示电路的驱动。电路利用 51 单片机的一组 I/O 口，2 片锁存器，最多可以实现 8 个八段数码管的点亮控制。

如图 10.2 所示为 CPU 通过三极管增加驱动功率控制发光二极管。CPU 使 P2.0＝1，输出 5 V 电压，通过 R1 使三极管 T 饱和导通，$U_{CE}=0.2$ V 左右，发光二极管 D 通过 R2 限流流过电流，控制 D 发光。当 P2.0＝0，三极管 $U_{CE}=0$ V，三极管截止，发光二极管不导通，D 熄灭。选用大功率的晶体管可以产生大的电流，驱动大功率的负载。

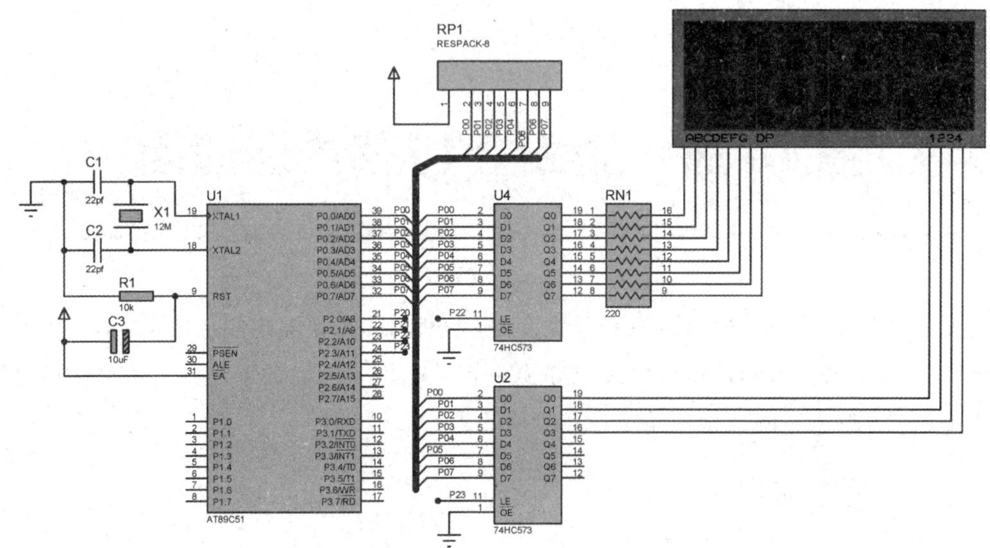

图 10.1　CPU 通过锁存器控制八段数码管

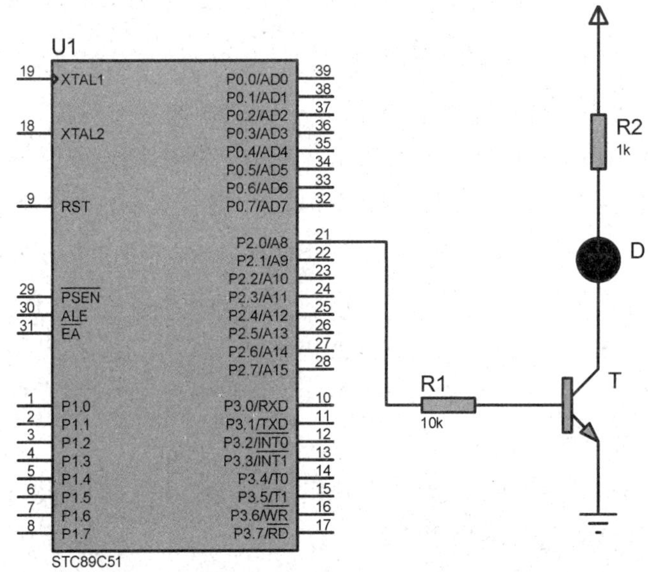

图 10.2　CPU 通过三极管控制发光二极管

10.1.2　光电耦合接口

光电耦合接口是通过光电元器件来实现的，光电元器件由发光二极管和光电晶体管构成。可用于信号隔离、开关电路、数模转换、逻辑电路、长线传输、过载保护、高压控制和电路变换等。

光电晶体管是一种光电转换装置，它的输出特性与晶体三极管基本相同，不同的是光电晶体管接收的是光能量。由于光电晶体管的基极-射极的结合电容受到密勒效应影响，并且与负载大小有关，所以光电晶体管的响应通常比较慢。它的输出特性也有截止区、放大区和饱和区。

发光二极管是一种光电转换装置，有电流通过时，会产生光，它的输入特性与普通二极管也相似。但它的正向压降较大，为 1 V 左右，反向电压较小，在 6 V 左右。图 10.3 为光电耦合器符号图。

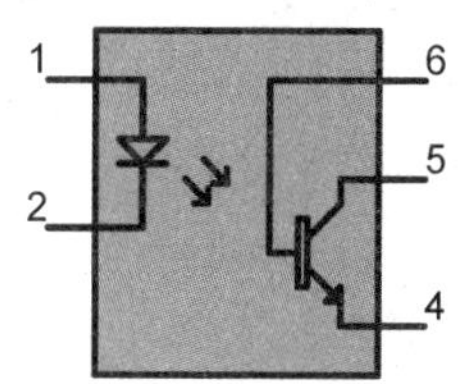

图 10.3　光电耦合器符号

当发光二极管加上正向电压时，会发出光线，光线的强弱与正向电压有关，光电晶体管的基极接收到光能量后，产生 i_c 电流，完成了电—光—电的转换过程。由于发光二极管与光电晶体管之间是通过光来传递信息的，没有电气上的联系，从而实现了电气上的隔离。这就是光电耦合器的工作原理。

光电耦合技术被广泛应用于测量、控制系统。如图 10.4 所示，光耦的 1 号引脚接工作电源 V_{CC}，R1 为限流电阻，在 2 号脚接一脉冲电压，当输入脉冲信号为 1 时，无电流流过发光二极管，不发光，光电晶体管没接收到光能量，处于截止状态，5 号引脚输出电压 $V_{out}=V_{DD}$。当输入脉冲信号为 0 时，有电流流过发光二极管，产生红外光线，光电晶体管接收到光能量，从截止状态进入饱和导通区，输出电压 $V_{out}=0$ V，输出低电平。

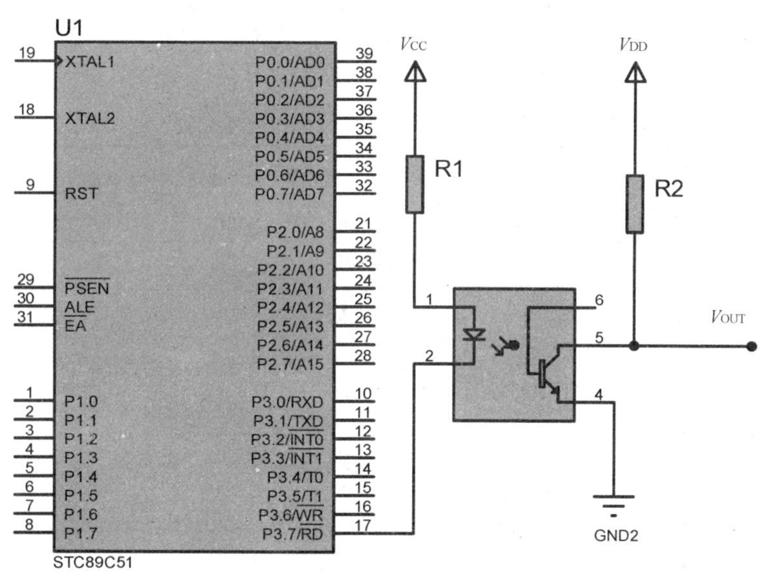

图 10.4　单片机控制光电耦合器

一般二极管的工作电流在 10 mA 左右，R1 阻值与工作电压和二极管的正向压降 U_f 有关，通过计算可以求出。R2 为晶体管负载电阻，应通过计算或调试，使光电晶体管工作在截止区和饱和区，以保证 V_{out} 输出可靠的 0 或 1。

根据设计需要，利用单片机的输出口接二极管的负端，输出端接晶体管的发射极或集电极。注意单片机系统的接地与光电耦合器输出部分不能共地，两者的电源也不同，达到电气上隔离的作用。图 10.5 为 6N135、6N136 的管脚排列。6N135、6N136 光电耦合器的特性参数如表 10.1 所示。

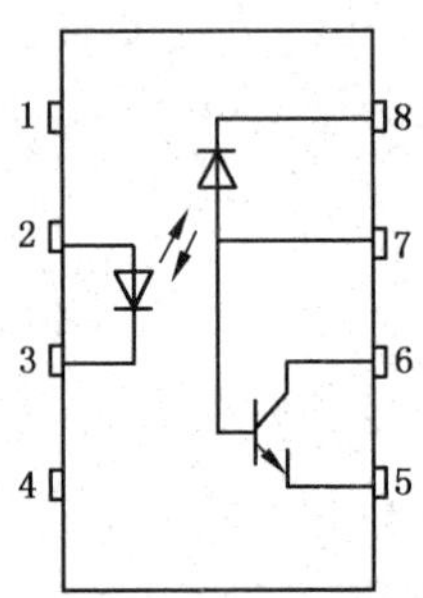

图 10.5　6N135、6N136 管脚排列图

表 10.1　6N135、6N136 光电耦合器特性参数

参数	输入特性		输出特性		传输特性	隔离特性		
	最大工作电流 I_f/mA	正向压降 U_f/V	输出电流 I_o/mA	工作电压 u/V	传输比 CRT/%	隔离阻抗 $R_{I\text{-}O}$/Ω	极间耐压 BV_S/V	极间电容 $C_{I\text{-}O}$/pF
6N135	25	1.65	8	15	18	10^{12}	2 500	0.6
6N136	25	1.65	8	15	18	10^{12}	2500	0.6

常用光电耦合器型号及特性参数如表 10.2 所示。

表 10.2　常用光电耦合器的参数

型号	U_{ISO}/kV	U_{CEO}/V	CTR/%	t_{RCSD}/μs	I_C/mA	P_D/mW
TIL113	1.5	30	1000	300	—	250
TIL117	2.5	30	90	5	—	25
4N25	2.5	30	20	5	100	150
4N35	3.5	30	100	10	100	300
MCT6	3.5	30	20	15	30	400
MOC3030	7.5	光电耦合双向可控性输出 U_{DRm}=25 V　I_{TSm}=1.2 A　I_T=100 mA　du/dt=100 V/μs				

10.1.3　继电器接口

继电器是通过线圈的电流来控制触点的开与合，由于继电器的线圈和触点之间没有电气上的联系，因此，可以使用继电器来实现自动控制上的电气隔离。图 10.6 是继电器的基本应用电路。RL1 继电器有一个线圈和一对常开、常闭触点，当三极管 T 的基极输入一个高电平，使 T 进入饱和导通状态，继电器的线圈有电流流过，线圈通电产生磁场力吸引触点动作，灯泡接通 220 V 交流电，点亮。利用单片机控制大功率的交流机电设备电机等，单片机通过控制三极管导通从而控制继电器线圈得电，常开触点吸合，大功率机电设备加载 220 V 交流电开始工作。R1 为三极管的偏置电阻，二极管 D 用于保护三极管。在平时，由于二极管反向串接，没有电流，当继电器的线圈失电的瞬间会产生很大的反向电动势，有可能使三极管击穿，由于有二极管 D 的存在，提供了一个通路，使反向电动势不会损坏三极管，起到保护作用。在继电器失电状态下常开触点断开，常闭触点闭合；当继电器得电后，常开触点吸合，常闭触点断开。利用继电器的触点开关作用可以控制设备或传送逻辑电平信号。一般继电器带有一组或多组常开、常闭触点，其主要电气参数包括继电器的线圈电流大小，触点的接触电流大小，触点的接触耐压值，用户可根据需要设计选用相应的继电器。

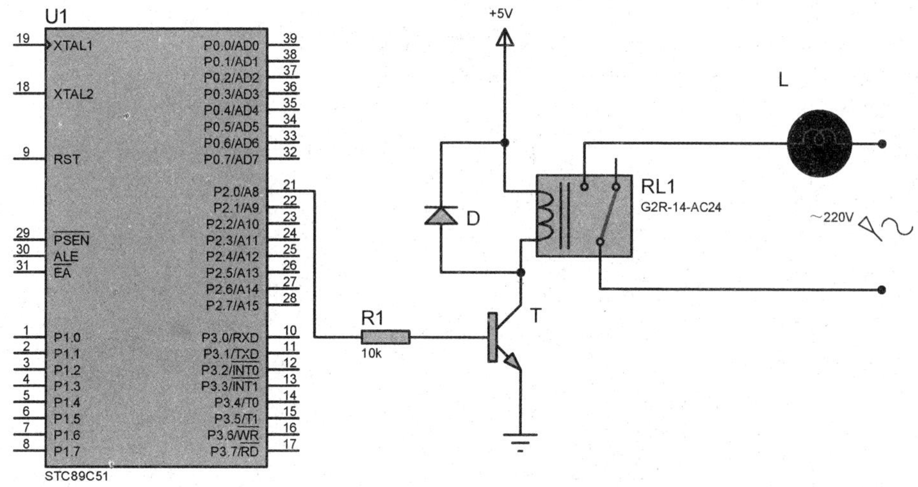

图 10.6　继电器基本应用电路

在设计继电器接口电路时，要了解继电器的一些参数，进行正确设计，在进行电路设计时，根据印制电路板的大小，考虑继电器的体积、封装进行合理选型。目前，有供印制电路板设计使用的微小继电器供电电压有 3 V、5 V 等。如果继电器不装在印制电路板上，则主要考虑继电器的触点数目和触点功率。尽量选用与 CPU 电源一致的继电器，还要考虑使用继电器后增加的电源功率，在变压器供电的电源设计中要充分考虑这一情况。另外还要考虑到单片机接口电路的电流驱动能力，要选择与继电器电流相当的功率元器件做接口电路元件，对于功率大的驱动继电器，有必要在中间增加一级继电器。CPU I/O 接口输出控制信号，由三极管驱动中间继电器，通过中间继电器的触点去控制大功率的继电器，从而实现对大功率的继电器的控制。

电路设计时要根据功能要求，选择合适的继电器产品，充分利用多组触点的配合简化电路设计。继电器重要电气参数有：

(1) 额定工作电压和电流，是指继电器在正常工作状态下，继电器线圈两端所加的电压值和线圈中流过的电流值，是应用于设计的主要参数，是设计的依据。

(2) 吸合电压和电流，是指继电器能产生吸合动作的最小电压值和电流值，一般为额定值的 75%左右。在设计中为保证继电器可靠工作，应使控制电压高于吸合电压，若控制电压在吸合电压左右，就可能造成吸合不可靠或造成频繁吸合、断开，产生干扰，影响使用。

(3) 释放电压和电流，是指继电器在此电压值以下或电流值在此电流值以下，继电器不吸合，因此控制电压或电流值应大大小于释放电压或电流，才能使继电器可靠释放。

(4) 触点负载，是指继电器的负载能力，反映了所能控制设备的功率大小。应使所控制设备的功率小于触点负载，才能使继电器正常工作，否则会损坏触点。

常用继电器的电气参数如表 10.3 所示。

表 10.3 常用继电器电气参数

型号	JZC-36F	JZX-140FF	JRC-19FD
名称	超小型中功率继电器	小型大功率继电器	超小型中功率继电器
外形尺寸：长×宽×高(mm)	24.5×10.5×24.5	29.0×13.0×25.5	20.8×9.9×12.2
触点形式	1H、1Z	2H、2Z	2Z
触点额定负载	10 A 240 V AC 10 A 30 V DC	10 A 250 V AC 8 A 30 V DC 5 A 250 V AC/30V DC	10 A 240 V AC 10 A 30 V DC
线圈直流电压/V	5～48	3～60	3～48
线圈直流功率/W	0.25,0.53	0.55	0.2,0.36
动作时间/ms	15	15	6
释放时间/ms	5	5	4
电气寿命/次	1×10^5	1×10^5	1×10^5
机械寿命/次	1×10^7	1×10^7	1×10^7
引出端形式	印制电路板式	印制板式	印制电路板式

图 10.7 是带光电隔离的继电器接口电路。当 CPU P2.7 输出 1 时，光电隔离器的二极管无电流流过，光电三极管不导通，三极管 T 的基极电压为 0，继电器无电流流过，不产生动作。当 CPU P2.7 输出 0 时，光电三极管导通，通过 R2、R3 分压后，三极管 T 的基极电得到一个电压，使工作状态从截止到饱和导通，继电器线圈得电，驱动继电器的触点动作，二极管 D 用于保护三极管 T。通过增加继电器的常开触点数量，还可以控制其他三相交流设备。

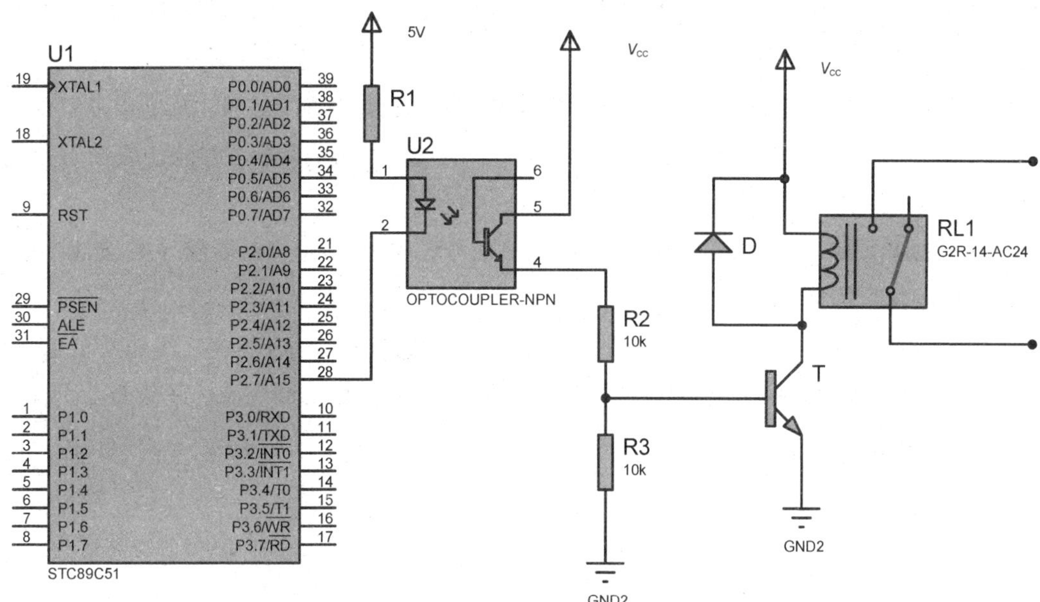

图 10.7　继电器、光电隔离器的应用

10.2　电压调节接口

在许多控制应用系统中，要求单片机用低电压、小电流通过电压调节接口，产生高电压、大电流信号去驱动强电设备。这种接口电路除了继电器接口外，还有晶闸管接口。晶闸管简称 SCR，是一种大功率半导体器件，分为单向晶闸管和双向晶闸管。由于可以用较小的电流、电压控制大电流、高电压，无机械触点的优点，在工业控制中，晶闸管得到了广泛的应用，在许多场合替代了继电器。

10.2.1　晶闸管工作原理

1. 单向晶闸管(SCR)

单向晶闸管实质上是由一个 PNP 晶体管和一个 NPN 晶体管互连的三端器件。它的内部结构和外部引脚如图 10.8 所示。控制极 G 开路时，在 A、K 极加正向电压，即 A 为正，K 为负，T1 不导通，无电流流过。当控制极 G 相对于阴极 K 加一正向电压，有电流 i_C 流入，会造成 $i_G \rightarrow i_{C2}\uparrow \rightarrow i_{B1}\uparrow \rightarrow i_{C1}\uparrow \rightarrow i_{B2}\uparrow \rightarrow i_{C2}\uparrow \cdots$，形成正反馈，使 T1、T2 饱和导通。晶闸管一旦导通后，不论控制极 G 的信号有无，仍然保持导通，只有当阳极 A 的电流减少到维持电流以下时，才会关断。若单向晶闸管应用在交流电路中，那么在正半周导通后，进入负半周会自动关闭，而且进入正半周必须再施加控制信号才导通。单向晶闸管常应用于直流电流的场合，作为无触点电子开关。

在使用单向晶闸管时，必须熟悉有关参数，其常用重要参数有：

(1) 额定电压 U_O：指断态重复的峰值电压 U_{DRm} 和反向重复的峰值电压 U_{RRm} 中小

的一个数值，要求额定工作电压应为正常工作电压的 2～3 倍，以防瞬时过电压的破坏。

(2) 额定通态电流 I_T：在规定的工作环境温度和标准散热的条件下，在单相工频正弦半波电路中，导通角不小于 170°，电阻性负载下，允许通过的最大通态电流。应选用额定通态电流为正常工作电流的 1.5～2 倍为好。

(3) 维持电流 I_M：在规定的条件下，控制极信号已失去，晶闸管已能够导通，然后缓慢减小正向电流至维持通态所需最小电流。

(4) 控制极的触发电压 U_{GT}、电流 I_{GT}：在规定条件下，当阳极，阴极之间加 6 V 或 12 V 的直流正向电压情况下，使晶闸管完全导通所需要的最小电压和电流。一般 U_{GT} 为 1～5 V，I_{GT} 为几个或几百 mA。

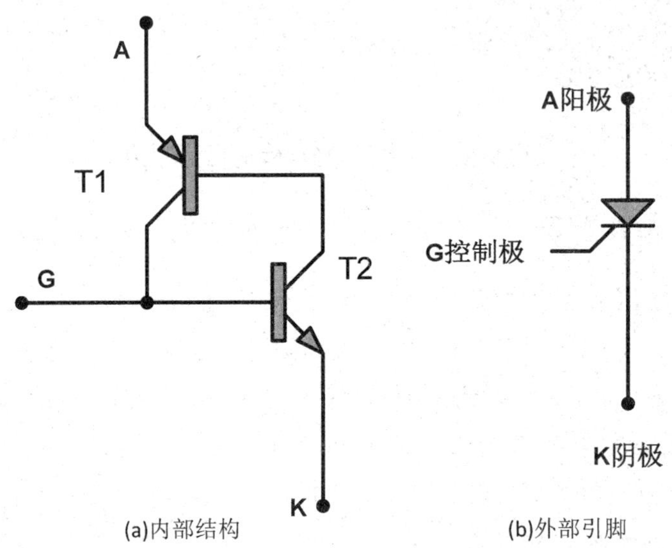

图 10.8　单向晶闸管结构和符号

2. 双向晶闸管(TRIAC)

双向晶闸管主要应用于控制系统功率设备，双向晶闸管是由 N-P-N-P-N 五层半导体材料制成的，对外也引出三个电极，双向晶闸管相当于两个单向晶闸管的反向并联，但只有一个控制极。它的外部引脚内部结构如图 10.9 所示。具有双向导通功能，当控制极 G 无信号时，T1、T2 之间为高阻态，呈关断状态，当 T1、T2 之间有一电压存在，且控制极 G 有电压，就可以使 T1、T2 导通。双向晶闸管的参数与单向晶闸管相似，表 10.4 列出了部分单向、双向晶闸管的使用参数。

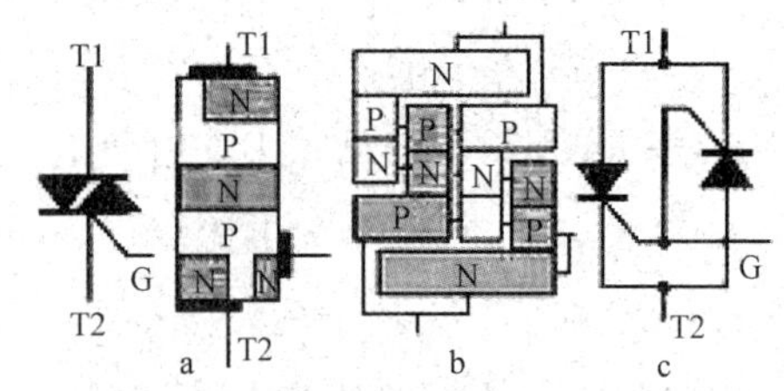

图 10.9　双向晶闸管结构和符号

表 10.4　单向、双向晶闸管常用参数

型号	名称	U_{DRm}/V	I_T/A	I_{TSm}/A	I_{GT}/mA	U_{GT}/V	I_{DRm}/μA	dV/dT(V/μs)	t_{gt}/μs
L401E5	双向晶闸管	400	1	20	5	2	100	10	3
TLC2268	双向晶闸管	400	3	31	25	3	750	20	3
TLC3368	双向晶闸管	600	3	31	25	3	750	20	3
BTA06-600C	双向晶闸管	600	6	95	50	3.5	500	200	3
E0409NF	双向晶闸管	800	4	25	10	2	200	30	2
MCR 100-8	单向晶闸管	600	0.8	10	0.2	0.8	100		2

10.2.2　晶闸管在电压调解中的应用

1. 单向晶闸管在直流负载驱动电路中的应用

图 10.10 是单向晶闸管在直流电压控制中的应用。直流工作电压通过负载加在单向晶闸管两端，当单片机 P2.7 口输出高电平时，光电耦合器的二极管无电流流过，光电晶体管截止，三极管 T 的基极加上一个电压，使 T 饱和导通，在 R4 上产生一个控制电压加到单向晶闸管上，控制单向晶闸管导通，负载与电源接通。晶闸管起到一个直流电压开关的作用。光电耦合器起到单片机系统低电压和负载系统高压直流的光电隔离作用。三极管 T 实现了功率放大和电平转换。由于是电子开关，没有机械噪声，没有触点接触电阻存在，开关频率高，是继电器不可比拟的。

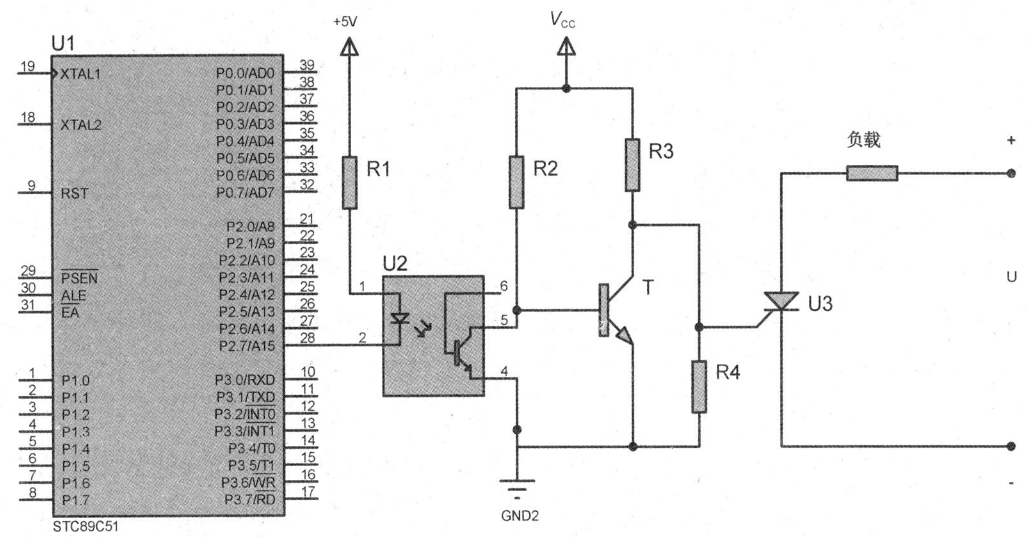

图 10.10　单向晶闸管的直流电压控制电路

2. 双向晶闸管在交流电压控制电路中的应用

如图 10.11 所示，MOC3021 是带光电隔离的晶闸管触发元件，当单片机的 P2.7 输出低电平时，有电流流过 MOC3021 中的发光二极管，通过内部的触发电路控制晶闸管的导通，外加 220 V 交流电通过负载。在这里，双向晶闸管起到了交流大功率开关的作用。

在图 10.11 中，还可以实现交流电无极调压的功能。通过对 220 V 交流电压的过零信号的检测，得到一个与交流电过零的同步信号，输入单片机，通过软件的控制，实现对晶闸管的导通角的控制，使负载上的交流电压从 0～220 V 的无极调压。

在图 10.11 中，可以把 MOC3021 换成 MOC3063，MOC3063 是带光电隔离的过零触发晶闸管触发器件，自动在交流电的过零时刻触发晶闸管，由于是过零触发，减少了晶闸管在使用时产生的干扰。使用 MOC3063，同样可以起到交流电开关的作用，也可以进行无级调压控制。通过控制每秒钟内允许导通的时间来调节交流电压。

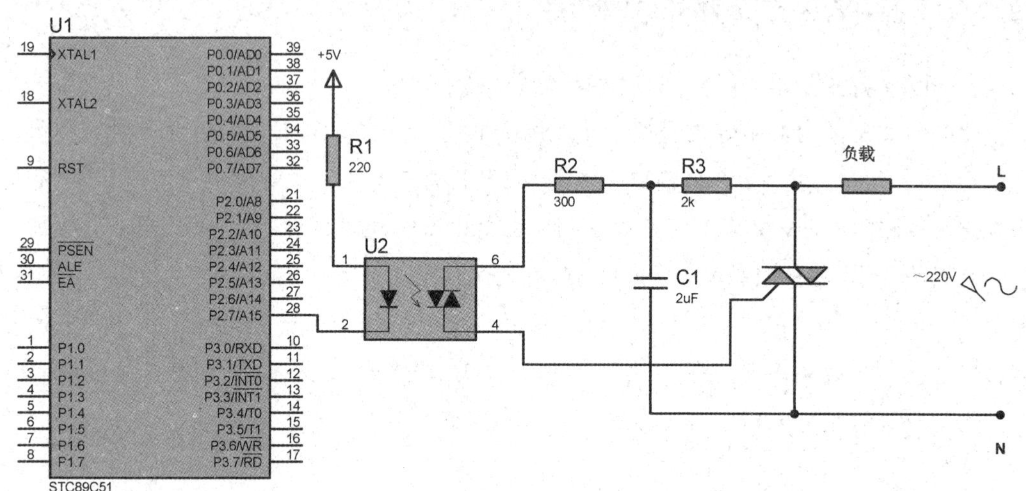

图 10.11　双向晶闸管的交流控制电路

10.2.3　固态继电器

固态继电器(SSR)是一种新型的电子开关，与机械式继电器相比，其控制电流小，无触点，无噪声，可以实现光电隔离，工作频率高，体积小，寿命长，在计算机测控领域中，有替代传统的机械式电磁继电器的趋势。固态继电器有直流型和交流型两种。直流型主要用于直流大功率场合，交流型有移向触发和过零触发两种。固态继电器的本质是带光电隔离的晶闸管组合装置，是一个有两个输入端、两个输出端的四端器件，外面用环氧树脂封装，其结构如图 10.12 所示。

不论是直流型还是交流型固态继电器，其内部均由光电隔离器、晶闸管触发器、晶闸管元件和吸收电路组成。直流型固态继电器的驱动电流 3～20 mA，控制输出的工作电压在 10～200 V 左右，引脚 3 输入控制信号，引脚 2 接负载，如果负载是感性的，需加二极管吸收反向电动势引起的电能，保护固态继电器的输出部分，负载与控制端千万不可共地。图 10.13 是交流固态继电器的接线电路。

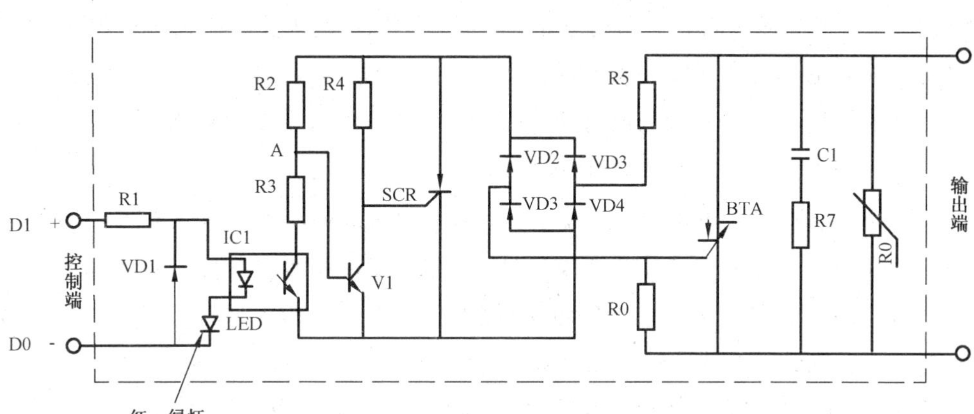

图 10.12　固态继电器结构图

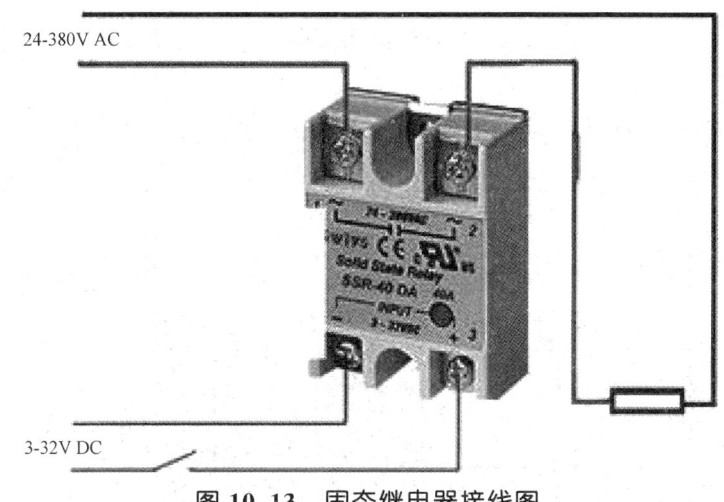

图 10.13　固态继电器接线图

三相电源通过交流型固态继电器加到电机上，控制电机的正反转，在控制方式上与直流固态继电器相似。在具体应用中，应根据控制电压和控制电压的大小，选择适当的固态继电器，使用中，千万不能使负载端短路，造成大电流烧毁元件，要考虑器件的散热条件，使用感性负载时，要加保护元件，一般固态继电器适用于大功率的控制场合。

10.3　电机控制与应用实例

10.3.1　直流电机的控制

直流电机是一种常用的机电转换部件，常在自动控制系统中用做执行部件。在直流电机控制中，主要涉及的控制有正、反转控制与速度控制。正、反转控制是通过改变直流工作电压极性来实现的。直流电机的控制可选择成品的 PWM 模块来实现，但在很多情况下，使用单片机产生 PWM 脉冲可简化硬件电路，节约成本。

使用不同的直流电机，其驱动电流不同，需要根据实际需要选择合适的驱动电路，常用驱动电路有：三极管电流放大驱动电路、电机专用驱动模块（如 L298）和达林顿驱动器等。自己搭建三极管驱动电路稍微麻烦点，现成的驱动模块，接口简单、操作方便、驱动电流较大，价格高些。这里以达林顿管做驱动，通过单片机的一个 I/O 口输出不同占空比的 PWM 波形实现直流电机速度的控制为例。

PWM(Pulse Width Modulation)是按一定规律改变脉冲序列的脉冲宽度，在控制系统中最常用的是矩形波 PWM 信号。在控制时需要调节 PWM 波的占空比，即高电平持续时间在一个周期时间内的百分比。控制电机的转速时，占空比越大，速度越快，如果全为高电平，占空比为 100%时，速度达到最快。

当用单片机 I/O 口输出 PWM 信号时，可采用以下三种方法：

(1) 利用软件延时。高电平延时时间到时，对 I/O 口电平取反变成低电平，然后再延时；当低电平时间到时，再对该 I/O 口电平取反，如此循环就可得到 PWM 信号。

(2) 利用定时器。控制方法同上，只是利用定时器来定时进行高、低电平的翻转，而不用延时软件。

(3) 利用单片机自带的 PWM 控制器。STC89 系列单片机没有此功能，STC12、STC15 系列单片机和其他型号的很多单片机自身均带有 PWM 控制器。

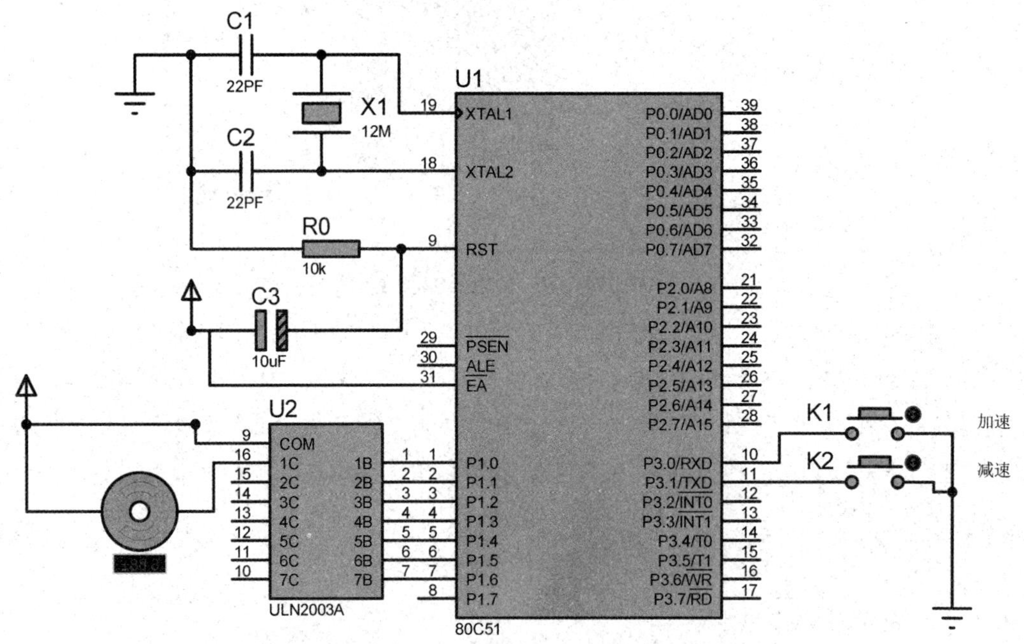

图 10.14 直流电机和单片机连接原理图

PWM 脉宽调速源程序如下：

```
#include<reg51.h>
#define uint unsigned int
#define uchar unsigned char
```

```
sbit K1=P3^0;
sbit K2=P3^1;
sbit motor=P1^0;
uint period=5,high_time=0;
void delay(uint x)
{
    uchar i;
    while(x--)
    for(i=0;i<120;i++);
}
void main()//主函数
{
    motor=0; //电机初始状态,停机
    while(1)
    {
      if(K1==0) //加快电机转速
      {
        delay(5);
        if(K1==0)
        {
          high_time++; //改变 PWM 高电平延时时间
          if(high_time>=period) //若高电平延时时间大于等于脉宽周期
          high_time=period; //高电平输出时间等于脉宽周期
          while(K1==0); //按键松手检测
      }
    }
    if(K2==0) //减慢电机转速
    {
      delay(5);
      if(K2==0)
      {
          if(high_time! =0) //若高电平延迟时间不为 0,则减少高电平延迟时间
            high_time--;
          else
            high_time=0; //否则高电平延迟时间为 0
          while(K2==0);  //按键松手检测
```

```
    }
  }
  switch(high_time) //依据高电平延迟时间
  {
    case 0:motor=0;break;  //电机停转
    case 5:motor=1;break;  //电机全速运行
    default:  motor=1;  //利用 PWM 脉宽调整电机转速在停机和全速运行之间的速度运转
  delay(high_time);
    motor=0;
  delay(period-high_time);
  break;
  }
  }
}
```

10.3.2 步进电机的控制

步进电机也是一种常用的机电转换部件,它是一种将电脉冲信号转变为角位移或线位移的开环控制元件,电机的转速、停止的位置只取决于脉冲信号的频率和脉冲数,而不受负载变化的影响,即给电机加一个脉冲信号,电机则转过一个步距角。这一线性关系的存在,加上步进电机只有周期性的误差而无累计误差等特点,使得步进电机在速度、位置等控制领域的控制操作非常简单。步进电机多应用于数控机床、绘图仪、打印机以及光学仪器等需要精确定位的场合。下面就步进电机功率驱动电路的设计、步进电机步进信号、方向控制和速度控制等问题进行讨论。

(1) 功率驱动:采用大功率达林顿管提高电路的驱动电流,以满足步进电机运行的要求。

(2) 步进信号:要使步进电机转动起来,只需对其各项绕组顺序通以脉冲电流,即按节拍通以脉冲电流,单位节拍的脉冲数越多,控制精度越高。

(3) 方向控制:改变控制节拍的控制顺序,就可改变步进电机的旋转方向。

(4) 速度控制:控制每节拍的工作时间,就可改变步进电机的旋转速度,在编程中一般通过调用延时程序来控制节拍工作时间。

1. 步进电机的工作原理

目前常用的步进电机混合了永磁式和反应式的优点。根据绕组数的多少又分为二相、三相、四相和五相步进电机等。图 10.15 给出了三相步进电机结构示意图,电机的定子由 A、B、C 三相组成,即在电机的定子上有 6 个等间距的磁极,每一相相对两个磁极形成一对,相邻的两个磁极之间的夹角是 60°,每个磁极上有 5 个分布均匀

图 10.15 的矩形小齿。电机的转子上共有 40 个矩形小齿均匀地分布在圆周上，相邻两个小齿的夹角是 9°。由于相邻的定子磁极之间的夹角是 60°，而定子与转子的齿宽和齿距是相同的，所以定子磁极所对应的转子上的小齿数为 $6\frac{2}{3}$ 个，这样一来，定子和转子就存在错齿现象。当某一相绕组通电时，与之对应的两个磁极形成 N 极和 S 极，产生磁场，与转子形成磁路。当通电的一相对应的定子和转子的齿未对齐时，则在磁场的作用下转子将转动一定的角度，使转子与定子的齿相互对齐。同时该相的定子和转子的齿对齐后，相邻两相的齿又变成没有对齐，这时再对错磁相进行通电，又会转动一定的角度。依次对各相通电，就会使步进电机连续转动，可见错齿是使步进电机旋转的原因所在。

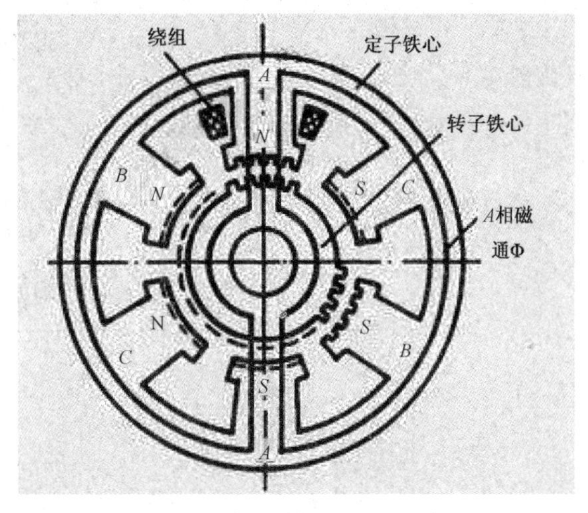

图 10.15　步进电机结构示意图

2. 步进电机的控制原理

步进电机的励磁方式分为全步励磁和半步励磁两种。其中全步励磁又有一相励磁和二相励磁之分；半步励磁又称二相励磁。假设每旋转一圈需要 200 个脉冲信号来励磁，可以计算出每个励磁信号能使步进电机前进 1.8°，简要介绍如下：

(1) 一相励磁。在每个瞬间，步进电机只有一个线圈导通。每送一个励磁信号，步进电机旋转 1.8°，这是三种励磁方式中最简单的一种。特点：精确度好、耗电少，但输出转矩最小，振动较大。如果以该方式控制步进电机正转，对应的励磁顺序如表 10.5 所示。若励磁信号反向传送，则步进电机反转。表中“1”线圈高电平导通，“0”线圈低电平不同。励磁顺序：1→2→3→4（4 返回 1）

表 10.5　一相励磁顺序表

STEP	A	B	A′	B′
1	1	0	0	0
2	0	1	0	0
3	0	0	1	0
4	0	0	0	1

(2) 二相励磁。在每个瞬间,步进电机有两个线圈导通。每送一个励磁信号,步进电机旋转 1.8°。特点:输出转矩大,振动小,是目前使用最多的励磁方式。如果以该方式控制步进电机正转,对应的励磁顺序如表 10.6 所示。若励磁信号反向传送,则步进电机反转。励磁顺序:1→2→3→4(4 返回 1)

表 10.6 二相励磁顺序表

STEP	A	B	A′	B′
1	1	1	0	0
2	0	1	1	0
3	0	0	1	1
4	1	0	0	1

(3) 一相-二相励磁。为一相励磁与二相励磁交替导通的方式。每送一个励磁信号,步进电机旋转 0.9°。特点:分辨率高,运转平滑,应用也很广泛。如果以该方式控制步进电机正转,对应的励磁顺序如表 10.7 所示。若励磁信号反向传送,则步进电机反转。励磁顺序:1→2→3→4→5→6→7→8(8 返回 1)

表 10.7 一相-二相励磁顺序表

STEP	A	B	A′	B′
1	1	0	0	0
2	1	1	0	0
3	0	1	0	0
4	0	1	1	0
5	0	0	1	0
6	0	0	1	1
7	0	0	0	1
8	1	0	0	1

10.3.3 步进电机与单片机的接口

使步进电机转动的脉冲形成方法有两种:一种是使用硬件的方法,采用纯数字电路的环形脉冲分配器控制步进电机的步进,目前市场上已有众多标准化的环形脉冲分配器芯片可供选择,其特点是抗干扰性好,较适用于大功率的步进电机控制,但成本高,结构复杂。另一种方法则是使用软件方式驱动步进电机,通过单片机编程输出脉冲电流来控制步进电机的步进,其特点是驱动电路简单,控制灵活,常用于驱动中低功率的步进电机。

四相步进电机与51单片机的接口电路如图10.16所示，该接口采用软件的方式控制步进电机的旋转。步进电机驱动的脉冲由单片机编程产生，为了增加步进电机的驱动电流，使用达林顿驱动芯片ULN2003做驱动。使用按键开关控制步进电机正转、反转、停止，并利用指示灯显示电机的工作状态。

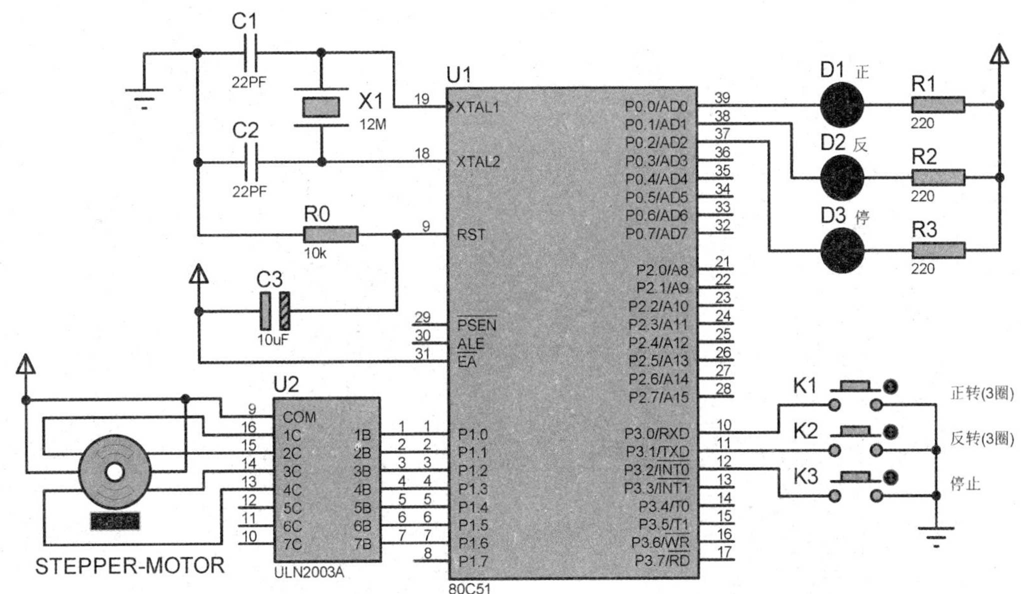

图10.16 四相步进电机与51单片机的接口电路

控制步进电机程序源代码：

```
/*--------------利用按键实现步进电机正反转停止的控制--------------*/
#include<reg51.h>
#include<intrins.h>
#define uchar unsigned char
#define uint unsigned int
//正转励磁序列为 A-AB-B-BC-C-CD-D-DA
uchar code FFW[]={0x01,0x03,0x02,0x06,0x04,0x0c,0x08,0x09};
//反转励磁序列为 AD-D-CD-C-BC-B-AB-A
uchar code REV[]={0x09,0x08,0x0c,0x04,0x06,0x02,0x03,0x01};
sbit K1=P3^0;//正转
sbit K2=P3^1;//反转
sbit K3=P3^2;//停止
//励磁时间变长转速下降，励磁时间太短电机失步不启动，仿真时25ms速度最快
void delayms(uint xms)
{
uint x,y;
```

```
for(x=xms;x>0;x--)
        for(y=110;y>0;y--);
}
//电机正转函数 5 个齿,步进,仿真 72 度
void STEP_MOTOR_FFW(uchar n)
{
uchar i,j;
for(i=0;i<5*n;i++)
{
        for(j=0;j<8;j++)
        {
                if(K3==0) break;
                P1=FFW[j];
                delayms(25);
        }
    }
  }
  //电机反转函数
  void STEP_MOTOR_REV(uchar n)
  {
  uchar i,j;
  for(i=0;i<5*n;i++)
  {
          for(j=0;j<8;j++)
          {
                if(K3==0) break;
                P1=REV[j];
                delayms(25);
          }
      }
      }
      void main()
  {
  uchar N=3;//正转 3 圈,反转 3 圈
  while (1)
  {
```

```
        if(K1==0)
         {
             P0=0xfe;//正转指示灯点亮
             STEP_MOTOR_FFW(N);
             if(K3==0)break;
            }
            else if(K2==0)
            {
                        P0=0xfd;//反转指示灯点亮
                        STEP_MOTOR_REV(N);
                        if(K3==0)break;
            }
            else
            {
             P0=0xfb;//停止指示灯点亮
             P1=0x03;
            }
  }
  }
```

对于单相交流电机通常采用单片机控制继电器或可控硅等功率接口器件实现电机的启停、转向或转速控制；对于三相交流电机通常采用单片机编程输出控制信号，控制固态继电器来实现电机正反转的切换，利用 PWM 来实现直流电机转速的控制，等等。

本章小结

在工业控制中，单片机的控制对象大多为功率设备。单片机必须通过相应的接口电路才能输出一定的功率来驱动功率设备。

常用的功率接口有三极管、光电耦合器、继电器、晶闸管、固态继电器等。

光电耦合接口是通过光电元器件来实现的，是一种光电转换装置。光电元器件由发光二极管和光电晶体管构成。可用于信号隔离、开关电路、数模转换、逻辑电路、长线传输、过载保护、高压控制和电路变换。

利用继电器的触点开关作用可以控制设备或传送逻辑电平信号。一般继电器带有一组或多组常开、常闭触点，用户可根据需要设计选用相应的继电器。在设计继电器接口电路时，要了解继电器的一些参数，进行正确设计和合理选型。

晶闸管是电子开关，没有机械噪声，没有触点接触电阻存在，开关频率高，是继电器不可比拟的。在单片机应用系统，通过软件的控制，能够实现对晶闸管导通角的控制，实现负载上的交流工作电压无极调压。

固态继电器(SSR)是一种新型的电子开关,与机械式继电器相比,其控制电流小,无触点,无噪声,可以实现光电隔离,工作频率高,体积小,寿命长,在计算机测控领域中,有替代传统的机械式电磁继电器的趋势。

注意单片机系统的接地与功率接口输出部分不能共地,两者的电源也不同,达到电气上隔离的作用。

电机是一种常用的机电转换部件,在自动控制系统中用作执行部件。利用单片机扩展功率接口器件,通过软件编程可以大大简化电机正、反转的控制与速度控制,保证控制精度、控制稳定性。直流电机转速的控制通常使用单片机产生 PWM 脉冲来实现。中功率的步进电机通常通过单片机编程输出脉冲电流来控制步进电机的步进。对于单相交流电机通常采用单片机控制继电器或可控硅等功率接口器件实现电机的启停或转速控制;对于三相交流电机通常采用单片机编程输出控制信号,控制固态继电器来实现电机正反转的切换等。

习题 10

10.1 利用两片 74LS573 设计单片机控制的 8 个八段数码管,增加定时闹钟功能,设计系统硬件电路,编写程序实现电子时钟实时显示。格式:××-××-××,时分秒信息各占 2 位显示。

10.2 简述光电耦合器的工作原理,在哪些情况下需要在单片机应用系统中使用光电耦合器?

10.3 简述继电器的工作原理,为什么要在继电器线圈两端反向并接一只二极管?

10.4 简述单向晶闸管和双向晶闸管的工作原理,在应用中如何选择。

10.5 应用双向晶闸管,设计一个控制 220V 单相交流电动机转速的电路,电动机的转速采用光电传感器检测,晶闸管的触发器采用 MOC3063 过零触发元件,画出电路图和程序设计框图。

10.6 固态继电器与普通圈式继电器有何区别,在使用中要注意哪些情况。

10.7 叙述固态继电器与晶闸管的异同之处。

10.8 利用单片机,设计单相交流电机的启停控制电路及程序编制。

10.9 设计一个基于单片机的 5 档风扇系统的硬件电路和程序。

第11章 单片机串行接口总线技术及应用

11.1 单片机串行接口扩展概述

11.1.1 单片机需要串行接口扩展的原因

前面讲过的接口多采用并行方式。随着单片机控制应用的需要和技术发展，基于以下几方面的原因，单片机的串行接口扩展和外围的串行接口及专用集成芯片越来越受到重视。

(1) 远距离、大范围、多目标的单片机控制应用，只能以串行方式进行。例如，社区安全报警系统，要对社区内众多地点的多个项目(如，煤气泄漏、楼宇门开关、红外人体移动、温度、烟雾、玻璃破碎振动等)进行检测和报警，一旦出现异常情况能及时传送到物业管理部门或公安机关。在这样一个庞大的监视网络中，众多的检测节点只能以串行方式接入系统。

(2) 手持无线化单片机控制系统。例如，无线抄表技术，由于无线化的要求，不但要串行方式而且还必须采用串行无线数据传输的接口。

(3) 物联网技术的发展，更使串行化变得不可缺少。物联网技术实现物物联网，进行数据采集和信息控制的互联网传送，利用互联网、移动网实现远程自动监测与控制。要把单片机接入互联网只能以串行方式。

随着单片机工作频率和性能的不断提高，串行通信的速度已经不是问题，串行方式以其连线简单、结构简化和成本低的优点已经被广泛应用。

11.1.2 单片机串行接口扩展实现方法

单片机串行扩展的实现方法主要有3种：专用串行标准总线方法、串行通信口UART方法和软件模拟方法。

1. 通过专用串行标准总线实现

使用专用串行标准总线是串行接口扩展的主要方法。目前常用的串行总线标准主要有：I^2C总线、SPI总线、USB总线等。

(1) I^2C(Inter-Integrated Circuit)总线

I^2C总线是PHILIPS公司推出的一种串行总线，是具备多主机系统所需的包括总线仲裁和高低速器件同步功能的高性能串行总线。它只有两根双向信号线，是多主机总线，总线的数据和时钟线是双向的。在第 9 章 AD/DA 接口 PCF8591 的应用中有所介绍。

(2) SPI(Serial Peripheral Interface)总线

SPI 标准由摩托罗拉公司制定，现在许多型号的单片机系统均得到广泛应用。SPI 总线是一个同步串行接口标准，3 线结构，使用时只需 4 条线就可以与多种标准的外围设备进行接口。它采用全双工 3 线同步数据传输方式，多主从机结构形式。

(3) 通用串行总线 USB(Universal Serial Bus)

USB 标准由 Intel 公司为主，联合几家世界著名的计算机和通信公司共同制定的，于 1995 年推出。其主要优点：支持热插拔，无须定位，和安装驱动程序适合中低速设备接口，可靠性高等。现在 PC 机都配备了 USB 接口，许多数字便携设备和单片机系统也都在使用。

2. 通过串行通信口 UART 实现

使用单片机 80C51 的串行通信口 UART 的工作方式 0 可以实现串行 I/O 接口功能，在第 7 章有所学习。

3. 通过软件模拟实现

对于简单串行接口的应用利用单片机的并行口线，使用软件模拟的方法也可以实现串行接口。如第 9 章 PCF8591 的应用介绍。下面以 DS18B20 的应用为例，重点学习单总线的软件模拟实现。

11.2 单总线数字温度传感器 DS18B20 与应用实例

在传统的工业控制领域中，温度监测普遍采用热敏电阻组成的测温电路，经过 A/D 与 D/A 转换后实现测量，但由于热敏电阻的不稳定性，测温易受外界干扰，且精度不高。DS18B20 数字温度传感器是 Dallas 公司生产的 1-Wire 单总线器件，具有线路简单、体积小的特点，在 1 根通信线上可以挂很多这样的数字温度传感器，现场温度直接以数字方式传输，系统的抗干扰性大大提高，适合恶劣环境的现场温度测量，可应用于环境控制、设备或过程控制、消费类测温电子产品。

11.2.1 DS18B20 性能特点

DS18B20 的温度测量范围为 −55～125 ℃，其分辨率可以从 9～12 位选择(默认 12 位)，内部可设置非易失报警温度上、下限(TH、TL)，每个器件都有唯一的 8 字节(64 位)光刻码，包括 1 字节的 CRC 检验码、6 字节序列号和 1 字节家族代码(Family Code: 0x28)，这使得多个 DS18B20 传感器可以共用总线构成多点测温网络。利用 ROM 的搜索命令可通过排除法获取总线上挂载的所有器件的光刻码，利用报警搜索命令可识别并标识出总线上所有超过限定温度的器件。

图 11.1 给出了 DS18B20 的内部结构与外部引脚，其中 GND 接地，V_{DD} 为可选的电源引脚，在使用寄生电源供电方式时，V_{DD} 必须接地，I/O(DQ)为开漏 1-Wire 接口引脚，在使用寄生供电方式时，通过该引脚可向设备供电，使用独立供电方式时，V_{DD} 连接正电源。

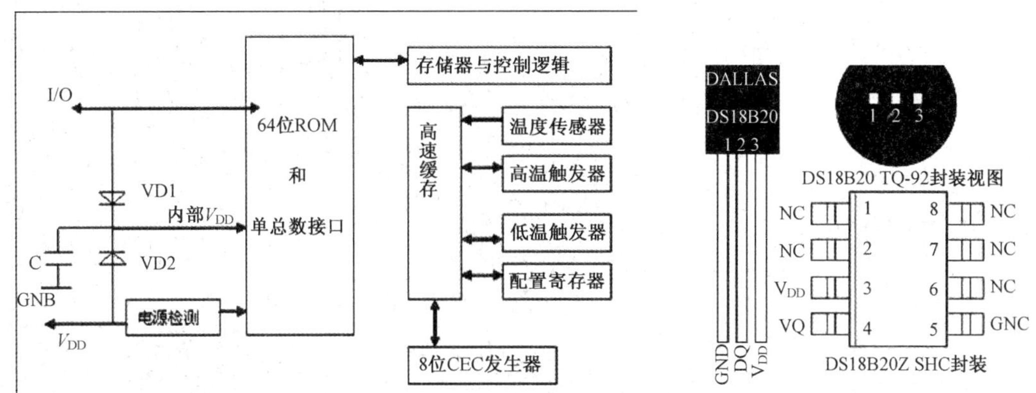

图 11.1　DS18B20 温度传感器内部结构与外部引脚

单总线系统只有一根数据线，主机或从机设备通过一个漏极开路或三态接口连线至该数据线，这样使得主机和从机设备在不发送数据时可释放数据总线，以便总线可被其他设备使用。单总线要求外接一个约 5 kΩ 的上拉电阻，以保证总线闲置时为高电平。

11.2.2　DS18B20 温度传感器程序设计

单总线器件要求遵守严格的通信协议以保证数据的完整性，该协议定义了几种信号类型，包括复位脉冲、应答脉冲(在线脉冲或称存在脉冲)、写 0/1、读 0/1，除了应答脉冲以外，其余的信号都由主机发出同步信号，并且发送所有的命令和数据都是字节的低位在前。

图 11.2 所示仿真电路通过调节 DS18B20 模拟改变外界温度时，LCD1602 显示 DS18B20 所测量的外部温度。下面逐一讨论 DQ 引脚的操作时序，温度传感器命令应用、读取温度数据格式转换、液晶显示采集温度等。

1. DS18B20 的操作时序及初始化、写、读程序设计

图 11.3 给出了 DS18B20 温度传感器的初始化、写/读操作时序，根据 3 个时序图，在 DS18B20.c 中分别设计了对应的函数 DS18B20_Reset、DS18B20_WriteBit、DS18B20_WriteByte、DS18B20_ReadBit、DS18B20_ReadByte。下面对这几个函数的设计分别加以

说明。

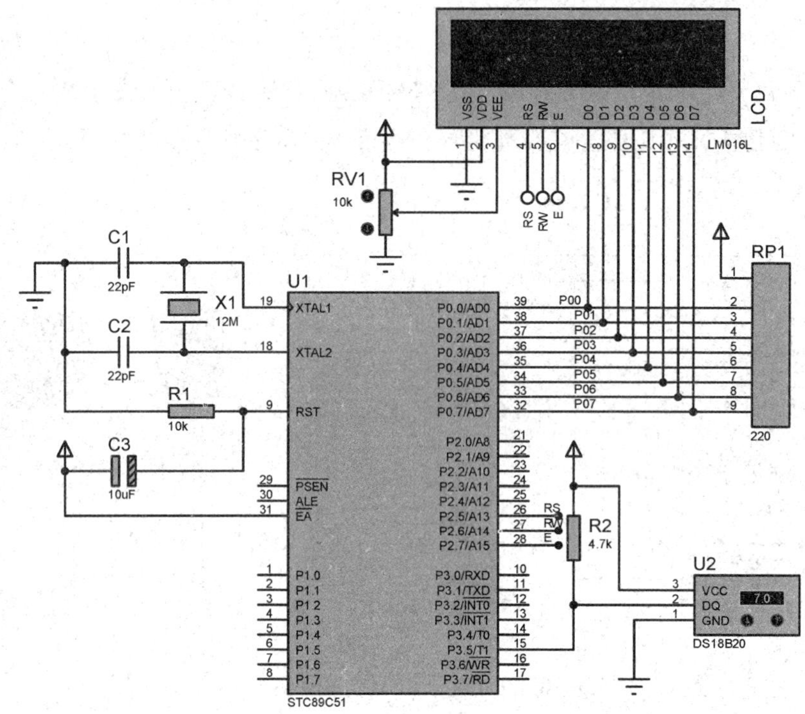

图 11.2 DS18B20 温度传感器测试电路

1-wire 器件初始化：1—wire 的所有操作都从器件的初始化序列开始，初始化序列包括一个由总线控制器发出的复位脉冲和随后由从机回送的存在脉冲(在线脉冲)函数代码如下，单片机的时钟频率为 12 MHz。

```
void DS18B20_Reset() {
    DS18B20_IO=0;
    Delay(150);//将数据线拉到低电平，手册延时要求(480～960μs)，仿真时时间不能小于 240μs
      //不能超过 450μs，实际电路板可在 750μs
    DS18B20_IO=1;
    Delay(5);//数据拉到高电平，延时 15～60μs
    while(! DS18B20_IO);//等待 18B20 准备好，将输出一高电平
}
```

由写时序图可知，写操作包括写“0”时隙与写“1”时隙，它们分别对应于写逻辑“0”与逻辑“1”。写时隙至少持续 60μs，包括 2 个独立的写时隙之间至少 1μs 的恢复时间，这两种操作都从主机拉低 DQ 线开始。为生成写“1”时隙，主机必须在拉低 DQ 后 15μs 之前释放总线，在主机释放总线后，DQ 线将被约 5K 的电阻拉为高电平；为生成写“0”的时隙，主机在拉低 DQ 后必须继续保持。DS18B20 在一个 15μs 到 60μs 的窗口内采样 DQ 线，典型

时间为 30μs。如果采样为高电平则“1”被写入，否则“0”被写入。向 1-wire 总线写入 1 位和一个字节的函数如下，写入 1 释放主机总线。

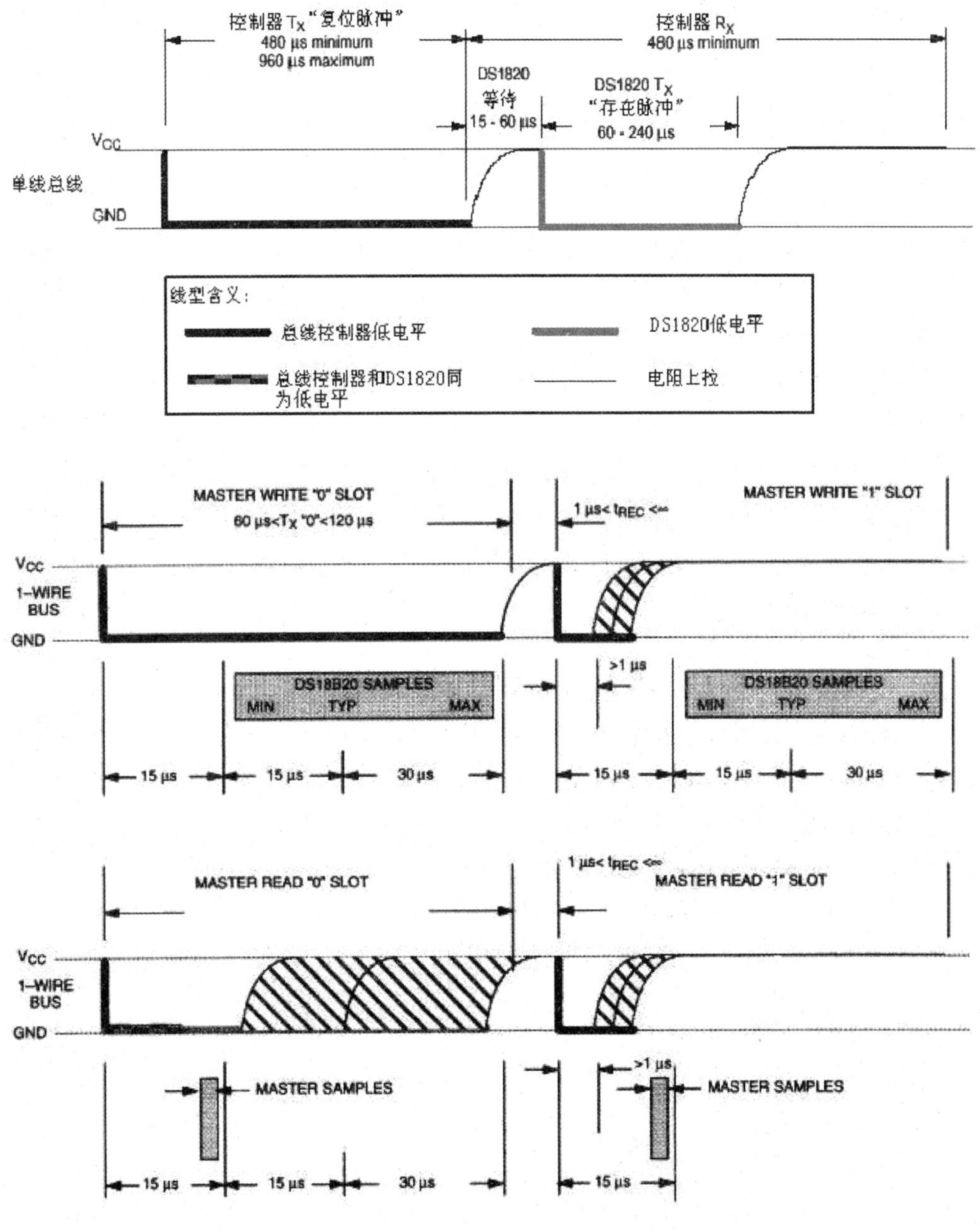

图 11.3　DS18B20 的初始化、写/读操作时序

```
void DS18B20_WriteBit(bit bt) {
    DS18B20_IO=0; //先将数据线置低电平，延时大于 1μs
    if(bt) DS18B20_IO=1;//输出数据 1 或 0
    Delay(5);//手册要求延时 15～45μs ,仿真时延时时间不能少于 6μs
```

```
    DS18B20_IO=1;//将数据线拉高,各位之间间隔 1μs 至无穷,延时尽量小些,提高采集速度
}
void DS18B20_WriteByte(uchar dt) {
    uchar i;
    for(i=8;i>0;i--) {
        DS18B20_WriteBit(dt&0x01);
        dt>>=1;
        }
}
```

1-wire 器件仅在主机发出读数据命令后才向主机传输数据,当主机向 1-wire 器件发出读数据命令后必须马上产生读时隙,以便单总线器件能传输数据。

读时隙和写时隙一样,最少要持续 60μs,主机首先拉低 DQ 线至少 1μs,然后释放总线,开始转为读总线,从器件开始在总线上发送“0”或“1”,当发送“1”时,使 DQ 线保持高电平,发送“0”时则拉低总线。由于从器件发送数据后在初始化读时序的下降沿后保持 15μs 有效时间,因此,主机在读时隙器件必须释放总线,且在 15μs 内采样总线状态,读取从机发送的数据。

```
bit DS18B20_ReadBit() {
    bit bt;
    DS18B20_IO=0;//先将数据线置低电平,手册要求,延时大于 1μs
    DS18B20_IO=1; //将数据线拉高,准备读引脚,手册要求延时 15μs,这里可以不加延时
    bt=DS18B20_IO;//读数据线,准备返回读到的值
    Delay(10);//读数据,手册要求延时 30μs,仿真时延时时间短,读错误
    DS18B20_IO=1;//将数据线拉高,数据位之间间隔 1μs 至无穷
    //这里可以不加延时,尽量小些,提高采集速度
    return bt; //返回读到的值
}
uchar DS18B20_ReadByte() {
    uchar i,dt;
    for(i=8;i>0;i--) {
        dt>>=1;
        if(DS18B20_ReadBit()) dt|=0x80;//从低位向高位读取数据
}
return dt;
}
```

2. DS18B20 温度传感器程序设计

除根据 DS18B20 初始化、写/读操作时序图编写的几个函数以外,设计温度传感器程

序还需要参考图 11.4 所示的 DS18B20 内存寄存器结构、表 11.1 所示的 DS18B20 功能命令集、表 11.2 所示的 ROM 操作命令集及表 11.3 所示的温度寄存器字节格式。由图 11.4 可知，传感器初始上电时温度寄存器初值为 0x0550(85℃)。

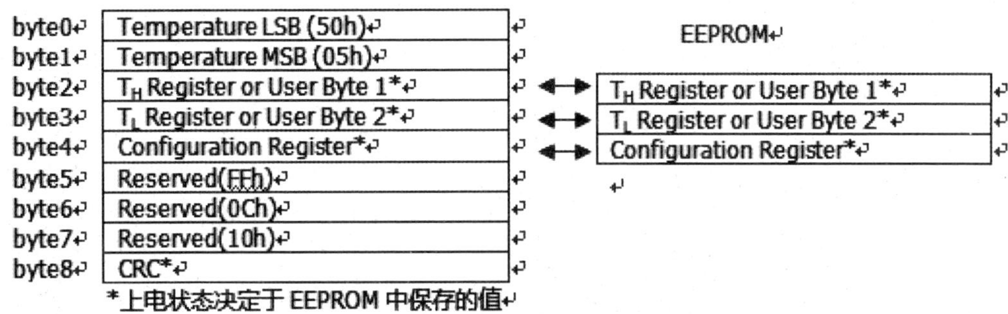

图 11.4 DS18B20 内部寄存器

表 11.1 DS18B20 操作命令集

命令	说明	协议	总线数据操作
温度转换	开始温度转换	44H	DS18B20 将转换状态发送给主设备
读寄存器	读所有寄存器，包括 CRC 字节	BEH	将 9 字节的数据发送给主设备
写寄存器	将数据写入寄存器 2,3,4 字节(TH,TL 和配置寄存器)	4EH	主设备向 DS18B20 发送 3 字节数据
复制	将寄存器 TH,TL 和配置寄存器数据复制到 EEPROM	48H	无
回调	由 EEPROM 向寄存器恢复 TH,TL 和配置寄存器	B8H	DS18B20 将恢复状态发送给主设备
读电源	主设备读取 DS18B20 电源模式	B4H	DS18B20 向主设备发送电源状态

表 11.2 DS18B20 ROM 操作命令集

命令	说明	协议	总线数据操作
搜索 ROM	读取共用 1-Wire 总线的所有器件的序列号	F0H	操作过程参考程序设计与调试部分的说明，代码编写比较复杂
读 ROM	读取序列号(ROMCODE)	33H	仅当总线上只有一片 DS18B20 时才允许使用此命令读取序列号

（续表）

命令	说明	协议	总线数据操作
匹配器件	读命令用于匹配指定序列号的 DS18B20	55H	发出指令后接着发送 8 字节的序列号，多个 DS18B20 共用总线时，通过该指令可对指定的 ROMCODE 的器件进行操作
跳过 ROM	用于对总线上的多个(或单个)器件同时进行操作	CCH	例如，要使共用总线的多个器件同时进行温度转换，可先发送 CCH 跳过 ROM 匹配，让后再发送温度转换命令 44H
报警搜索	与搜索 ROM 的命令对应，但仅温度超出限定的器件响应	ECH	该命令使主机可以找出在最近一次温度转换中，温度值满足报警条件的器件

表 11.3　DS18B20 温度寄存器字节格式

位	bit7	bit6	bit5	bit4	bit3	bit2	bit1	bit0
LSB	2^3	2^2	2^1	2^0	2^{-1}	2^{-2}	2^{-3}	2^{-4}
MSB	S	S	S	S	2^7	2^6	2^5	2^4

下面再来看一下两个重要函数：读取温度函数 TempConventer 和温度显示函数 printf。对于读取温度函数，主要有以下几步操作：

(1) 首先检查初始化 DS18B20，检查该器件是否在线。

(2) 检查器件在线后，通过写 0xcc 命令字节跳过读取 ROM 序列号，因为仿真电路在总线上只挂了一片 DS18B20。

(3) 写 0x44 命令字节启动温度转换。

(4) 18B20 发送存在脉冲后，再初始化 DS18B20，写 0xcc 命令字节跳过读取 ROM 序列号，写 0xbe 命令字节读取温度寄存器。

(5) 之后，可以读取 9 字节数据，由图 11.4 可知，温度数据在 0、1 字节。下面的源代码程序只读了 2 个字节，放到联合体 Temp. Byte[2]中。

(6) DS18B20 默认配置为 12 位分辨率(5 位符号，7 位整数，4 位小数)，只需要对联合体的字数据 Temp. Word 进行运算，即可得到浮点型温度值。

对于正温度：高字节中的 bit3 符号位 S=0，且扩展至其所有高 4 位为 SSSS=0000；

对于负温度：高字节中的 bit3 符号位 S=1，且扩展至其所有高 4 位为 SSSS=1111。

可见，对于正、负温度，其格式分别为 00000XXXXXXXyyyy、11111MMMMMMMnnnn。由于这 16 位补码表示的数据中，低 4 位用于表示小数，其分辨率为 $1/2^4=1/16=0.0625$ ℃，返回的温度浮点值即为 Temp. Word/16.0。

对于液晶显示采集温度可参考第 7 章液晶显示驱动函数的编制部分。

3. 源程序代码

```
//18B20 采集温度,LCD1602 显示温度
#include<reg52.h>
#include<intrins.h>
#include<stdio.h>
#define uchar unsigned char
#define uint unsigned int
#define lcd_port P0
sbit lcdrs=P2^5;
sbit lcdrw=P2^6;
sbit lcden=P2^7;
sbit DS18B20_IO=P3^5;
//t=1 时,3μs 延时函数
void Delay(uchar t) {
 while(t) t--;
}
//18B20 复位,初始化
void DS18B20_Reset() {
 DS18B20_IO=0;
Delay(150);//将数据线拉到低电平,手册延时要求(480~960μs),仿真时时间不能小于 240μs
             //不能超过 450μs,实际电路板可在 750μs
DS18B20_IO=1;
Delay(5);//数据拉到高电平,延时 15~60μs
while(! DS18B20_IO);//等待 18B20 准备好,将输出一高电平
}
//18B20 写一位数据
void DS18B20_WriteBit(bit bt) {
 DS18B20_IO=0; //先将数据线置低电平,延时大于 1μs
 if(bt) DS18B20_IO=1;//输出数据 1 或 0
 Delay(5);//手册要求延时 15~45μs ,仿真时延时时间不能少于 6μs
 DS18B20_IO=1;//将数据线拉高,各位之间间隔 1μs 至无穷,延时尽量小些,提高采集速度
}
//18B20 读并返回一位数据
bit DS18B20_ReadBit() {
bit bt;
```

```
DS18B20_IO=0;//先将数据线置低电平,手册要求,延时大于 1μs
DS18B20_IO=1; //将数据线拉高,准备读引脚,手册要求延时 15μs,这里可以不加延时
bt=DS18B20_IO;//读数据线,准备返回读到的值
Delay(10);//读数据,手册要求延时 30μs,仿真时延时时间短,读错误
DS18B20_IO=1;//将数据线拉高
                    //每位之间间隔 1μs 至无穷,这里可以不加延时,尽量小些,提高采集速度
return bt; //返回读到的值
}
//18B20 写一个字节数据
void DS18B20_WriteByte(uchar dt) {
uchar i;
for(i=8;i>0;i--) {
        DS18B20_WriteBit(dt&0x01);
        dt>>=1;
}
}
//18B20 读并返回一个字节数据
uchar DS18B20_ReadByte() {
uchar i,dt;
for(i=8;i>0;i--) {
        dt>>=1;
        if(DS18B20_ReadBit()) dt|=0x80;//从低位向高位读取数据
}
return dt;
}
//启动温度转换,并读转换结果,将其转换成浮点温度值并返回
float TempConventer() {
union {
        uchar Byte[2];
        int Word;
} Temp;//定义一个联合体,将两个字节组合成一个字
DS18B20_Reset();
DS18B20_WriteByte(0xcc);//写跳过读 ROM 指令
DS18B20_WriteByte(0x44);//写温度转换指令
DS18B20_Reset();
DS18B20_WriteByte(0xcc);//跳过序列号
```

```
DS18B20_WriteByte(0xbe);//读取温度寄存器
Temp.Byte[1]=DS18B20_ReadByte();//先读低 8 位
Temp.Byte[0]=DS18B20_ReadByte();//读高 8 位
return (Temp.Word/16.0);
}

void delayms(uint xms)
{
uint i,j;
for(i=xms;i>0;i--)
    for(j=110;j>0;j--);
}

void lcd_write(bit bt,uchar dt)
{
lcdrs=bt;//通用液晶写操作时:1.通过 RS 确定写数据还是指令:0 指令,1 数据
  lcdrw=0; //2.写为低电平
lcd_port=dt;//3.数据或命令送数据总线
lcden=1;//4.使能为高电平,完成写操作
delayms(5);//5.为液晶运行稳定,作简短延时
lcden=0;//6.将使能拉低
}
void init()
{
 lcd_write(0,0x38);//设置 16×2 显示,5×7 点阵,8 位数据接口
 lcd_write(0,0x0c);//设置开显示不显示光标
 lcd_write(0,0x06);//写一字符后地址自动加一
 lcd_write(0,0x01);//显示清零,数据指针清零
}
char putchar(char ch) {
 lcd_write(1,ch);
 return ch;
}//向默认的输出设备输出一字符,以便可以使用输出库函数
void main()
{
 init();
```

```
while (1)
    {
    lcd_write(0,0x80);
    printf("TEMP:%4.1f C",TempConventer());
    delayms(1000);
}
}
```

11.3 基于 DS1302 万年历的应用实例

时钟芯片的主要功能是完成年、月、周、日、时、分、秒的计时，通过外部接口为单片机系统提供时钟和日历。时钟芯片大都使用 32.768 kHz 的晶振作为振荡源，本身误差很小。另外，很多时钟芯片还内置有温度补偿电路，因此，时钟运行十分准确。目前，常用的时钟芯片主要有 DS12887、DS1302、DS3231、PCF8563 等，其中 DS1302 应用最为广泛。

11.3.1 DS1302 基本知识

DS1302 是 Dallas 公司推出的涓流充电时钟芯片，内含有一个实时时钟/日历和 31 字节静态 RAM，通过简单的串行接口与单片机通信。DS1302 电路提供秒、分、时、日、月、年的信息，每月的天数和闰年的天数可自动调整。时钟操作可通过 AM/PM 指示决定采用 24h 或 12h 格式。另外，DS1302 内部有一个 31×8 的用于临时性存放数据的 RAM 寄存器。DS1302 与单片机采用同步串行的方式进行通信，仅需要 3 根口线，RST 复位端、I/O 数据端、SCLK 时钟端。DS1302 为 8 脚集成芯片，X1，X2 外接 32.768kHz 晶振；4 号脚，GND 为接地引脚；RST 复位端，RST=1 允许通信，RST=0 禁止通信；I/O 数据输入输出端；SCLK 串行时钟；VCC1 备用电源；VCC2 主电源输入。DS1302 与单片机的连接如图 11.5 所示。注意在实际应用中，DS1302 的 SCLK 和 I/O 引脚通常需要外接一个几千欧的上拉电阻。

备用电源可以用电池或超级电容器（0.1F 以上）。虽然 DS1302 在主电源掉电后的耗电很小，但是，如果要长时间保证时钟正常，最好选用小型充电电池。可以用老式电脑主板上的 3.6V 充电电池。如果断电时间较短（几小时或几天），也可以用漏电较小的普通电解电容器代替。100μF 就可以保证 1 小时的正常运行。

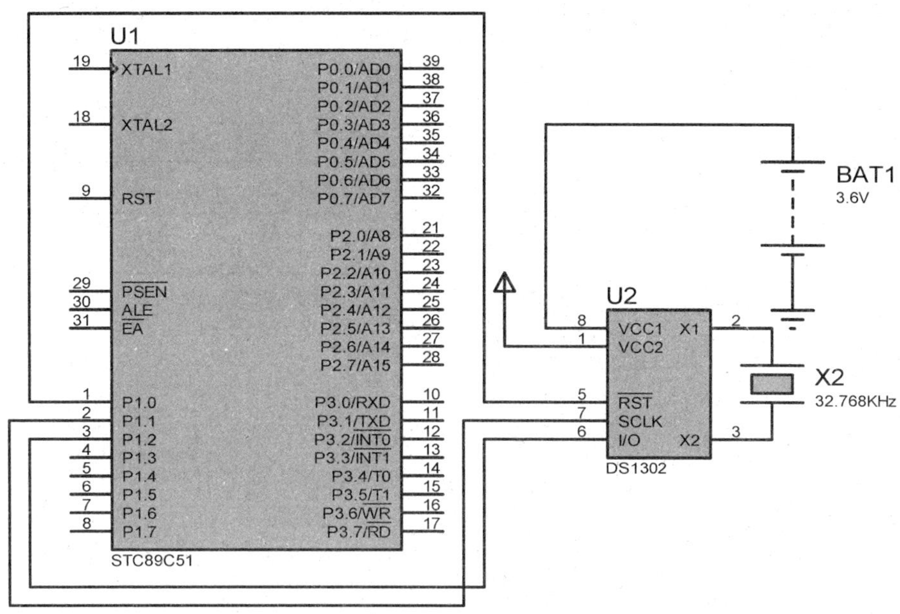

图 11.5　DS1302 与单片机的连接

11.3.2　DS1302 的控制命令字

数据传送是以单片机为主控芯片进行的，每次传送时，由单片机向 DS1302 写入一个控制命令字开始，控制命令字的格式如表 11.4 所示：

表 11.4　控制命令字的格式

D7	D6	D5	D4	D3	D2	D1	D0
1	RAM/CK	A4	A3	A2	A1	A0	RD/W

控制命令字的最高位 D7 必须是 1，如果它为 0，则不能把数据写入 DS1302 中。

RAM/CK 位为 DS1302 片内 RAM/时钟选择位。RAM/CK＝1 时选择操作 RAM，RAM/CK＝0 时选择操作时钟。

RD/W 是读/写控制位。RD/W＝1 时为读操作，表示 DS1302 接收完命令字后，按指定的选择对象及寄存器（或 RAM 地址），读取数据，并通过 I/O 线传送给单片机；RD/W＝0 时为写操作，表示 DS1302 接收完命令字后，紧跟着再接受来自单片机的数据字节，并写入 DS1302 的相应寄存器或 RAM 单元中。A0～A4 为片内日历时钟寄存器或 RAM 地址选择位。

11.3.3　DS1302 的寄存器

DS1302 内部寄存器及寄存器内容如图 11.6 所示。

1. 寄存器的地址

寄存器的地址就是前面说的寄存器控制命令字。每个寄存器有两个地址，例如，对于秒寄存器，读操作时，RD/W＝1，读地址为 81H；写操作时，RD/W＝0，写地址为 80H。

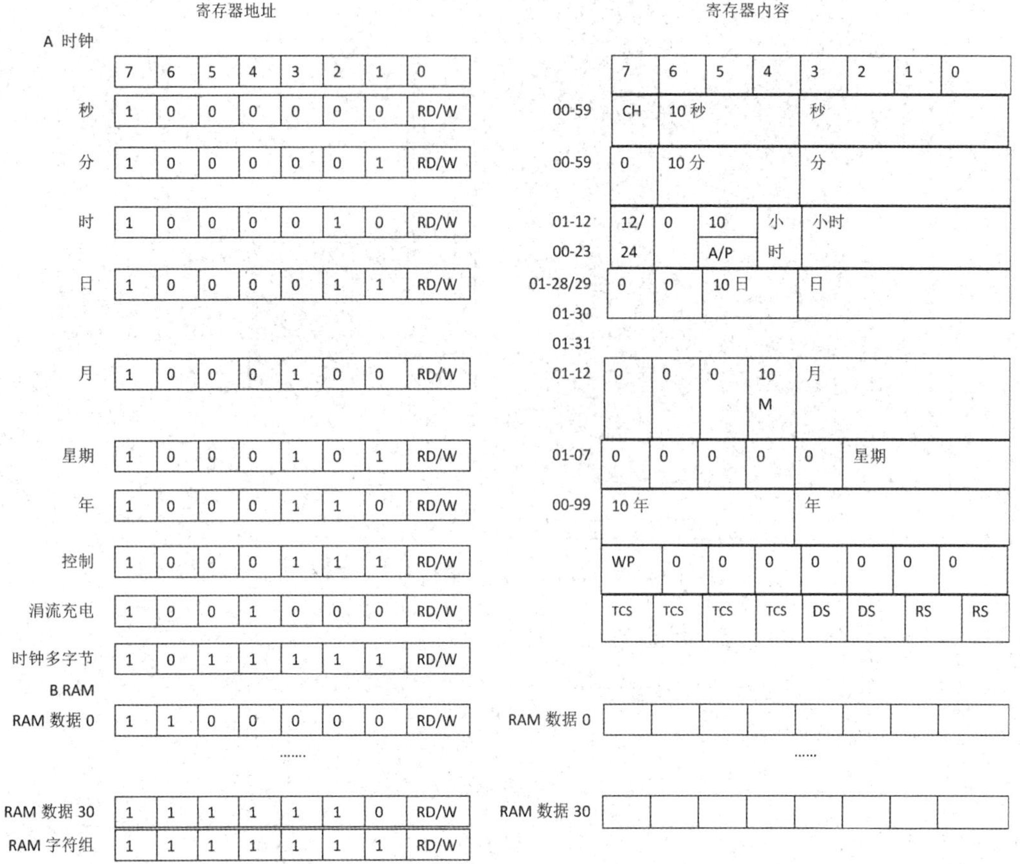

图 11.6　DS1302 内部寄存器地址及寄存器内容

DS1302 与 RAM 相关的寄存器分为两类：一类是 RAM 单元，共 31 个，每个单元组态为一个 8 位的字节，其控制命令字为 C0H～FDH，其中奇数为读操作，偶数为写操作；另一类为突发方式下的 RAM 多字节寄存器，此方式下可一次性读/写所有 RAM 的 31 字节，命令控制字为 FEH(写)和 FFH(读)。

2. 控制寄存器的内容

在 DS1302 内部的寄存器中，有 7 个寄存器与日历、时钟相关，存放的数据位为 BCD 码形式。秒寄存器存放的内容中，最高位 CH 为时钟停止位。当 CH＝1 时，振荡器停止；CH＝0 时，振荡器工作。

小时寄存器存放的内容中，最高位 12/24 为 12 h/24 h 标志位。该位为 1 时，为 12h 模式；该位为 0 时，为 24h 模式。第 5 位 A/P 为上午/下午标志位，该位为 1，为下午模式；该位为 0 为上午模式。

控制寄存器的最高位 WP 为写保护位。WP＝0 时，能够对日历时钟寄存器或 RAM 进行写操作；WP＝1 时，禁止写操作。

消流充电寄存器的高 4 位 TCS(Trickle Charger Selection)为涓流充电选择位。当 TCS 为 1010 时，使能涓流充电；当 TCS 为其他时，充电功能被禁止。2 位 DS(Diode Selection)为“01”或“10”选择使用一只或 2 只二极管(每只压降 0.7V)；当 DS 为其他时，充电功能被禁止。2 位 RS(Resistor Selection)为“01、10、11”，分别选择 2 kΩ、4 kΩ、8 kΩ 限流电阻；RS 为“00”时，充电功能被禁止。

11.3.4　DS1302 数据的传送

DS1302 有单字节传送方式和多字节传送方式。通过把 RST 复位线驱动至高电平，即可启动所有的数据传送。图 11.7 所示是单字节数据传送示意图。传送时，首先在 8 个 SCLK 周期内传送命令字，然后，在随后的 8 个 SCLK 周期的上升沿输入数据字节，数据从 0 位开始输入。输入数据时，时钟的上升沿数据必须有效，数据的输出在时钟的下降沿。如果 RST 为低电平，则所有数据传送将被终止，且 I/O 引脚变为高阻状态。上电时，在电源电压大于 2.5 V 之前，RST 必须为逻辑 0。当把 RST 驱动至逻辑 1 状态时，SCLK 必须为逻辑 0。

SINGLE BYTE READ

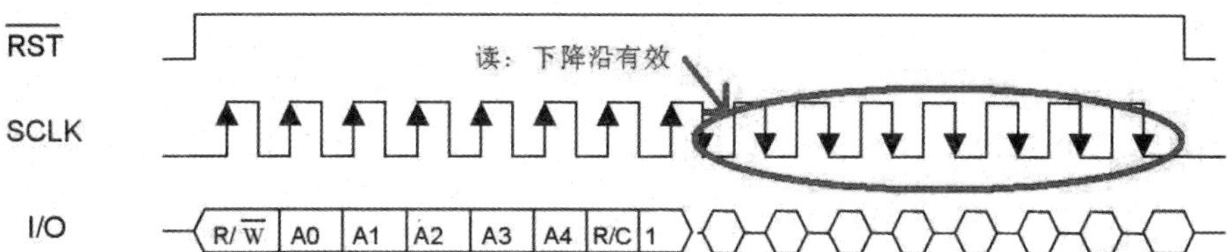

SINGLE BYTE WRITE

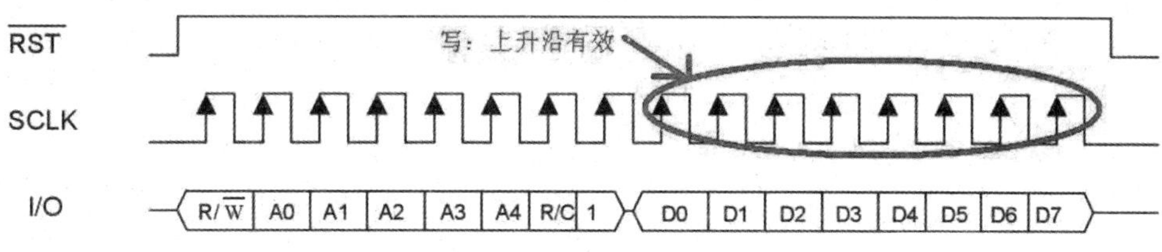

图 11.7　DS1302 单字节数据读写时序

11.3.5　DS1302 驱动程序源代码

```
//----------------------------------------------DS1302.c----------------------------------------------
//名称:DS1302 驱动程序
#include <reg51.H>
#include <stdio.h>
#include<intrins.h>
#define uchar unsigned char
#define uint unsigned int
```

```
int tflag ;
bit secflag;
bit Adjust_Flag;
//日历芯片 BURST MODE TRANSFER(秒分时日月星期年(BCD 码),0x80 写保护命令字
uchar data TimeInit[]
={0x00,0x40,0x08,0x15,0x05,0x03,0x15,0x80};
//存放当前时间 秒分时日月星期年,要显示的除星期外均包含十位数,个位数,使用二维数组存放
uchar TimeNow[7],TimeDsp[7][2],i;
void delayms(uchar xms)
{
 uint i,j;
 for(i=xms;i>0;i--)
        for(j=110;j>0;j--);
}
//这里省略液晶驱动程序
sbit Lcd_RS=P2^5;
sbit Lcd_RW=P2^6;
sbit Lcd_EN=P2^7;
#define Lcd_Port P0

sbit DS1302_RST=P1^0;
sbit DS1302_IO=P1^2;
sbit DS1302_SCLK=P1^1;
//------------------DS1302 一个字节的写入函数
void DS1302_Write(uchar dat)
{
uchar i;
DS1302_SCLK=0;          //初始时钟线置为 0
for(i=0;i<8;i++)        //开始传输 8 个字节的数据
{
     DS1302_SCLK=0;             //时钟线拉低,为下一个上升沿做准备
     DS1302_IO=dat&0x01;        //DS1302 的数据和地址都是从最低位开始传输的
     DS1302_SCLK=1;             //时钟线拉高,制造上升沿,SDA 的数据被传输
     dat>>=1;//数据右移一位,准备传输下一位数据
}
}
```

```
//------------------DS1302 一个字节的读出函数
uchar DS1302_Read()
{
      uchar i,dat;
      DS1302_IO=1;
      for(i=0;i<8;i++)
       {
              DS1302_SCLK=0;          //拉低时钟线
              dat>>=1;                //第一次为空移动,最后一个数不需要移动
              if(DS1302_IO==1)dat|=0x80;        //dat>>=1;不能放到本条的后面
              DS1302_SCLK=1;                //先产生最低位
              }
              return dat;                 //返回读取出的数据
}
//---------DS1302 带命令字的字节的写入函数,入口参数:cmd 要写入的地址,dat 写入地址的内容
void DS1302_Write_Addr(uchar cmd, uchar dat)
{
 DS1302_RST=0;            //初始 RST 线置为 0
 DS1302_SCLK=0;             //初始时钟线置为 0
 DS1302_RST=1;              //初始 RST 置为 1,传输开始
 DS1302_Write(cmd);        //传输命令字,要写入的时间/日历地址
 DS1302_Write(dat);       //写入要修改的时间/日期
 DS1302_SCLK=1;            //时钟线拉高
 DS1302_RST=0;            //读取结束,RST 清 0,结束数据的传输
}
//--------DS1302 带地址的字节的读函数,入口参数:cmd 要读的地址;返回值:相应地址存放的内容
uchar DS1302_Read_Addr(uchar cmd)
{
 uchar dat;
 DS1302_RST=0;          //初始 RST 线置为 0
 DS1302_SCLK=0;           //初始时钟线置为 0,上升沿写入命令数据,从最低位开始
 DS1302_RST=1;          //初始 RST 置为 1,可以传输命令数据
 DS1302_Write(cmd);  //传输命令字,要读取的时间/日历地址,cmd=0x81
 dat=DS1302_Read();      //读取要得到的时间/日期
 DS1302_SCLK=1;          //时钟线拉高
 DS1302_RST=0;          //读取结束,RST 清 0,结束数据的传输
```

```
 return dat;              //返回得到的时间/日期
}
 void SET_DS1302()        //向时钟寄存器写入初始值
{
 DS1302_Write_Addr(0x8e,0x00);//写控制字,取消写保护
 DS1302_Write_Addr(0x80,TimeInit[0]);//写秒数据
 DS1302_Write_Addr(0x82,TimeInit[1]); //写分数据
 DS1302_Write_Addr(0x84,TimeInit[2]); //写时数据
 DS1302_Write_Addr(0x86,TimeInit[3]); //写日数据
 DS1302_Write_Addr(0x88,TimeInit[4]); //写月数据
 DS1302_Write_Addr(0x8a,TimeInit[5]);//写星期几
 DS1302_Write_Addr(0x8c,TimeInit[6]);//写年数据
 DS1302_Write_Addr(0x8e,0x80);      //加保护
}

void GetTime()       //读取时钟寄存器中当前的实时时间日期
{
 TimeNow[0]=DS1302_Read_Addr(0x81); //读秒数据
 TimeNow[1]=DS1302_Read_Addr(0x83); //读分数据
 TimeNow[2]=DS1302_Read_Addr(0x85); //读时数据
 TimeNow[3]=DS1302_Read_Addr(0x87); //读日数据
 TimeNow[4]=DS1302_Read_Addr(0x89); //读月数据
 TimeNow[5]=DS1302_Read_Addr(0x8b); //读星期数据
 TimeNow[6]=DS1302_Read_Addr(0x8d); //读年数据
}
//主函数,先完成定时器、DS1302、液晶的初始化,设置初始时间,循环判定一秒钟到否,如果 1 秒钟时间到,读取 DS1302 的实时时钟,利用液晶显示
void main()
{
 TMOD = 0x02;          //定时器 0 定时 1S
 TH0 = 0x06; TL0 = 0x06;//定时初值 250 μs
 EA = 1; ET0 = 1; TR0 = 1; //定时器 0 中断允许,启动定时器
 Lcd_Init();
 DS1302_Write_Addr(0x8e,0x00);//必须先清除写保护
 SET_DS1302(); //设置时间初始值
 while (1) {
```

```
        if(secflag == 1)
            {
            secflag = 0;   //1s 时间到,读当前的时间
            GetTime();
            for(i=0;i<7;i++) {
                    TimeDsp[i][0]=TimeNow[i]&0x0f|0x30;
                    //拆分 BCD 值的十位数据和个位数据,并转换成 ASCII 码
                    TimeDsp[i][1]=TimeNow[i]>>4|0x30;
    }
        Lcd_Write(0,0x80);
        printf("year:20%c%c/%c%c/%c%c", TimeDsp[6][1],TimeDsp[6][0], //显示年
                                         TimeDsp[4][1],TimeDsp[4][0], //显示月
                                         TimeDsp[3][1],TimeDsp[3][0]); //显示日
        Lcd_Write(0,0xc0);
        printf("week:%c %c%c:%c%c:%c%c",TimeDsp[5][0], //显示星期
                                          TimeDsp[2][1],TimeDsp[2][0], //显示小时
                                          TimeDsp[1][1],TimeDsp[1][0], //显示分
                                          TimeDsp[0][1],TimeDsp[0][0]); //显示秒
     }
    }
    }
    //定时器 0 中断函数,
    void isr_t0(void) interrupt 1
    {
     tflag++;
     if(tflag == 4000)//定时 1s 的软件计数值 250×4000μs=1s
    {
     tflag = 0;
     secflag = 1; //秒时间到,秒标志置 1
    }
  }
```

11.4　I²C 串行总线原理

11.4.1　I²C 总线概述

1. I²C 总线介绍

I²C 总线以其接口线少、控制简单、器件封装形式小、通信速率高等优点在微电子通信

领域被广泛采用。在主从通信中，可以有多个 I²C 器件挂接到 I²C 总线上，通过地址识别通信对象，使它们可以经由 I²C 总线互相直接通信。

2. I²C 总线硬件结构

图 11.8 为 I²C 总线系统的硬件结构图，其中 SCL 是时钟线，SDA 是数据线，总线上各器件都采用漏极开路结构与总线相连，因此 SCL 和 SDA 均需接上拉电阻，总线在空闲状态下均保持高电平，连到总线上的任一器件输出的低电平，都将使总线的信号变低。该总线支持多总和主从两种工作方式。在主从工作方式中，系统只有一个主器件(单片机)，其他器件都是具有 I²C 总线的外围从器件。在主从工作方式中，主器件启动数据的发送(发送启动信号)，产生时钟信号，发出停止信号。

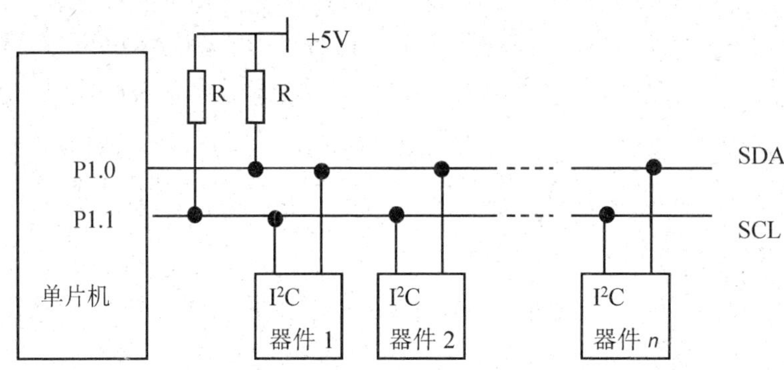

图 11.8　I²C 总线系统硬件结构

3. I²C 总线通信格式

在 I²C 总线上，每一位数据位的传送都与时钟脉冲相对应。I²C 总线进行数据传送时，时钟信号为高电平期间，数据线上的数据必须保持稳定。只有在时钟信号为低电平期间，数据线上的高电平或低电平状态才允许变化。

(1) 起始和终止信号。根据 I²C 总线协议规定，SCL 为高电平期间，SDA 由高电平到低电平的变化表示起始信号；SCL 为高电平期间，SDA 由低电平到高电平的变化表示停止信号。起始和终止信号都是由主机发出的，在起始信号产生后，总线处于被占用的状态；终止信号产生后，总线处于空闲状态。如图 11.9 所示。

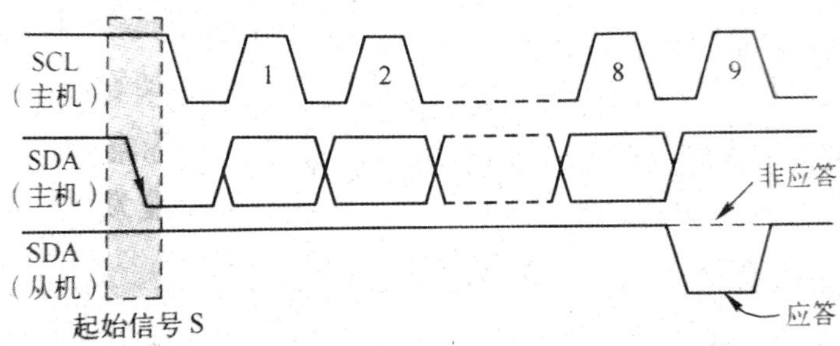

图 11.9　I²C 的数据传送时序及数据帧格式

（2）应答信号和非应答信号。协议规定，每传送一个字节数据（含地址及命令字）后，都要有一个应答信号，以确定数据传送是否被对方收到。应答信号由接收设备产生，在 SCL 信号为高电平期间，接收设备将 SDA 拉为低电平，表示数据传输正确，产生应答；如果从机对主机进行了应答，但在数据传送一段时间后无法继续接收更多的数据，从机可以通过对无法接收的第一个数据字节的“非应答”通知主机，主机则应发出终止信号以结束数据的继续传送。I^2C 总线典型信号时序如图 11.10 所示。

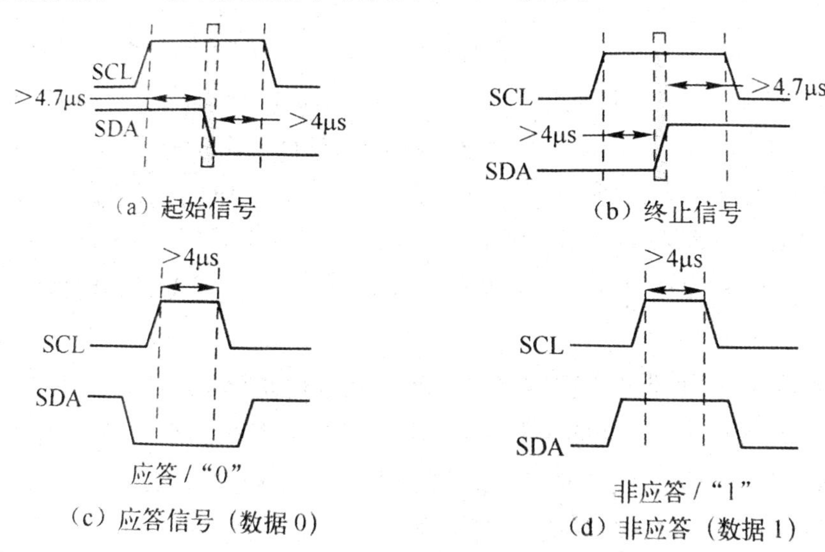

（a）起始信号　（b）终止信号

（c）应答信号（数据 0）　（d）非应答（数据 1）

图 11.10　I^2C 典型信号时序

（3）数据帧格式。总线上传送的数据信号既包括地址信息，又包括真正的数据信号。I2C 总线规定，在起始信号后必须传送一个从机地址（7 位），第 8 位是数据的传送方向位（R/W），“0”表示主机发送数据（W），“1”表示主机接收数据（R）。每次数据传送总是由主机产生的终止信号结束。但若总机希望继续占用总线进行新的数据传送，则可以不产生终止信号，马上再次发送起始信号对另一从机进行寻址。因此在总线上的一次数据传送过程中，可以有下面几种组合方式。

① 主机向无子地址从机发送数据

S	从机地址	0	A	数据	A	P

注：有阴影部分表示数据由主机向从机传送，无阴影部分则表示数据由从机向主机传送。A 表示应答（低电平），/A 表示非应答（高电平），S 表示起始信号，P 表示终止信号。

② 主机向无子地址从机读取数据

S	从机地址	1	A	数据	/A	P

③ 主机向有子地址从机发送多字节数据

S	从机地址	0	A	子地址	A	数据	A	…	数据	A	P

S	从机地址	0	A	子地址	A	S	从机地址	1	A	数据	A	…	数据	/A	P

无论哪种方式，起始信号、终止信号和地址均由主机发送，数据字节的传送方向则由寻址字节中方向位规定，每个字节的传送都必须有应答位相随。

(4) I^2C 总线的寻址。I^2C 总线是多主机总线，总线上的各个主机都可以争用总线，在竞争中获胜的马上占有总线控制权。有权使用总线的主机如何对接收的从机寻址呢？I^2C 总线规定，采用 7 位的寻址字节。

寻址字节的位定义：D7～D1 位组成从机的地址，D0 位是数据传送方向控制位。主机发送地址时，总线上的每个从机都将这 7 位地址码与自己的地址进行比较，如果相同，则认为自己正被主机寻址，根据 R/W 位将自己确定为发送器或接收器。

从机的地址由固定部分和可编程部分组成。在一个系统中可能希望接入多个相同的从机，从机地址中可编程部分决定了可接入总线该器件的最大数目。比如，一个从机的 7 位寻址位有 4 位是固定的，3 位是可编程的，则 I^2C 总线上可以接入这样的器件的最大数为 8 个。

(5) I^2C 总线的接口设计。I^2C 串行总线的接口设计分两种情况：一种是单片机自身带有 I^2C 总线硬件接口，另一种是早期单片机不含 I^2C 总线硬件接口。第二种情况，需要单片机外接具有 I^2C 总线接口的器件，利用软件模拟实现 I^2C 总线逻辑，实现 I^2C 总线的接口设计。如第 9 章 AD/DA 功能接口芯片 PCF8591 的应用介绍。

11.4.2 E^2PROM AT24C02 与单片机的通信实例

AT24C02 是具有 I^2C 总线接口的，ATMEL 公司生产的 AT24C 系列，主要型号有 AT24C01/02/04/08/16 等。采用这类芯片可解决掉电数据保存问题，可对所存数据保存 100 年，并可多次擦写，擦写次数 10 万次以上。在一些应用系统设计中，有时需要对工作数据进行掉电保护，如出租车计价器、电子式电能表等智能化产品。下面以 AT24C02 芯片为例，介绍具有 I^2C 总线接口的 E^2PROM 的具体应用，其与单片机接口电路非常简单，如图 11.11 所示。

1. AT24C02 介绍

(1) AT24C02 有直插 DIP8 和贴片 SO-8 两种封装，8 个引脚功能如下：

1，2，3(A0，A1，A2)——可编程地址输入端。

4(GND)——电源地。

5(SDA)——串行数据输入输出端。

6(SCL)——串行数据时钟输入端。

7(WP)——写保护输入端，用于硬件数据保护。当其为低电平时，可以对整个存储器进行正常的读/写操作；当其为高电平时，存储器具有写保护功能，但读操作不受影响。

8(V_{CC})——电源正端。

(2) 存储结构与寻址

AT24C02 的存储容量为 2KB,内部分成 32 页,每页 8B,共 256B,操作时有两种寻址方式:芯片寻址和片内子地址寻址。

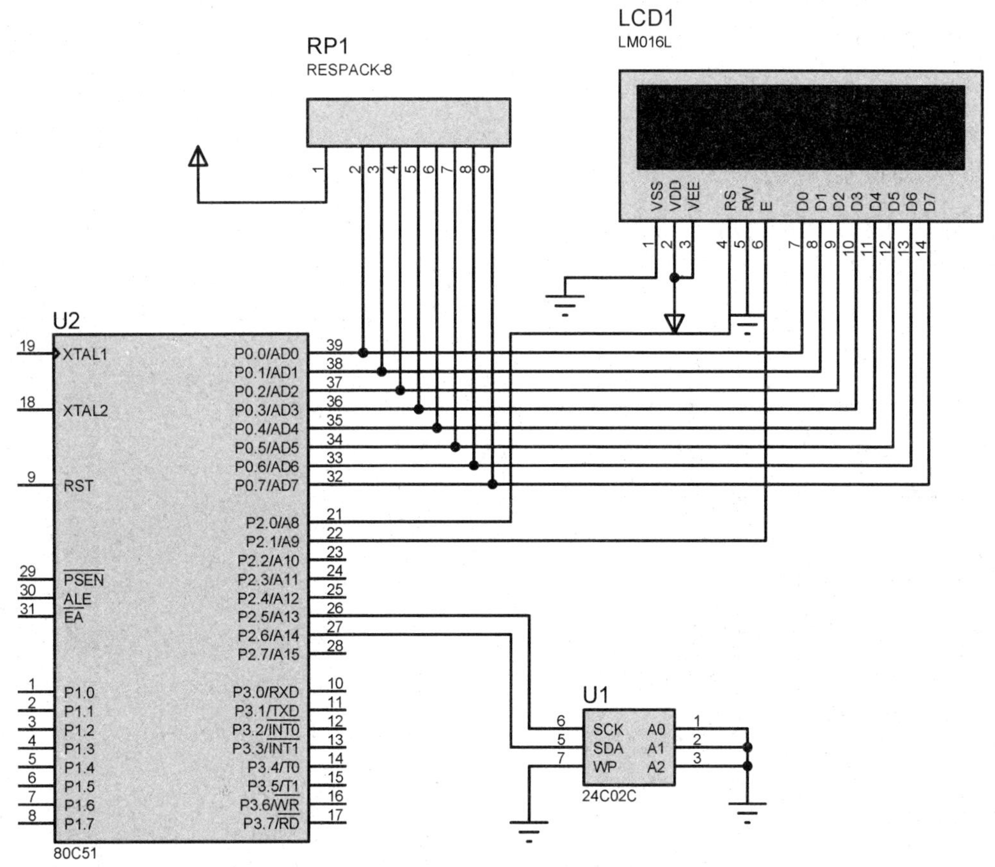

图 11.11 AT24C02 与单机片机的接口电路

① 芯片寻址。AT24C02 的芯片地址为 1010,其地址控制字格式为 1010A2A1A0R/W。其中 A2,A1,A0 为可编程地址选择位。A2,A1,A0 引脚接高、低电平后得到确定的三位编码,与 1010 形成 7 位编码,即为该器件的地址码。R/W 为芯片读写控制位,该位为 0,表示对芯片进行写操作;该位为 1,表示对芯片进行读操作。

② 芯内子地址寻址。芯片内寻址可对内部 256B 中的任何一个进行读/写操作,其寻址范围为 00H-FFH,共 256 个寻址单元。

2. 用 C 语言编程实现的功能

利用定时器 0 产生 0~99 秒变化的秒表,并显示在 LCD1602 上,每过一秒将这个变化的秒值写入 AT24C02 内部。关闭电源后,再次打开电源,单片机先从 AT24C02 中将原来写入的秒数据读出来,从读得的秒值开始继续计时,显示在 LCD1602 上。

程序源代码如下：

```
//----------------I²C.h 头函数----------------//
#ifndef _I2C_H_
#define _I2C_H_
#include<reg51.h>
#define uchar unsigned char
#define uint unsigned int
sbit sda=P2^6;
sbit scl=P2^5;
void i2C_star();
void i2C_stop();
void read_ack();
void no_ack();
void write_one_byte(uchar dat);
void write_i2c(uchar addr,uchar dat);
uchar read_one_byte();
uchar read_current();
uchar random_read(uchar addr);
#endif
//-------------i2c.c 函数-------------//
#include<reg51.h>
#include<intrins.h>
#include<i2c.h>
#include<delay.h>
#define uchar unsigned char
#define uint unsigned int
#define nop4() {_nop_();_nop_();_nop_();_nop_();}
void i2c_star()//i2c 启动函数
{
    sda=1;nop4();scl=1;nop4();sda=0;nop4();scl=0;
}
    void i2c_stop()//i2c 停止函数
{
    sda=0;nop4();scl=1;nop4();sda=1;nop4();
}
    void read_ack()//i2c 应答函数
```

```
{
    sda=1;nop4();scl=1;nop4();scl=0;
}
    void no_ack()//i2c 非应答函数
{
    sda=1;scl=1;nop4();sda=0;scl=0;
}
    void write_one_byte(uchar dat) //i2c 写一个字节函数
{
    uchar i;
    for(i=0;i<8;i++)
    {
    dat<<=1;sda=CY;_nop_();scl=1;nop4();scl=0;
    }
    read_ack();
}
void write_i2c(uchar addr,uchar dat) //带芯片内子地址的 i2c 写一个字节函数
{
    i2c_star();
//先写芯片地址及命令字,再写芯片内子地址,再写入一个字节的数据
    write_one_byte(0xa0);write_one_byte(addr);write_one_byte(dat);
    i2c_stop();
    delayms(10);
}
uchar read_one_byte()//i2c 读一个字节函数
{
    uchar i,dat;
    for(i=0;i<8;i++)
    {
    scl=1;dat=dat<<1;dat=dat|sda;scl=0;
    }
    return dat;
}
uchar read_current()//i2c 读当前地址内的一个字节内容子函数
{
    uchar dat;
```

```
    //先写芯片地址及命令字,再读一个字节
    i2c_star();write_one_byte(0xa1);dat=read_one_byte();no_ack();i2c_stop();
    return dat;
}
    uchar random_read(uchar addr) //i2c 读芯片内指定子地址内的一个字节内容子函数
{     //先写芯片地址及命令字,再写芯片内子地址,再读一个字节
     i2c_star();write_one_byte(0xa0);write_one_byte(addr);
     return read_current();
    }
//这里 LCD1602 的驱动函数省略,参考第 7 章相关内容
//----------------main.c----------------//
#include<reg51.h>
#include<stdio.h>
#include<i2c.h>
#include<lcd.h>
#include<delay.h>
#define uchar unsigned char
#define uint unsigned int
bit flag=0;
uchar sec;
uchar tab={0,0};//存放秒值拆分的十位和个位数的 ASCII 码
void Timer_Init(){ //定时器 0 工作方式 1 初始化
    TMOD=0x01;
    TH0=-50000/256;
    TL0=-50000%256;
    EA=1;ET0=1;TR0=1;
}
void main()
{
    sec=random_read(0x00); //读 24c02 的 0 单元
    tab[0]=sec/10+0x30;
    tab[1]=sec%10+0x30;
    lcd_init();
    lcd_write(0,0x80); printf("i2c test:");
    lcd_write(0,0xc0); printf("time:%c%c",tab[0],tab[1]);
    Timer_Init();
```

```
    while(1){
        if(flag==1)//1s 时间到,显示秒值,并将秒值存入 24c02 的 0 单元
        {
            flag=0;
            lcd_write(0,0xc0); printf("time:%c%c",tab[0],tab[1]);
            write_i2c(0x00,sec); //将 sec 写入 24c04 的 0 单
        }
      }
}
void timer0()interrupt 1{ //定时器 0 的中断函数,1s 时间到秒值加 1,若秒值到 100 则清零
    uchar num;
    TH0=-50000/256;
    TL0=-50000%256;
    num++;
    if(num==20){
        num=0;
        flag=1;
        sec++;
        if(sec==100)sec=0;
        tab[0]=sec/10+0x30; //将秒值拆分成十位和个位并变成 ASCII 码,放到 tab 数组显示缓冲区
        tab[1]=sec%10+0x30;
    }
}
```

本章小结

串行总线接口芯片在计算机、电子领域应用非常广泛。单片机常用的串行总线有单总线、i2c 总线、SPI 总线等。

Dallas 公司生产的单总线数字温度传感器 DS18B20 线路简单、体积小,用它组成的测温系统,线路简单,在一根通信总线上可以挂很多这样的数字温度传感器,十分方便。本章对 DS 18B20 传感器的结构、工作原理和实现方法作了详细的讲解。

利用时钟芯片与单片机连接,为系统提供时钟和日历。硬件连线非常简单,时钟运行十分准确。本章对应用最广泛的时钟芯片 DS1302 的寄存器结构,控制命令字,数据的读写时序进行了详细介绍,并以 DS1302 组建日历时钟应用实例详细讲解了程序编制。

I^2C 总线是一种两线制串行总线,用于连接微控制器及其外围设备。在第 9 章已经就 AD/DA 转换芯片 PCF8591 应用及编程作了介绍,这里对这一常用串行总线的通信格式

从典型信号时序、数据帧格式、寻址等方面作了详细讲解。以基于 51 单片机的 AT24C02 的软件模拟时序为例，进行了软件模拟 I^2C 串行时序的详细应用举例。

习题 11

11.1 为什么单片机需要串行接口的扩展？

11.2 单片机常用的串行总线有哪些，单片机串行总线接口的扩展实现方法有哪些？

11.3 请说明 DS18B20 的测温范围和精度。

11.4 利用 DS18B20 设计一个温度检测系统。

11.5 请说明 DS1302 能存取哪些日历信息，以何种数据形式存放在芯片内的寄存器中，各参数对应的读写操作寄存器的地址如何。

11.6 利用 DS18B20 和 DS1302 设计一个具有温度显示的万年历。

11.7 利用 AT24C02 做存储器，设计一个温度检测系统，温度上下限由键盘设置，设置之后存放到 AT24C02 存储器。采集温度越限有声光报警功能。掉电后，用户设置的温度上下限不丢失。

11.8 请设计一个温度监测控制系统，温度超过设定值，启动排风扇降温。将用户设定值存放到 AT24C02 存储器，系统断电后，数据不丢失。

第12章　单片机应用系统设计

12.1　单片机应用系统的开发流程

12.1.1　单片机应用系统的设计原则

单片机应用系统的设计原则根据其特殊的应用场合，应遵循以下设计原则。

1. 可靠性高

设计过程中要把系统的安全性、可靠性放在首位。一般来讲，系统的可靠性可以从以下几方面进行考虑：

(1) 选用可靠性高的元件，以防止元器件的损坏影响系统的可靠运行。

(2) 选用典型电路，排除电路的不稳定性因素。

(3) 采用必要的冗余设计或增加自诊断功能。

(4) 采取必要的抗干扰措施，防止环境干扰。可采用硬件抗干扰或软件抗干扰措施。

2. 性价比高

单片机自身具有高性能、体积小、低功耗的特点，在系统设计时除保持高性能外，还应简化外围硬件电路，在系统性能允许的范围尽可能用软件程序取代硬件电路，降低系统的制造成本。

3. 操作维护方便

用户操作简单、直观形象，后期维护方便。在系统设计时，在性能不变的情况下，尽可能简化人机交互接口。

4. 设计周期短

系统设计周期是衡量产品有无社会效益的一个主要依据，只有缩短设计周期，才能有效地降低系统设计成本，充分发挥新系统的技术优势，较早地占领市场。

12.1.2　单片机应用系统的开发流程

单片机应用系统主要由硬件和软件两部分组成。硬件除单片机芯片外，还包括输入/输出通道、人机交互部分等。软件则是各种工作程序的集合。概括起来包括系统软件和应用软件两部分。只有将硬件和软件有机地紧密配合才能设计出高性能的单片机应用系统。归纳起来，单片机应用系统的设计过程大致有以下几个方面。

1. 确定任务

单片机应用系统可以分为智能仪器仪表和工业测控系统两大类。无论哪一类，都必须以市场需求为前提。在系统设计前，首先要进行广泛的市场调查，了解该系统的市场应用情况，分析系统当前存在的问题，研究系统的市场前景，确定系统开发设计的目的和目标，即克服现有产品的缺点，开发新功能。

在确定了大方向的基础上，继续对产品系统的具体实现进行规划，包括应该采集信号的种类、数量、范围、输出信号的匹配和转换，控制算法的选择，技术指标的确定，等等。

2. 方案设计

确定了研制任务后，就可以进行系统的总体方案设计。主要包括两个方面：

(1) 单片机机型和器件的选择。

① 性能特点要适合所完成的任务，避免过多的功能闲置。

② 性价比要高，以提高整个系统的性价比。

③ 结构原理要熟悉，以缩短开发周期。

④ 货源要稳定，有利于批量的增加和系统的维护。

(2)硬件与软件功能的划分。系统的硬件和软件要做到统一规划。因为一种功能往往硬件和软件均可以实现。根据系统的实时性和系统的性价比进行综合确定。一般用硬件实现速度比较快，可以节省 CPU 的时间，在 CPU 时间不紧张的情况下，尽量采用软件实现相应功能。若系统回路多，实时性要求高，则考虑硬件实现相应功能。例如，在显示接口电路设计时，为了降低成本，可以采用软件译码的动态显示电路。但是，如果系统的取样路数多，数据处理量大，则应改为硬件静态显示。

3. 硬件设计与调试

硬件的设计是根据总体设计要求，在选择完单片机机型的基础上，具体确定系统中所要使用的元件，并设计出具体的电路原理图，经过必要的实验后完成工艺结构设计、电路板制作和样机的组装。主要硬件设计包括：

(1) 单片机电路设计。主要体现在选型，单片机中应尽量包含该任务设计所需的程序存储器、数据存储器以及相应的接口电路，减少单片机应用系统的外围电路，单片机内部资源够用即可，提高单片机的性价比。

(2) 输入/输出通道设计。主要完成传感器电路、放大电路、多路开关、A/D 转换电路、D/A 转换电路、开关量接口电路驱动及执行机构的设计。

(3) 控制面板设计。主要完成按键、显示器、开关、报警等电路的设计。

(4) 硬件调试。分为静态调试和动态调试。

① 静态调试，包括目测、采用万用表测试、加电检查。

目测：首先对单片机应用系统的印制电路板进行仔细检查，检查它的印制线是否有断线、是否有毛刺、线与线和线与焊接盘之间是否有粘连、焊盘是否脱落、过孔是否未金属化等。若无质量问题，则在安装、焊接上所有的分离元件和集成电路插座后，再一次进行目测，检查元器件是否焊接正确、焊点是否有毛刺、焊点是否有虚焊、焊锡是否使线与线或线与焊盘之间短路等。通过目测可以检查出某些明确的元器件、设计故障，并及时予以排除。

采用万用表测试。先用万用表复核目测中认为可疑的连线或接点，再检查所有电源的电源线和地线之间是否有短路现象。这一点必须要在加电前查出，否则会造成器件或设备损坏。

加电检查。首先检查各电源的电压是否正常，然后检查各芯片插座的电源端的电压是否在正常范围内、固定引脚的电平是否正确。然后在断电的状态下将集成芯片逐一插入相应的插座中，并加电仔细观察芯片或器件是否出现打火、过热、变色、冒烟和异味等现象，如有异常现象，应立即断电，找出原因予以排除。总之，静态调试是检查印制电路板、元器件部分有无物理性故障，静态调试完成后，接着进行动态调试。

② 动态调试。动态调试是在目标系统工作的状态下，发现和排除硬件中存在的元器件内部故障、元器件间连接的逻辑错误等的一种硬件检查。硬件的动态调试可通过运行针对性的硬件测试程序，有效地对目标系统的单片机外围扩展电路进行访问、控制，使系统在运行中暴露问题，从而发现故障予以排除。典型有效的访问、控制外围扩展电路的方法是对电路进行循环读或写操作，使得电路中主要测试点的状态可以通过常规测试仪器测试出来，以此检测被调试电路是否能按预期的工作状态运行。

4. 软件设计与调试

单片机应用系统的设计中，软件设计占有重要的位置。单片机应用系统的软件通常包括数据采集和数据处理程序、控制算法实现程序、人机对话程序和数据处理与管理程序。

软件设计通常采用模块化程序设计、自顶向下的设计方法。单片机应用系统的软件设计是研制过程中任务最繁重的一项工作，对于一些较复杂的应用系统，有时需要汇编语言和高级语言混合编程。软件设计包括编写程序的总体方案、画出程序流程图、编制具体程序以及对程序检查和修改等。

(1) 程序的总体设计。是指从系统高度考虑程序结构、数据格式与程序功能的实现方法和手段。程序的总体设计包括拟定总体设计方案、确定算法和绘制程序流程图等。在拟定整体设计方案时，要根据单片机应用系统的具体情况，确定一个切合实际的程序设计方法。一般常用方法有 3 种：

① 模块化程序设计。该方法的思想是将一个功能完整的较长的程序分解成若干个功能相对独立的较小的程序模块，各个程序模块分别进行设计、编程和调试，最后把各个调试好的程序模块装配起来进行联调，最终成为一个有实用价值的程序。

② 自顶向下逐步求精程序设计。该方法要求从主程序开始，从属的程序和子程序先

用符号来代替，集中力量解决全局问题，然后再层层细化逐步求精，编制从属程序和子程序，最终完成一个复杂程序的设计。

③ 结构化程序设计。这是一种理想的程序设计方法，它是指在编程过程中对程序进行适当限制，特别是限制转移指令的使用，对程序的复杂度进行限制，使程序的编排和程序的流程保持一致。

(2) 软件设计。单片机应用系统可采用汇编语言，也可采用 C51 高级语言编写程序。程序设计一般包括 3 个部分。

① 绘制程序流程图。

② 资源分配或变量说明。

③ 编写程序。

(3) 软件调试。软件调试是通过对目标程序的汇编、连接、执行来发现程序中存在的语法与逻辑错误，并加以排除纠正的过程。在软件调试中主要针对逻辑性错误进行讨论。软件调试与所选用的软件结构和程序设计方法有关。但有一点是共同的，即软件调试一般遵循先独立后联机、先分块后组合、先"单步"后"连续"的原则。

① 先独立后联机。一般来说单片机应用系统的软件和硬件是密切联系的，但这不等于说所有的目标程序都必须依靠硬件运行。如软件对被测参数进行数值处理或作某项事务处理时，往往与硬件无关。把与硬件无关的、功能相对独立的目标程序段抽取出来，形成与硬件无关和依赖硬件的两大类目标程序，这样就可以先脱离目标系统硬件，直接在开发系统上对独立于硬件的程序进行调试。这类程序调试完成后，再将目标系统与开发系统相连，对依赖于硬件的程序进行联机调试。联机调试成功后，再进行这两大块程序总调试。

② 先分块后组合。在目标系统规模较大、任务较多的情况下，系统的软件设计往往采用模块化的设计方法。调试时，先按各个子模块进行调试，在子模块调试完后，将相互有关联的程序模块逐块组合起来加以调试，以解决在模块连接中可能出现的逻辑错误。对于所有程序模块的整体组合是在系统联调中进行的，由于各个程序模块通过调试已排除了内部错误，所以软件总调的工作量大大减少。

③ 先"单步"后"连续"。调试软件程序的关键是对程序的错误进行定位。准确发现程序(或硬件电路)中错误的最有效方法是采用单步加断点的运行方式调试程序。在调试程序时，先利用断点运行方式进行粗调，将故障定位在一个程序段的小范围内；然后再使用单步运行方式调试故障程序段，对程序的错误进行精确定位，这样做到调试程序的快捷和准确。通常在调试完成后，还要进行连续运行调试，以防止某些错误在单步执行时被掩盖。

对于一些实时系统可能无法采用单步调试，为了能较快地对程序的错误进行定位，可以使用连续加断点运行方式调试这类程序。

5. 系统联调

系统联调是指目标系统的软件在其硬件上实际运行，将软件和硬件联合起来进行调试，从中发现硬件故障或软、硬件设计错误。系统联调主要解决以下问题：

(1) 软、硬件是否按设计的要求配合工作。

(2) 系统运行时是否有潜在的设计时难以预料的错误。

(3) 系统的动态性能指标(包括精度、速度等参数)是否满足设计要求。系统联调时，首先调试与硬件有关的程序段，既可以检验程序的正确性，又可以在各功能独立的情况下，检验软、硬件的配合情况；然后再将软件、硬件按系统工作的要求进行综合运行，采用全速断点、连续运行方式进行总调试，以解决在系统总体运行情况下软件、硬件的协调与提高系统动态性能。

对于一些运行环境比较恶劣的单片机应用系统，在系统联调后，必须进行现场调试，通过目标系统在现场运行，发现可靠设计中的问题，并找出相应的解决方法。

单片机应用系统的设计与开发流程如图 12.1 所示。

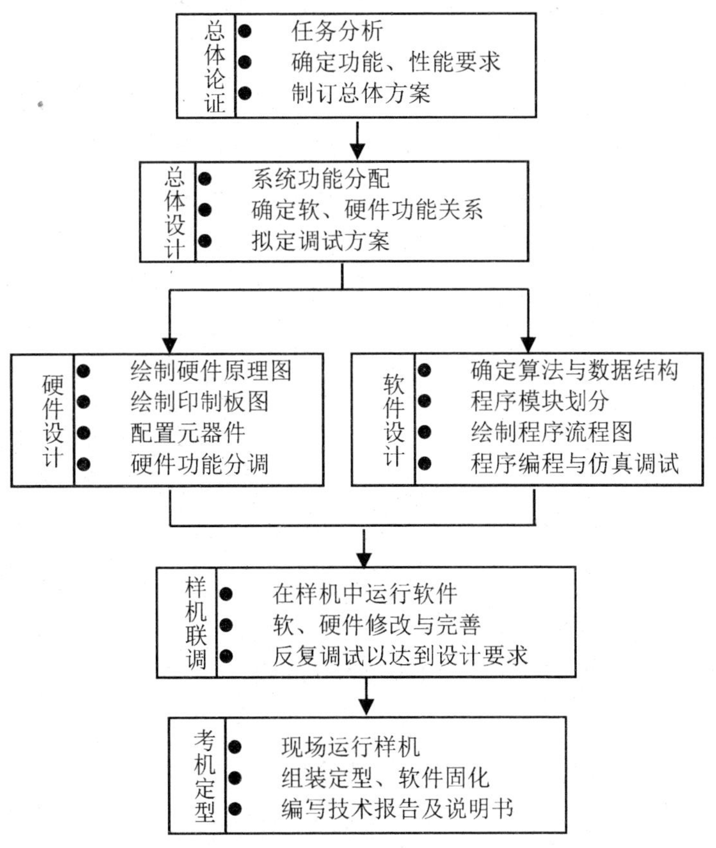

图 12.1　单片机应用系统开发流程

12.2 硬件设计要求

对于一些运行环境比较恶劣的单片机应用系统，在系统联调后，必须进行现场调试，通过目标系统在现场运行，发现可靠设计中的问题，并找出相应的解决方法。

一个单片机应用系统的硬件电路设计包含两部分内容：一是系统扩展，即单片机内部的功能单元，如 ROM、RAM、I/O、定时器/计数器、中断系统等不能满足应用系统的要求时，必须在片外进行扩展，选择适当的芯片，设计相应的电路。二是系统的配置，即按照系统功能要求配置外围设备，如键盘、显示器、打印机、A/D、D/A 转换器等。

单片机应用系统与人机对话的设备有键盘、开关、按钮、图形显示器、打印机、工业记录仪等。人机接口电路是由各种 I/O 接口芯片及相应的驱动电路组成的。在接口电路设计中要考虑操作的方便，尽可能减少按钮的数量，尽可能发挥软件的作用，开发复合按键，使一键多用。根据显示的要求，选择显示设备，如有图形显示要求，需选用 LCD 图形显示器或触摸屏，系统比较简单的，选用 LED 或 LCD 显示器即可。

在控制领域需要有控制接口电路对生产过程实现自动控制。开关量用于控制信号灯、继电器、报警装置等开关量设备，模拟量用于控制速度、温度等连续变化的对象。控制接口的电路负责各种开关量和模拟量的输入、输出和数据转换，一般要求具备足够的驱动能力并能与现场实现电气隔离。由于控制接口电路与强电设备最为靠近，设计时往往要加功率晶体管驱动器、V/I 变换器等，用于控制电动执行器、晶闸管设备、电机驱动装置等；要使其具备足够的耐压和过冲击能力，确保智能化仪器仪表正常运行或故障状态下均不受强电的破坏，也不致通过执行装置引起生产事故。

单片机的选型和系统扩展配置应遵循以下原则：

(1) 尽量朝“单片”方向设计硬件系统。系统器件越多，器件之间相互干扰也越强，功耗也增大，也不可避免地降低了系统的稳定性。随着单片机片内集成的功能越来越强，真正的片上系统 SoC 已经可以实现，如宏晶科技推出的 STC12、STC15 系列产品在一块芯片上集成了 8051 内核、大容量 Flash 存储器、SRAM、A/D、PWM、I/O、多个串口、I^2C 接口、SPI 接口、看门狗、上电复位电路、时钟电路等。选用单片机时要考虑所需要的 I/O 端口数、所需要的中断源和定时器、芯片的计算处理能力、单片机的可开发性等。

(2) 尽可能选择典型电路，并符合单片机常规用法。为硬件系统的标准化、模块化打下良好的基础。

(3) 系统扩展与外围设备的配置水平应充分满足应用系统的功能要求，并留有适当余地，以便进行二次开发。

(4) 硬件结构应结合应用软件方案一并考虑。硬件结构与软件方案会产生相互影响，考虑的原则是：软件能实现的功能尽可能由软件实现，以简化硬件结构。但必须注意，由软件实现的硬件功能，一般响应时间比硬件实现长，且占用 CPU 时间。

(5) 系统中的相关器件要尽可能做到性能匹配。如选用 CMOS 芯片单片机构成低功耗系统时,系统中所有芯片都应尽可能选择低功耗产品。

(6) 单片机外围电路较多时,必须考虑其驱动能力。驱动能力不足时,系统工作不可靠,可通过增设线驱动器增强驱动能力或减少芯片功耗来降低总线负载。

(7) 可靠性及抗干扰设计是硬件设计必不可少的一部分,它包括芯片、器件选择、去耦滤波、印刷电路板布线、通道隔离等。

12.3　软件设计要求

一个应用系统中的软件一般由系统监控程序和应用程序两部分构成。应用程序用来完成测量、计算、显示、打印、输出控制等各种实质性功能;系统监控程序是控制单片机系统按预定操作方式运行的程序,它负责组织调度各应用程序模块,完成系统自检、初始化、处理键盘命令、处理接口命令、处理条件触发和显示等功能。在进行总体设计时要考虑单片机系统的硬件和软件之间的关系,使软件能很好地服务于硬件,使总体设计更合理,软件设计更合理。在进行软件设计时,必须把软件应承担的任务明确地表达出来,用文字或图表的形式,把软件设计的任务进行细化。首先要确定整个系统的输入输出要求,CPU 与外界接口的信息交换方式,传递信息的速率和信息的状态。其次要确定对输入输出信息的处理方式,确定输出数据的类型和交换方式,还要分析对输入数据采用的处理算法。

通常软件编写可以独立进行,编好的程序有些可以脱离硬件运行和测试,有些可以在局部硬件支持下完成调试,软件的正确与否主要由程序本身决定。应用程序编写完成后应认真核对,纠正语法错误和逻辑错误。但有时候,由于使软件产生错误的条件没有发生,而且当软件的问题与硬件潜在的故障混合在一起,就更加难以查找和判断。所以,软件能正常运行并不能说明这个软件不存在缺陷。因此,在软件设计时,除了在结构上采取相应措施外,还要抓住那些偶然出现的异常现象,反复进行运行和测试,使用各种方法确定发生错误的大致范围、发生错误的条件,尽量把错误排除在样机试制阶段,减少以后正常运行时的麻烦。应用软件大多数含有各种各样的计算程序,有些还包括复杂的函数运算和数据处理程序,软件必须确保计算的精度,保证数据进入计算机以后,经过计算与处理之后仍能满足设计的要求。为了达到这个目的,还要考虑软件算法的精度。各种数据滤波的方法、函数的近似计算、线性化校正、闭环控制算法等都不同程度地存在着误差,影响了软件计算的精度。另外,由于单片机字长的限制,通过程序进行运算时也会产生误差。算法的误差是由计算方法所决定的,而程序的计算精度可以在程序的设计过程中加以控制。对一个具体的单片机应用系统,数字的计算精度都有具体的指标要求。一般而言,软件的计算精度比硬件 A/D、D/A 的转换精度高一个数量等级就能满足要求了。

对于实时测量控制系统,需要按照实时时间一步步地完成多路信号的采样、滤波及统计分析等处理工作,有时候还要进行控制理论方面的计算。在单片机应用系统中,通常有一个实时监控系统，负责对各种外部事件的响应，并按照事件的轻重缓急作出相应的处理。如果单片机的 CPU 运行速度太慢，那么在一个工作周期时间里可能来不及完成对每个事件的服务，有可能会丢失一些数据或者耽误一些必要的操作处理，导致测量有误差或者控制动作的错误或延误。当 CPU 主要的执行程序以实时中断方式调用时，还有可能陷入无休止的中断申请，使程序无法正常工作。因此，正确的程序设计可以改进程序的运行方式和速度，以确保单片机系统的正常工作。正确的程序设计包括程序的结构是否合理，一些循环结构或循环指令的使用是否恰当，能否使用较少的循环次数或较快的指令，是否能把某些延时等待的操作改为中断申请服务，能否把某些计算方法和查表技术适当简化等。一般来说，程序经过适当改进后，系统的速度会有明显的提高。如果程序使用的是高级语言，可以把某些实时性要求高或反复调用的程序用汇编语言编写，提高程序的运行速度。为了提高软件的开发效率，应当优先使用高级语言进行程序开发。由于现在的硬件集成度高、性能强、价格低，必要的时候可以适当增加硬件的投入，使软件设计简化，使程序设计结构更合理、流程更清晰、便于阅读和理解。另外，设计的程序要具有可扩展性，程序的结构要标准化，便于阅读、修改和扩充。

模块化程序设计，要求一个程序的模块不宜太大也不能太小，太大会影响程序的可读性，一般以几十至一二百句为好，太小使程序模块解决的问题过于简单，程序结构过于分散。程序模块之间的软件接口与其他模块无关，具有相对的独立性，便于每一模块能独立编写、修改、设计、调试和运行。在同一模块内，对任意段落的任意更改不应影响其他程序，按照这一要求编写的程序模块便于独立运行、调试和修改。在程序设计过程中，不宜过多使用编程技巧而使程序变得难以阅读和理解，尽量用通俗易懂的方式编写程序，编写好的程序要及时形成文件，包括各种流程图、程序注释、存储器地址分配表、参数与定义表等，便于以后阅读、交流、修改或对程序进行扩充等。同时，在编写程序的过程中，要考虑到软件的可靠性和效率，要合理使用时间，能在较短的时间里编写出可靠实用的程序。

12.4 可靠性设计要求

目前，单片机在工业自动化、生产过程控制、智能化仪表方面获得了广泛应用，大大提高了生产效益。但是，单片机应用系统在现场使用过程中，往往会遇到比较复杂和恶劣的工作环境，如何使系统能长期、可靠地工作，是一个十分重要的问题。需要分析影响系统可靠性的原因，寻找到克服的方法，才能设计出实用、高效、可靠的应用系统。

1. 干扰来源

(1) 空间辐射干扰：可控硅逆变电源、变频调速器、发射机等特殊设备在工作时会产生很强的干扰，在这种环境中单片机系统难以正常工作。

(2) 接口电路的干扰：在单片机应用系统中，数据传输需要经过接口电路并通过一定距离的导线，这会使信号产生延时、畸变、衰减，造成干扰，特别是输出通道中有大的负载时，更会造成较大干扰。

(3) 电路板的干扰：印制电路板是电子元器件安装、连接的场所，电路板的地线、电源线、信号线、元器件的布局是否合理、焊接的质量都是干扰元素。

(4) 元器件造成的干扰：在电路中，使用了大量的电阻、电容、集成电路，这些元器件质量的好坏，会直接影响到系统的工作可靠性。

(5) 供电系统的干扰：由于大部分单片机应用系统都通过 220V 供电，而 220V 电源上有大量的其他用电设备，会引起电压的欠压、过压、尖峰电压、浪涌射频等干扰，这些干扰源都会造成对单片机供电的不稳定，影响系统的正常工作。

2. 硬件抗干扰措施

根据干扰的产生及传输特点，在硬件上可以采取以下措施：

(1) 硬件屏蔽。将系统安装在对电磁辐射干扰具有屏蔽作用的金属机箱中，并进行正确接地，可以有效地抑制强电设备产生的空间辐射干扰。

(2) 光电隔离：对于开关量信号用光电耦合器隔离以后再进行输入/输出，对于模拟信号可选用光电隔离器或变压器隔离后再进行输入/输出，并使用双绞线或屏蔽线进行信号传输，这样就可以有效地克服信号传输通道带来的干扰。

(3) 电源滤波：对于来自电源的干扰，可采用低通滤波器以及带有屏蔽层的电源变压器来进行抑制。

(4) 电源去耦：对于系统中每一片集成电路，在电源和地之间都加上去耦电容，即是本芯片的蓄能电容，还能抑制高频噪声。

(5) 在满足要求的前提下尽量使用较低的时钟频率和低频器件。

(6) 合理布置元件在线路板上的位置，把模拟电路、高速数字电路和产生噪声的功率驱动部分合理分开，各部件之间的引线尽量短，对各种输入/输出线分类打把，以减少寄生电容的干扰。

(7) 系统中芯片的未用端不要悬空，应根据实际情况接到电源端、地端或已用端。

(8) 尽量不用 IC 插座，而将集成电路直接焊接在电路板上。

3. 软件抗干扰措施

(1) 在程序中插入空操作指令实现指令冗余。系统在工作时容易因干扰而使 PC 指向程序的非代码区，从而导致死机。为此可以在程序中插入一些单字节的空操作指令 NOP，失控的程序遇到该指令后得到调整而转入正常。

(2) 对未用的中断向量进行处理。在程序中对未用的中断都编写出相应的错误处理程序，若因干扰触发了这些中断，则执行完简单的出错处理程序后可以正常返回。

(3) 采用超时判断克服程序的锁死。在系统的数据采集部分，如 A/D 转换结果采用查询方式读取，若因干扰使 A/D 转换结束标志无效，程序就会进入死循环。针对类似情况，可在程序中采用超时判断，若系统在一定的时间内采集不到有效标志，就自动放弃本次采样,从而避免程序锁死的发生。

(4) 采用软件陷阱。当程序因干扰而“跑飞”时,可在非程序区设置陷阱,强迫 PC 进入一个指定的地址,执行一段专门对死机进行处理的程序,使系统恢复正常。软件陷阱可安排在未使用的中断区或未使用的大片 ROM 空间。

(5) 采用看门狗。当程序跑飞,前述方法又没有捕捉到时,可以用看门狗来恢复系统的正常运行。可以用软件实现也可以用专门的看门狗芯片实现(MAX693、X25045 等)。软件实现即用单片机空闲的定时器进行定时。在主程序每一次循环的特定时刻刷新定时器的时间常数,若定时器因系统死机得不到刷新,就会产生溢出而引起中断,在其中断服务程序中进行出错处理后转入正常运行。实际看门狗芯片就相当于定时器,系统每一次循环中用一根口线使系统复位,若芯片因系统异常得不到复位,其接到单片机端的溢出信号就能使系统恢复正常运行。

(6) 采用数字滤波,提高数据采集的精度和可靠性。采用中值滤波、程序判断滤波、滑动平均值滤波等。

本章小结

单片机应用系统设计中可靠性是至关重要的,本章详细介绍了单片机应用系统的开发流程,着重介绍了硬件、软件设计和抗干扰的硬件、软件措施,满足系统可靠性设计要求。

习题 12

12.1 简单说明单片机应用系统的完整开发流程,以及常用开发环境、开发工具。

12.2 说明单片机应用系统设计硬件设计的基本要求。

12.3 说明单片机应用系统设计软件设计的基本要求。

12.4 简单说明单片机应用系统有哪些常见的干扰源。

12.5 采取哪些硬件措施,解决输入/输出接口电路的干扰问题?

12.6 单片机应用系统软件抗干扰措施有哪些?

12.7 请设计多点温度报警系统。

12.8 请设计带温度显示的万年历系统。

12.9 请设计自动寻迹小车系统。

12.10 请设计居室环境参数监测系统(单机版)。

附　　录

附录 1　ASSCII 表

$b_6b_5b_4$ / $b_3b_2b_1b_0$	000	001	010	011	100	101	110	111
0000	NUL	DEL	SP	0	@	P	`	p
0001	SOH	DC1	!	1	A	Q	a	q
0010	STX	DC2	“	2	B	R	b	r
0011	ETX	DC3	#	3	C	S	c	s
0100	EOT	DC4	$	4	D	T	d	t
0101	ENQ	NAK	%	5	E	U	e	u
0110	ACK	SYN	&	6	F	V	f	v
0111	BEL	ETB	′	7	G	W	g	w
1000	BS	CAN	(	8	H	X	h	x
1001	HT	EM	)	9	I	Y	i	y
1010	LF	SUB	*	:	J	Z	j	z
1011	VT	ESC	+	;	K		k	{
1100	FF	FS	,	<	L	\	1	|
1101	CR	GS	—	=	M	]	m	}
1110	SO	RS	.	>	N	ˆ	n	~
1111	SI	US	/	?	O	_	o	DEL

说明：ASCII 码表中各控制字符的含义

NUL 空字符
SOH 标题开始
STX 正文开始
ETX 正文结束
EOY 传输结束
ENQ 请求
VT　垂直制表符
FF　换页
CR　回车
SO　移位输出
SI　移位输入
DEL　数据链路转义
SYN　空转同步
ETB　信息组传送结束
CAN　取消
EM　介质中断
SUB　置换
ESC　溢出

ACK 确认　　DC1　设备控制 1　　FS　文件分隔符
BEL 响铃　　DC2　设备控制 2　　GS　组分隔符
BS 退格　　DC3　设备控制 3　　RS　记录分隔符
HT 水平制表符　　DC4 设备控制 4　　US　单元分隔符
LF 换行　　NAK 拒绝接收　　DEL　删除
SP 空格

附录 2　80C51 单片机汇编指令系统表

序号	指令	功能说明	机器码	字节数	机器周期数
数据传送指令					
1	MOV A,direct	direct 单元的内容送 A	E5(direct)	2	2
2	MOV A,Rn	Rn 的内容送 A	E8-EF	1	1
3	MOV A,＃data	data 常数送 A	74(data)	2	2
4	MOV A,@Ri	Ri 指示单元的内容送 A	E6-E7	1	2
5	MOV Rn,A	A 的内容送 Rn	F8-FF	1	1
6	MOV Rn,direct	direct 单元的内容送 Rn	A8-AF(direct)	2	2
7	MOV Rn,＃data	data 常数送 Rn	78-7F(data)	2	2
8	MOV direct,A	A 的内容送 direct 单元	F5(direct)	2	2
9	MOV direct1,direct2	direct2 的内容送 direct1 单元	85(direct1) (direct2)	3	2
10	MOV direct,Rn,	Rn 的内容送 direct 单元	88-8F(direct)	2	2
11	MOV direct,＃data	data 常数送 direct 单元	75(data) (direct)	3	2
12	MOV direct,@Ri	Ri 指示单元的内容送 direct 单元	86-87(direct)	2	2
13	MOV @Ri,A	A 的内容送 Ri 指示单元	F6-F7	1	2
14	MOV @Ri,direct	direct 单元的内容送 Ri 指示单元	A6-A7(direct)	2	2
15	MOV @Ri,＃data	data 常数送 Ri 指示单元	76-77(data)	2	2
16	MOV DPTR,＃data16	16 位常数送 DPTR	90 (data15-data8) (data7-data0)	3	2
17	MOVX A,@Ri	Ri 指示的扩展片外 RAM 单元的读操作	E2-E3	1	2
18	MOVX A,@DPTR	DPTR 指示的片外 RAM 单元的读操作	E0	1	2
19	MOVX @Ri,A	A 内容送 Ri 指示的片外 RAM 单元	F2-F3	1	2

（续表）

序号	指令	功能说明	机器码	字节数	机器周期数
20	MOVX @DPTR,A	A 内容送 DPTR 指示的片外 RAM 单元	F0	1	2
21	MOVC A,@A+DPTR	A 的内容与 DPTR 内容之和所指向的程序存储器单元的内容送 A	93	1	2
22	MOVC A,@A+PC	A 的内容与 PC 内容之和所指向的程序存储器单元的内容送 A	83	1	2
23	XCH A,Rn	A 的内容与 Rn 寄存器的内容互换	C8-CF	1	1
24	XCH A,direct	A 的内容与 direct 所指的单元内容互换	C5(direct)	2	1
25	XCH A,@Ri	A 的内容与 Ri 所指示的单元内容互换	C6-C7	1	1
26	XCHD A,@Ri	交换累加器与 Ri 所指示单元的低 4 位	D6-D7	1	1
27	SWAP A	A 的高 4 位、低 4 位互相交换	C4	1	1
28	PUSH direct	直接寻址的字节数据入栈	C0(direct)	2	2
29	POP direct	直接寻址的字节数据出栈	D0(direct)	2	2
算术运算指令					
30	ADD A,Rn	A←A+(Rn)	28-2F	1	1
31	ADD A,direct	←A+(direct)	25(direct)	2	1
32	ADD A,@Ri	A←A+((Ri))	26-27	1	1
33	ADD A,#data	A←A+data	24(data)	2	1
34	ADDC A,Rn	A←A+(Rn)+(CY)	38-3F	1	1
35	ADDC A,direct	A←A+(direct)+(CY)	35(direct)	2	1
36	ADDC A,@Ri	A←A+((Ri))+(CY)	36-37	1	1
37	ADDC A,#data	A←A+data+(CY)	34(data)	2	1
38	SUBB A,Rn	A←A-(Rn)-(CY)	98-9F	1	1
39	SUBB A,direct	A←A-(direct)-(CY)	95(direct)	2	1
40	SUBB A,@Ri	A←A-((Ri))-(CY)	96-97	1	1
41	SUBB A,#data	A←A-data-(CY)	94(data)	2	1

（续表）

序号	指令	功能说明	机器码	字节数	机器周期数
42	MUL AB	BA←(A)×(B)，B 中放乘积的高 8 位，A 中放乘积的低 8 位	A4	1	4
43	DIV AB	A/B→A…B，A 中放商，B 中放余数	84	1	4
44	DA A	对 BCD 码加法运算调整，结果放 A 中	D4	1	1
45	INC A	A←(A)+1	04	1	1
46	INC Rn	Rn←(Rn)+1	08-0F	1	1
47	INC direct	direct←(direct)+1	05(direct)	2	1
48	INC @Ri	((Ri))←((Ri))+1	06-07	1	1
49	INC DPTR	DPTR←(DPTR)+1	A3	1	2
50	DEC A	A←(A)-1	14	1	1
51	DEC Rn	Rn←(Rn)-1	18-1F	1	1
52	DEC direct	direct←(direct)-1	15(direct)	2	1
53	DEC @Ri	((Ri))←((Ri))-1	16-17	1	1
逻辑运算指令					
54	ANL A,Rn	A 和 Rn 的内容按位相与送 A	58-5F	1	1
55	ANL A,direct	A←A∧(direct)	55(direct)	2	1
56	ANL A,@Ri	A←A∧((Ri))	56-57	1	1
57	ANL A,#data	A←A∧data	54(data)	2	1
58	ANL direct,A	(direct)←(direct) ∧A	52(direct)	2	1
59	ANL direct,#data	(direct)←(direct) ∧ data	53(direct) (data)	3	2
60	ORL A,Rn	A 和 Rn 的内容按位相或送 A	48-4F	1	1
61	ORL A,direct	A←A∨(direct)	45(direct)	2	1
62	ORL A,@Ri	A←A∨((Ri))	46-47	1	1
63	ORL A,#data	A←A∨data	44(data)	2	1
64	ORL direct,A	(direct)←(direct) ∨A	42(direct)	2	1
65	ORL direct,#data	(direct)←(direct) ∨ data	43(direct) (data)	3	2
66	XRL A,Rn	A 和 Rn 的内容按位相异或送 A	68-6F	1	1
67	XRL A,direct	A←A⊕(direct)	65(direct)	2	1
68	XRL A,@Ri	A←A⊕((Ri))	66-67	1	1

（续表）

序号	指令	功能说明	机器码	字节数	机器周期数
69	XRL A,＃data	A←A ⊕ data	64 (data)	2	1
70	XRL direct,A	(direct)←(direct)⊕ A	62(direct)	2	1
71	XRL direct, ＃data	(direct)←(direct)⊕ data	63(direct) (data)	3	2
72	CLR A	A 内容清零	E4	1	1
73	CPL A	A 内容取反	F4	1	1
		移位操作指令			
74	RL A	A 的内容循环左移一位	23	1	1
75	RLC A	A 的内容以及 CY 位循环左移一位	33	1	1
76	RR A	A 的内容循环右移一位	03	1	1
77	RRC A	A 的内容以及 CY 位循环右移一位	13	1	1
		控制转移指令			
78	LJMP addr16	长转移,目标地址是 addr16	02addr15-0	3	2
79	AJMP addr11	绝对转移	addr10-800001 addr7-0	2	2
80	SJMP rel	短转移	80(rel)	2	2
81	JMP @A+DPTR	间接分散转移	73	1	2
82	NOP	空操作	00	1	1
83	JZ rel	A 为 0 转移	60(rel)	2	2
84	JNZ rel	A 不为 0 转移	70(rel)	2	2
85	CJNE A,＃data,rel	A 的内容与立即数常数不相等转移	B4(data)(rel)	3	2
86	CJNE A,direct,rel	A 的内容与 direct 单元内容不相等转移	B5(direct)(rel)	3	2
87	CJNE Rn, ＃data,rel	Rn 的内容与常数不相等转移	B8-BF(data)(rel)	3	2
88	CJNE @ Ri, ＃data,rel	Ri 指示单元内容与常数不相等转移	B6-B7(data)(rel)	3	2
89	DJNZ Rn,rel	Rn 内容减 1 不为 0 转移	D8-DF (rel)	2	2
90	DJNZ direct,rel	direct 单元的内容减 1 不为 0 转移	D5(direct)(rel)	3	2
91	LCALL addr16	调用 addr16 地址处子程序	12addr15-0	3	2

（续表）

序号	指令	功能说明	机器码	字节数	机器周期数
92	ACALL addr11	调用 addr11 地址处子程序	addr10-810001 addr7-0	2	2
93	RET	返回子程序调用指令下一条指令处	22	1	2
94	RETI	返回到中断断点处	32	1	2
		位操作指令			
95	MOV C,bit	bit 值送 CY	A2(bit)	2	2
96	MOV bit,C	CY 值送 bit	92(bit)	2	2
97	CLR C	CY 值清 0	C3	1	1
98	CLR bit	bit 值清 0	C2(bit)	2	1
99	SETB C	CY 值清 1	D3	1	1
100	SETB bit	bit 值清 1	D2(bit)	2	1
101	ANL C,bit	CY 与 bit 值相与，结果送 CY	82(bit)	2	2
102	ANL C, /bit	CY 与 bit 取反值相与，结果送 CY	B0(bit)	2	2
103	ORL C,bit	CY 与 bit 值相或，结果送 CY	72(bit)	2	2
104	ORL C, /bit	CY 与 bit 取反值相或，结果送 CY	A0(bit)	2	2
105	CPL C	CY 值取反	B3	1	1
106	CPL bit	bit 值取反	B2(bit)	2	1
107	JC rel	CY 为 1 则转移	40(rel)	2	2
108	JNC rel	CY 不为 1 则转移	50(rel)	2	2
109	JB bit,rel	bit 值为 1 则转移	20(bit) (rel)	3	2
110	JNB bit,rel	bit 值不为 1 则转移	30(bit) (rel)	3	2
111	JBC bit,rel	bit 值为 1 则转移，同时 bit 位值清 0	10(bit) (rel)	3	2

说明：addr11：11 位地址 addr10-0

addr16：16 位地址 addr15-0

bit：位地址

rel：相对地址

direct：直接地址单元

#data：立即数

Rn：工作寄存器 R0～R7

A：累加器

Ri：i=0 或 1，数据指针

DPTR：16 位数据指针

附录 3　C 语言运算符和结合性

优先级	运算符	名称或含义	使用形式	结合方向	说明
1	[]	数组下标	数组名[常量表达式]	左到右	
	()	圆括号	(表达式)/函数名(形参表)		
	.	成员选择(对象)	对象.成员名		
	－＞	成员选择(指针)	对象指针-＞成员名		
2	-	负号运算符	-表达式	右到左	单目运算符
	(类型)	强制类型转换	(数据类型)表达式		
	＋＋	自增运算符	＋＋变量名/变量名＋＋		单目运算符
	－－	自减运算符	－－变量名/变量名－－		单目运算符
	*	取值运算符	* 指针变量		单目运算符
	&	取地址运算符	& 变量名		单目运算符
	!	逻辑非运算符	! 表达式		单目运算符
	～	按位取反运算符	～表达式		单目运算符
	sizeof	长度运算符	sizeof(表达式)		
3	/	除	表达式/表达式	左到右	双目运算符
	*	乘	表达式 * 表达式		双目运算符
	%	余数(取模)	整型表达式/整型表达式		双目运算符
4	＋	加	表达式＋表达式	左到右	双目运算符
	－	减	表达式－表达式		双目运算符
5	＜＜	左移	变量＜＜表达式		双目运算符
	＞＞	右移	变量＞＞表达式		双目运算符
6	＞	大于	表达式＞表达式		双目运算符
	＞＝	大于等于	表达式＞＝表达式		双目运算符
	＜	小于	表达式＜表达式		双目运算符
	＜＝	小于等于	表达式＜＝表达式		双目运算符
7	＝＝	等于	表达式＝＝表达式	左到右	双目运算符
	! ＝	不等于	表达式! ＝ 表达式		双目运算符
8	&	按位与	表达式 & 表达式	左到右	双目运算符
9	^	按位异或	表达式^表达式	左到右	双目运算符
10	|	按位或	表达式|表达式	左到右	双目运算符
11	&&	逻辑与	表达式 && 表达式	左到右	双目运算符

（续表）

<table>
<tr><th>优先级</th><th>运算符</th><th>名称或含义</th><th>使用形式</th><th>结合方向</th><th>说明</th></tr>
<tr><td>12</td><td>||</td><td>逻辑或</td><td>表达式||表达式</td><td>左到右</td><td>双目运算符</td></tr>
<tr><td>13</td><td>?:</td><td>条件运算符</td><td>表达式1? 表达式2: 表达式3</td><td>右到左</td><td>三目运算符</td></tr>
<tr><td rowspan="11">14</td><td>=</td><td>赋值运算符</td><td>变量=表达式</td><td rowspan="11">右到左</td><td></td></tr>
<tr><td>/=</td><td>除后赋值</td><td>变量/=表达式</td><td></td></tr>
<tr><td>*=</td><td>乘后赋值</td><td>变量*=表达式</td><td></td></tr>
<tr><td>%=</td><td>取模后赋值</td><td>变量%=表达式</td><td></td></tr>
<tr><td>+=</td><td>加后赋值</td><td>变量+=表达式</td><td></td></tr>
<tr><td>-=</td><td>减后赋值</td><td>变量-=表达式</td><td></td></tr>
<tr><td><<=</td><td>左移后赋值</td><td>变量<<=表达式</td><td></td></tr>
<tr><td>>>=</td><td>右移后赋值</td><td>变量>>=表达式</td><td></td></tr>
<tr><td>&=</td><td>按位与后赋值</td><td>变量 &=表达式</td><td></td></tr>
<tr><td>^=</td><td>按位异或后赋值</td><td>变量^=表达式</td><td></td></tr>
<tr><td>|=</td><td>按位或后赋值</td><td>变量|=表达式</td><td></td></tr>
<tr><td>15</td><td>|=</td><td>逗号运算符</td><td>表达式,表达式,…</td><td>左到右</td><td>从左向右顺序运算</td></tr>
</table>

注：同一优先级的运算符，运算次序由结合方向所决定。上面的表无须死记硬背，很多运算符的规则和数学中是相同的，用得多，看得多自然就记得了。如果实在记不住，可以使用( )。

附录 4　Proteus 提供的所有元件分类及子类

<table>
<tr><th>元件分类</th><th>元件子类</th></tr>
<tr><td>所有分类</td><td>无子类</td></tr>
<tr><td>模拟芯片(Analogy ICs)</td><td>放大器(Amplifiers)
比较器(Comparators)
显示驱动器(Display Drivers)
过滤器(Filters)
数据选择器(Multiplexers)
稳压器(Regulators)
定时器(Timer)
基准电压(Voltage References)
杂类(Miscellaneous)</td></tr>
</table>

(续表)

元件分类	元件子类
电容(Capacitors)	可动态显示充放电电容(Animated) 音响专用轴线电容(Audio Grade Axial) 轴线聚苯烯电容(Axial Lead Polypropene) 轴线聚苯乙烯电容(Axial Lead Polystyrene) 陶瓷圆片电容(Ceramic Disc) 去耦片状电容(Decoupling Disc) 普通电容(Generic) 铝电解电容(Electrolytic Aluminum) 高温径线电容(High Temp Radial) 高温轴线电解电容(High Temperature Axial Electrolytic) 金属化聚酯膜电容(Metallised Polyester Film) 金属化聚烯膜电容(Metallised Polypropene) 小型电解电容(Miniture Electrolytic) 多层金属化聚酯膜电容(Multilayer Metallised Polyester Film) 聚酯膜电容(Mylar Film) 镍栅电容(Nicket Barrier) 无极性电容(Non Polarized)
电容(Capacitors)	聚酯层电容(Polyester Layer) 径线电解电容(Radial Electrolytic) 树脂蚀刻电容(Resin Dipped) 钽珠电容(Tantalum Bead) 可变电容(Variable) VX 轴线电解电容(VX Axial Electrolytic)
连接器(Connectors)	音频接口(Audio) D 型接口(D-Type) 双排插座(DIL) 插头(Header Blocks) PCB 转接器(PCB Transfer) 带线(Ribbon Cable) 单排插座(SIL) 连线端子(Terminal Blocks) 杂类(Miscellaneous)

（续表）

元件分类	元件子类
数据转换器(Data Converters)	模数转换器(A/D Converters) 数模转换器(D/A Converters) 采样保持器(Sample & Hold) 温度传感器(Temperature Sensors)
调试工具(Debugging Tools)	断点触发器(Breakpoint Triggers) 逻辑探针(Logic Probes) 逻辑激励源(Logic Stimuli)
二极管(Diodes)	整流桥(Bridge Rectifiers) 普通二极管(Generic) 整流管(Rectifiers) 肖特基二极管(Schottky) 开关管(Switching) 隧道二极管(Tunnel) 变容二极管(Varicap) 齐纳击穿二极管(Zener)
ECL 10000 系列	各种常用集成电路
机电(Electromechanical)	各种直流和步进电机
电感(Inductors)	普通电感(Generic) 贴片式电感(SMT Inductors) 变压器(Transformers)
拉普拉斯变换(Laplace Transformation)	一阶模型(1st Order) 二阶模型(2st Order) 控制器(Controllers) 非线性模型(Non-Linear) 算子(Operators) 极点/零点(Poles/Zones) 符号(Symbols)

（续表）

元件分类	元件子类
存储芯片(Memory ICs)	动态数据存储器(Dynamic RAM) 电可擦除可编程存储器(EEPROM) 可擦除可编程存储器(EPROM) I^2C 总线存储器(I^2C Memories) SPI 总线存储器(SPI Memories) 存储卡(Memory Cards) 静态数据存储器(Static Memories)
微处理器芯片(Microprocessor ICs)	68000 系列(68000 Family) 8051 系列(8051 Family) ARM 系列(ARM Family) AVR 系列(AVR Family) Parallax 公司微处理器(BASIC Stamp Modules) HCF11 系列(HCF11 Family) PIC10 系列(PIC10 Family) PIC12 系列(PIC12 Family) PIC16 系列(PIC16 Family) PIC18 系列(PIC18 Family) Z80 系列(Z80 Family) CPU 外设(Peripherals)
杂项(Miscellaneous)	含天线、ATA/IDE 硬盘驱动模型、单节与多节电池、串行物理接口模型、晶振、动态与通用保险、红外对管、模拟电压与电流符号、光源与光敏电阻、交通信号灯
建模源(Modeling Primitives)	模拟(仿真分析)(Analogy(SPICE)) 数字(缓冲器与门电路)(Digital(Buffers&Gates)) 数字(杂类)(Digital(Miscellaneous)) 数字(组合电路)(Digital(Combinational)) 数字(时序电路)(Digital(Sequential)) 混合模式(Mixed Mode) 可编程逻辑器件单元(PLD Elements) 实时激励源(Realtime(Actuators)) 实时指示器(Realtime(Indictors))

(续表)

元件分类	元件子类
运算放大器(Operational Amplifiers)	单路运放(Single) 二路运放(Dual) 三路运放(Triple) 四路运放(Quad) 八路运放(Octal) 理想路运放(Ideal) 大量使用的运放(Macromodel)
光电子类器件(Optoelectronics)	7 段数码管(7-Segment Display) 英文字符与数字符号液晶显示器(Alphanumeric LCDs) 条形显示器(Bargraph Displays) 点阵显示器(Dot Matris Displays) 图形液晶(Graphical LCDs) 灯泡(Lamp) 液晶控制器(LCD Controllers) 液晶面板显示器(LCD Panets Displays) 发光二极管(LEDs) 光耦元件(Optocouplers) 串行液晶(Serial LCDs)
可编程逻辑电路与现场可编程门阵列(PLD&FPGA)	无子分类
电阻(Resistors)	0.6W 金属膜电阻(0.6W Metal Film) 10W 绕线电阻(10W Wirewound) 2W 金属膜电阻(2W Metal Film) 3W 金属膜电阻(3W Metal Film) 7W 金属膜电阻(7W Metal Film) 通用电阻符号(Generic) 高压电阻(High Voltage) 负温度系数热敏电阻(NTC) 滑动变阻器(Variable) 可变电阻(Varistor)

（续表）

元件分类	元件子类
仿真源(Simulator Primitives)	触发器(Flip-Flops) 门电路(Gates) 电源(Sources)
扬声器与音箱设备(Speakers & Sounders)	无子分类
开关与继电器(Switch & Relays)	键盘(Keypads) 普通继电器(Generic Relays) 专用继电器(Specific Relays) 按键与拨码开关(Switch)
开关器件(Switching Devices)	双端交流开关电源(DIACs) 普通开关元件(Generic) 晶闸管(SCRs) 三端可控硅(TRIACs)
热阴极电子管(Thermionic Valves)	二极真空管(Diodes) 三极真空管(Triodes) 四极真空管(Tetrodes) 五极真空管(Pentodes)
转换器(Transducers)	压力传感器(Pressure) 温度传感器(Temperature)
晶体管(Transistors)	双极性晶体管(Bipolar) 普通晶体管(Generic) 绝缘栅场效应管(IGBT/Insulated Gate Bipolar Transisturs) 结型场效应晶体管(JFET) 金属-氧化物半导体场效应晶体管(MOSFET) 射频功率 LDMOS 晶体管(RF Power LDMOS) 射频功率 VDMOS 晶体管(RF Power VDMOS) 单结晶体管(Unijunction)

（续表）

元件分类	元件子类
CMOS 4000 系列 (CMOS 4000 Series) TTL 74 系列 (TTL 74 Series) TTL 74 增强型低功耗肖特基系列 (TTL 74ALS Series) TTL 74 增强型肖特基系列 (TTL 74AS Series) TTL 74 高速系列 (TTL 74F Series) TTL 74HC 系列/CMOS 工作电平 (TTL 74HC Series) TTL 74CT 系列/TTL 工作电平 (TTL 74CT Series) TTL 74 低功耗肖特基系列 (TTL 74LS Series) TTL 74 肖特基系列 (TTL 74S Series)	加法器(Adders) 缓冲器/驱动器(Buffers & Drivers) 比较器(Comparators) 计数器(Counters) 解码器(Decoders) 编码器(Encoders) 触发器/锁存器(Flip-Flop & Latches) 分频器/定时器(Frequency Dividers & Timers) 门电路/反向器(Gates & Inverters) 数据选择器(Multiplexers) 多谐振荡器(Multivibrators) 振荡器(Oscillators) 锁相环(Phrase-Locked-Loops, PLL) 寄存器(Registers) 信号开关(Signal Switches) 收发器(Transceivers) 杂类逻辑芯片(Misc. Logic)

附录 5　STC-ISP 下载编程软件及功能工具简介

STC-ISP 在线编程软件的最新版本是 V6.86。该软件包含与在线编程有关的功能，还包含串口助手、Keil 仿真设置、选型/价格/样品、波特率计算器、定时器计算器、软件延时计算器、头文件、封装脚位等工具，极大地方便了系统硬件、软件设计。

1. 串口助手

串行口打印功能通常用在程序调试中，在调试整个程序的不同地方或关键地方使用串口打印功能输出给上位 PC 机一个关键数据，我们就可以知道程序中某些变量的实时数值，进一步得知程序的运行状况。实际应用中，下位机主函数首先进行串口初始化，设置串口工作方式（与 PC 机通信，需要设置单片机串行口工作于方式 1），波特率等；再针对硬件系统，利用实际的输出设备重新构造 putchar()函数；接着使用 printf()函数，通过串口输出打印显示内容。在上位 PC 机端，打开串口助手，按下位机串口通信程序设置匹配 PC

机端串口通信的波特率、串口号、校验位等，打开串口，则接收缓冲区就可以显示下位机打印输出的信息，实现上位机与下位机的串行通信。

比如：我们正在用单片机调试一个AD芯片，单片机的外围只接了AD芯片和串行口，当我们写好单片机程序下载后让其运行，如何判定AD芯片是否正常工作？利用串口打印功能，将单片机采集回来的AD值处理后，通过单片机的串口工作方式1，将采集结果传到上位机，利用串口助手就可以看见数据，如附图1所示。将此采集数据与现场万用表测量的输入电压进行比较，可以判定AD芯片采集数据正确与否。

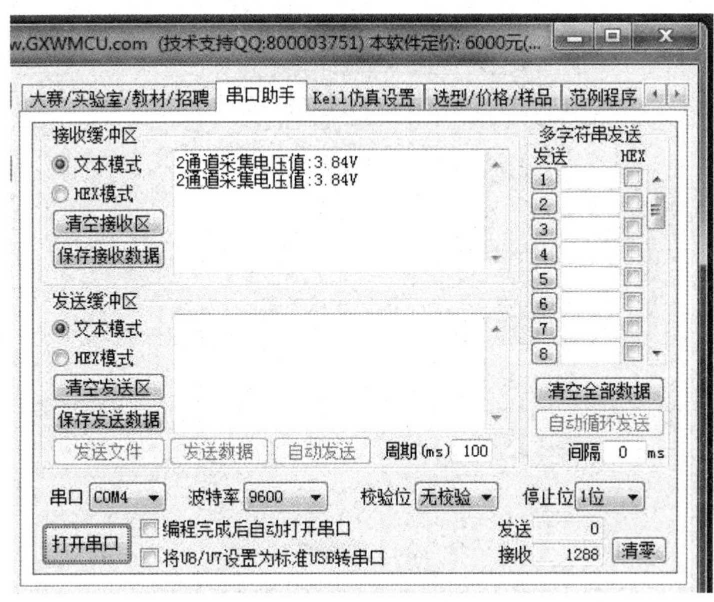

附图1　STC-ISP在线编程软件的串口助手

2. 波特率计算器

当串行口工作在方式1或方式2时，需要用定时器1作为波特率发生器。此时根据需要的波特率设置串行口与定时器。如附图2所示，只需输入相关参数，单击“生成C代码”或“生成ASM代码”，就能自动生成波特率发生器所需要的C语言或汇编语言的程序代码。

3. 定时器计算器

在实时控制中，经常需要使用定时器来实现不同需求的定时或延时。STC-ISP在线编程软件提供了专门用于定时器计算和编程的计算工具，如附图3所示，只需输入相关参数，单击“生成C代码”或“生成ASM代码”，就能自动生成定时器初始化所需要的C语言或汇编语言的程序代码。

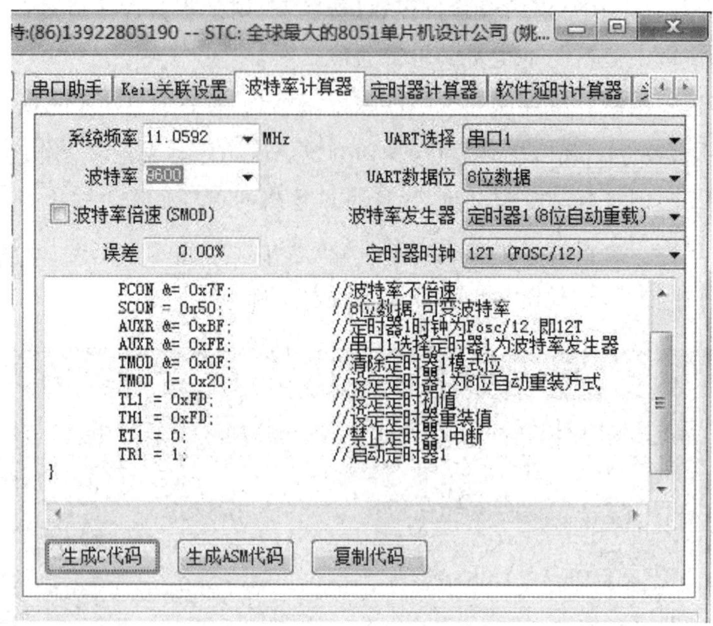

附图 2　STC-ISP 在线编程软件的波特率计算器

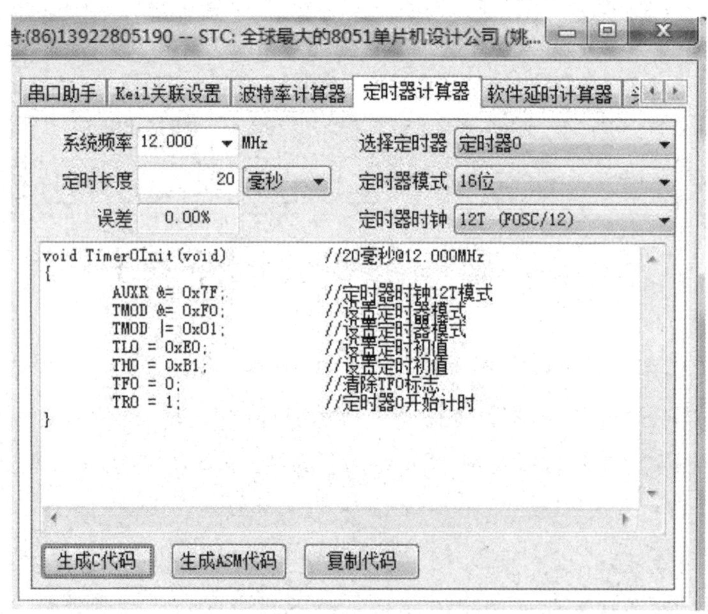

附图 3　STC-ISP 在线编程软件的定时计算器

4. 软件延时计算器

在键盘扫描、显示、时序控制等应用中，经常采用软件延时的方法来实现定时。在软件编程中，要根据指令的执行系统周期数，还要根据系统周期的大小来计算延时时间，比较烦琐。STC-ISP 在线编程软件提供了专门用软件延时计算和编程的计算工具，如附图 4

所示，只需输入相关参数，单击“生成C代码”或“生成ASM代码”，就能自动生成定时器初始化所需要的C语言或汇编语言的程序代码。

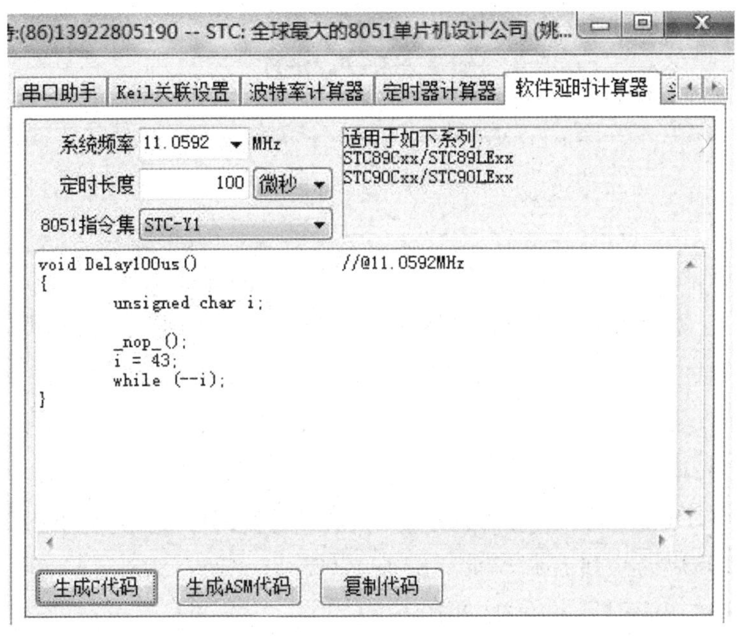

附图4　STC-ISP在线编程软件的软件延时计算器

5. 头文件

随着增强型8051单片机的功能的扩展，系统增加了用于功能接口部件的特殊功能寄存器，传统的编译器不具备新增特殊功能寄存器的地址说明。因此在使用增强型的8051单片机时，需要在程序中对新增特殊功能寄存器进行定义，不同的单片机，新增的特殊功能寄存器不一样，新增的数目不一样。当选择一款新型8051增强型单片机时，利用STC-ISP在线编程软件的STC单片机头文件的自动生成工具非常方便。如附图5所示。只需输入单片机的型号，单击“保存文件”，在保存文件对话框中单击“保存”按钮即可(默认文件名为所选单片机型号)，或重新输入新的文件名，单击“保存”按钮；单击“复制代码”，可将头文件代码复制到计算机的粘贴板上，再利用粘贴工具粘贴到自己的应用程序中。

6. CPU选型

STC-ISP在线编程软件还提供了造型/价格/样品以及封装脚位等工具。工具将STC系列单片机传统和增强型所有单片机机型的重要技术参数和主要硬件资源列出了汇总表格。设计者根据系统功能需求能非常方便地完成器件选型，查询器件引脚排列和封装情况。

参考文献

[1] 谭浩强.C 程序设计[M].5 版.北京:清华大学出版社,2017.

[2] 丁向荣.单片微机原理与接口技术——基于 STC 系列单片机 [M].北京:电子工业出版社,2012.

[3] 胡汉才.单片机原理及其接口技术[M].3 版.北京:清华大学出版社,2010.

[4] 李广第.单片机基础[M].3 版.北京:北京航空航天大学出版社,2007.

[5] 苏家健.单片机原理及应用技术 [M].北京:高等教育出版社,2004.

[6] 彭伟.单片机 C 语言程序设计实训 100 例——基于 8051+Proteus 仿真[M].2 版.北京:电子工业出版社,2012.

[7] 郭天祥.51 单片机 C 语言教程——入门、提高、开发、拓展全攻略[M].2 版.北京:电子工业出版社,2018.

[8] 刘建清.轻松玩转 51 单片机 C 语言——魔法入门、实例解析、开发揭秘全攻略[M].2 版.北京:北京航空航天大学出版社,2011.

[9] 宏晶科技官网.http://www.stcmcu.com/.